《兵典丛书》编写组
编著

战舰

WARSHIPS

怒海争锋的铁甲威龙

THE CLASSIC WEAPONS

H.P.H 哈尔滨出版社
HARBIN PUBLISHING HOUSE

图书在版编目（CIP）数据

战舰：怒海争锋的铁甲威龙 /《兵典丛书》编写组编著. 一哈尔滨：哈尔滨出版社，2017.4（2021.3重印）
（兵典丛书：典藏版）
ISBN 978-7-5484-3128-2

Ⅰ. ①战… Ⅱ. ①兵… Ⅲ. ①军用船－普及读物
Ⅳ. ①E925.6-49

中国版本图书馆CIP数据核字（2017）第024881号

书　　名：战舰——怒海争锋的铁甲威龙
ZHANJIAN——NUHAI ZHENGFENG DE TIEJIA WEILONG

作　　者：《兵典丛书》编写组　编著
责任编辑：陈春林　李金秋
责任审校：李　战
全案策划：品众文化
全案设计：琥珀视觉

出版发行：哈尔滨出版社（Harbin Publishing House）
社　　址：哈尔滨市香坊区泰山路82-9号　　邮编：150090
经　　销：全国新华书店
印　　刷：铭泰达印刷有限公司
网　　址：www.hrbcbs.com　　www.mifengniao.com
E－mail：hrbcbs@yeah.net
编辑版权热线：（0451）87900271　87900272
销售热线：（0451）87900202　87900203

开　　本：787mm × 1092mm　1/16　印张：19.25　字数：230千字
版　　次：2017年4月第1版
印　　次：2021年3月第2次印刷
书　　号：ISBN 978-7-5484-3128-2
定　　价：49.80元

凡购本社图书发现印装错误，请与本社印制部联系调换。
服务热线：（0451）87900278

战舰家族是一个庞大的群体，有着诸多不同的成员。从桨船时代到风帆时代，从蒸汽时代到燃油时代与核动力时代。人类海战历史上曾出现了许多让人刻骨铭心的战舰。它们之中，有身经百战的“海战之神”，有灵活多变的“海上多面手”，有短小精悍的“舰队保镖”，有抢滩登陆的“两栖战士”……各种战舰以它们在战场上所发挥的独特作用与出色的战绩将其名字镌刻于人类海战史乃至兵器史上。

在本书中我们将回顾和展示这些近现代在大海之上各显神通的战舰：战列舰、巡洋舰、护卫舰、驱逐舰、航空母舰……这些战舰就仿佛是拥有生命的群体，它们有较大的差别，但同时都属于同一个庞大的战舰家族。

战列舰是一种以大口径舰炮为主要战斗武器的大型水面战斗舰艇。由于战列舰上装备有威力巨大的大口径舰炮和厚重装甲，具有强大攻击力和防护力，所以，战列舰曾经是海军编队的战斗核心，是水面战斗舰艇编队主力。作为海上作战的主角，战列舰在海战史上拥有过长期的辉煌，但是在第二次世界大战中，由于战争的形式发生了变化，战争需要机动能力强，隐身性好的战舰作为主角。所以，二战后战列舰逐渐退出了历史舞台。

巡洋舰是在排水量、火力、装甲防护等方面仅次于战列舰的大型水面舰艇，可以长时间巡航在海上，并以机动性为主要特性，拥有较高的航速。巡洋舰拥有同时对付多个作战目标的能力。它出现于19世纪初，那时它只是作为战列舰的护卫舰，但由于它的机动性良好，其优势慢慢体现出来，很快受到了海军的宠爱。巡洋舰也曾长期担当海上作战的主力舰种，直到第二次世界大战后，由于不能满足新时代的作战需要，开始走向没落。

护卫舰是以执行海上警戒、护卫为主要作战任务的一种中小型水面战斗舰艇，多用于近海、沿海地区的海上防卫，并为商船和后勤编队护航，同时也可参与水面舰艇编队的协防、警戒，因而被称为“海上保护神”。从它诞生之日起到今天都是战舰家族中不可或缺的一员。

驱逐舰是一种装备有对空、对海、对潜等多种武器，具有多种作战能力的中型水面舰艇，是自19世纪90年代至今的海军重要的舰种之一。在现代，驱逐舰越造越大，其体形与巡洋舰的差别越来越小，在很大程度上逐渐取代了巡洋舰。在21世纪的今天，驱逐舰已经成为海上作战的绝对主力舰艇，并且具有不可估量的发展前景。

20世纪初，战舰家族的新霸主——航空母舰诞生了。航空母舰是一种以舰载机为主要作战武器的大型水面舰艇。在实际运用中，会根据作战任务的不同，以航空母舰为核心，搭配10艘左右不同种类的舰艇组成航母战斗群。航空母舰一般是一支航空母舰舰队中的核心舰船，有时还作为航母舰队的旗舰，而舰队中的其他船只的首要任务是为它提供保护和供给，其次协助航母进行作战任务。现代航空母舰及舰载机已成为高技术密集的军事系统工程，一直以来，航空母舰仅仅被少数国家所拥有。

两栖舰艇亦称登陆舰艇，它是一种用于运载登陆部队、武器装备、物资车辆、直升机等进行登陆作战的舰艇。登陆舰艇出现于第二次世界大战前夕，并于20世纪50年代以后发展起来。在登陆舰艇问世之后，参加了第二次世界大战乃至其后的局部战争，成为两栖登陆必不可少的工具，并且在战争中发挥了不可估量的作用。

在战舰史上，战列舰、巡洋舰、航空母舰等是海军舰艇部队的主角，是海上作战的主力舰艇，与此同时还有着那些体形小、排水量也小的舰艇，它们同样具有不可替代的作用。如补给舰，它是舰队持续战斗力的保障，是远洋作战的必备舰船；如鱼雷艇，它的一颗鱼雷便可以将一艘战列舰击沉，使其葬身海底；如导弹艇，它体形更小，更确切地说，它的武器装备中只有导弹才具有真正的威力，但就是这样的一招鲜，在局部战争中同样会发生巨大的作用，甚至会改变战争的局面。

在战舰发展史上，每一种战舰都各有其作用和各自的优势与劣势。整个战舰家族是一个互相克制又互相依存的矛盾统一体。拥有大炮的巨型战列舰虽然强悍，但它禁不住来自其他舰艇上的导弹攻击；航空母舰的海空作战能力虽强，但机动性与反潜作战能力差，需要巡洋舰、驱逐舰等舰艇来保护；巡洋舰与驱逐舰，虽然作战勇猛但是却因为目标大、吃水深，不能贴近海岸，只有借助登陆舰艇才能执行登陆作战的任务；导弹艇虽小，但它可以在最危急的时刻给敌人最致命的一击……总之，每种舰艇都代表了一种力量、一种智慧，我们不应该厚此薄彼地去看待这些不同的战舰，我们要将它们分别展现出来。

《战舰——怒海争锋的铁甲威龙》是“兵典丛书”中一部了解和记录各类战舰的一个分册。通过这部书我们对于战舰会有更多的了解。从庞大的战舰家族中，我们精心选择了各类战舰中最为经典、最有代表性、最具影响力的战舰。本书讲述了各类战舰的专业知识与历史演变，各型号战舰的设计建造、性能特点、参战经历、著名战役等，试图多角度，全方位地展示各类战舰。

我们相信这些战舰都是有生命的，它们将引领着我们穿越时空，走向一望无垠的大海之上，用它们的亲身经历向我们讲述战舰家族的百年传奇……

目录 CONTENTS

1° 第一章 战列舰——昔日的海上霸主

2° 第二章 巡洋舰——曾经的次等主力舰

第七章 舰队伴随者——大将小兵

1 第一章 战列舰

昔日的海上霸主

兵典
THE CLASSIC
WEAPONS

沙场点兵：主力战斗舰

战列舰，又称为战斗舰、主力舰，是一种以大口径舰炮为主要战斗武器的大型水面战斗舰艇。由于战列舰上装备有威力巨大的大口径舰炮和厚重装甲，具有强大攻击力和防护力，所以，战列舰曾经是海军编队的战斗核心，是水面战斗舰艇编队主力。

“战列舰”一词的英文为Battleship，直译为“战斗舰”。这个名字起源于帆船时代的“战列线战斗舰”（Main Line of Battleships）。战列舰名称是随着1655～1667年英荷战争中海军战术的改变而出现的。当时海战方式为交战双方的舰队在海战中各自排成单列纵队的战列线，进行同向异舷或异向同舷的舷侧方向火炮对射。凡是其规模足够大，可以参加此种战斗的舰船均被称做“战列舰”。1637年建成的英舰“海上君王”号便是这种战舰的第一艘，它有3层舷炮甲板，102门火炮。这时的战列舰都是木制的帆船。

战列舰自17世纪30年代出现直至第二次世界大战末期为止，一直是各主要海权国家的主力作战舰种，因此在过去又曾经一度被称为“主力舰”。战列舰曾经是人类有史以来创造出的最庞大、最复杂的武器系统之一，具有吨位大、火力强、装甲厚、航程远等特点。在其鼎盛时期——20世纪初到第二次世界大战，战列舰是唯一具备远程打击手段的战略武器平台，因此受到各海军强国的重视。

但由于从二战中后期开始，战列舰的战略地位被航空母舰和驱逐舰所取代，它不再是舰队的主力，因此这样的称呼方式也相对失去了意义。最后一艘战列舰已经在1998年退役。进入21世纪之后，战列舰退出了历史舞台。

★战列舰具备吨位大、火力强、装甲厚、射程远的性能优点

兵器传奇：战列舰小传

战列舰是一种装备有大口径火炮和超厚防护装甲的大型水面战舰。早在17世纪中叶，海上就已出现了三桅风帆战舰，它的船体为木质，排水量增加到4 000吨～5 000吨；火炮甲板最多有3层，能装100多门火炮。这种战舰在海战中彻底改变了过去接舷战斗的战术，主要采用多艘舰列成单纵队战列线进行炮战，由此而得名“战列舰”。此时的战列舰基本上全为木材建造，有时在水线以下包裹铜皮。动力为风帆，武器为前膛火炮，发射用于摧毁船体的圆形弹丸以及杀伤人员的霰弹、破坏风帆的链弹。

19世纪中叶之后，随着科学技术和造船工业的发展，风帆动力战列舰逐渐让位给蒸汽动力战列舰，战列舰进入以蒸汽机为动力的钢铁军舰时代。

★“英弗来息白”号战列舰1874年在朴次茅斯建造完工

1859年，世界上第一艘带蒸汽动力的木壳战列舰“光荣”号在法国下水。翌年，世界上第一艘蒸汽动力的铁壳战列舰加入英国皇家海军现役。19世纪后半叶，战列舰普遍采用铸铁装甲，满载排水量达1万吨～1.2万吨，航速16节～17节，主炮口径由200毫米增至300毫米～350毫米，舰体防护装甲厚度达230毫米～450毫米。

在第一次世界大战的历次海战中，战列舰充分显示了大舰巨炮的优势，因而成为各国海军竞相发展的重点。

★1941年在宿毛湾试航的“大和”号战列舰

第二次世界大战初期，战列舰的发展达到顶峰。这个时期建造的战列舰，如日本的“大和”号和“武藏”

号，排水量已达70 000余吨，3座三联装主炮的口径为100毫米，航速27节；装甲厚度也大体与主炮口径相同，并加强了水下防护以抵御鱼雷的进攻，大舰巨炮的特点更加明显。

可以说，在第二次世界大战之前，战列舰一直是各海上强国的舰队主力舰和核心力量，占据着海上霸主的地位。第二次世界大战中，潜艇和舰载航空兵的成功应用，逐渐动摇了战列舰的霸主地位。尤其是珍珠港事件中，美国8艘战列舰非沉即伤，从此战列舰一蹶不振，表明其称雄海上的时代已经结束。

第二次世界大战之后，各国均不再建造战列舰，舰队中的战列舰也纷纷退出现役。仅少量的战列舰在二战之后，时有参加海上局部战争和武装冲突的，但所起的作用并不显著。

进入20世纪80年代，美国海军决定对世界上仅存的四艘“衣阿华”级战列舰进行现代化改装，予以“重新输血”。重点是加强反潜、防空能力，提高通信和电子设备的现代化水平，改善舰员的生活条件。经过改装后的“衣阿华”级战列舰担负的主要使命是：协同战列舰编队作战；或单独进行海上作战；或支援两栖部队的登陆作战；或在发生危机的地区炫耀武力。

★美国最早安装专用防空炮的“得克萨斯”号战列舰

1991年1月17日，美“衣阿华”级战列舰“密苏里”号和“威斯康星”号率先向巴格达市中心及其附近的军事通信中心和防御设施发射了“战斧”巡航导弹。2月7日，两舰又使用主炮向伊军炮兵阵地进行了猛烈轰击。但是，最终因为战列舰固有的缺陷，已经无法适应新时代战争的需要。为此，1993年，美国的四艘战列舰又再次退出现役，建立殊功的“衣阿华”级战列舰，作为历史上最后的战列舰被迫退出海战舞台。美国海军也将“战列舰”这一级别的军舰正式从现役舰船分类中撤销。

★日本“三笠”号战列舰

如今，世界各国只有美国的四艘“衣阿华”级战列舰、两艘“南达科他”级战列舰和“北卡罗来纳”号、“得克萨斯”号战列舰，以及日本的“三笠”号前无畏型战列舰作为浮动博物馆得到永久保存。其中“密苏里”号战列舰常年停泊于美国夏威夷珍珠港，作为战争纪念地供游人参观。

慧眼鉴兵：一代海神的隐退

作为人类有史以来创造出的最庞大、最复杂的武器系统之一，战列舰拥有无可匹敌的厚重装甲，大携弹量、大口径火炮以及其他军舰都望尘莫及的火炮群，战列舰的火力和重甲使它一度成为海战的顶梁柱。对舰作战、支援登陆（负责火力压制）都显示出战列舰的海上要塞的实质。

可以这么说，在航空母舰统治海洋之前，战列舰就是海上霸主。任何一个国家，只有建立起强大的战列舰部队，才能够拥有海上的霸权。当年，也正是海军大国的这种海上争霸的需求，促使了战列舰的诞生与发展，一直到这种需求爆发到顶点——第二次世界大战，战列舰也发展到了顶峰。

但是，随着新式武器的诞生以及现代海战的发展演变，战列舰一些固有的弱点与缺陷阻碍了其在二战后的发展。

战列舰尽管有吨位大、火力强、装甲厚的优点，但它同时也存在着目标大、易遭攻击、防空反潜能力较差等不足，因而极易受到敌方导弹攻击。

而新型导弹和制导炮弹的出现，战列舰上大口径火炮原有的优势便不复存在。其拥有的装甲也不足以抵御导弹的攻击——在反舰导弹面前再厚重的装甲都是徒劳的。

此外，在当今战场条件下战列舰的舰体庞大、机动性能较差、隐身性能拙劣，不适合进行多样化作战。虽然美国海军曾将一批共四艘战列舰进行现代化改进，并投入海湾战争。但此战已成为战列舰的绝唱。

由此看来，战列舰退出战争的舞台是历史的必然，现代战争需要机动能力强，隐身性能好的战斗舰作为主角。

木质风帆战列舰的骄子——“胜利”号战列舰

舰如其名：无往不胜的“胜利”号

在中世纪，“胜利”号战列舰就是英国百战百胜，争夺海上霸权的象征。其实，在英国历史上，从1559年开始至1760年先后有5艘风帆战舰被命名为“胜利”号。但其中最著名的是始建于1759年一级风帆战列舰“胜利”号。这艘名舰于1759年开始建造，1778年开始服役，第一次参战即俘获法国“独立兽角”号巡航舰。

1805年，在西班牙特拉法尔加角附近爆发的特拉法尔加海战中，以英国海军名将霍雷肖·纳尔逊勋爵指挥的英国舰队一举击败了由拿破仑率领的法国、西班牙联合舰队，确立了此后百年间英国作为海上强国的霸主地位。在特拉法尔加战役中，霍雷肖·纳尔逊海军中将的旗舰便是一级风帆战列舰“胜利”号。纳尔逊中将亦战死于“胜利”号上。

“胜利”号战列舰是木船顶峰时代的代表，经过了200多年的服役之旅后，“胜利”号停泊在英国的朴次茅斯港，成为忠诚、勇敢和恪尽职守的永恒象征，也成为航海模型收藏家所钟爱的名船。

性能一级：风帆战舰时代的精品

风帆时代的战列舰基本上全为木材建造的风帆战舰，有时在水线以下包裹铜皮。一级风帆战列舰“胜利”号也不例外，“胜利”号动力为风帆，武器为前膛火炮，发射用于摧毁船体的圆形弹丸以及杀伤人员的霰弹、破坏帆具的链弹。

★ 一级风帆战列舰“胜利”号性能参数 ★

排水量： 3 556吨

载重量： 2176.4吨

炮甲板长： 57米

舰长： 69.3米

舰宽： 15.8米

吃水： 8.8米

风帆面积： 5 440平方米

主桅高： 62.5米

航速： 8节～9节

武器装备： 前炮甲板：32磅，长炮30门

中炮甲板：24磅，长炮28门

上炮甲板：12磅，短炮30门

艏楼甲板：12磅，中炮2门

68磅，中炮2门

后甲板：12磅，短炮12门

编制： 850人

“胜利”号是当时的一级战列舰。“胜利”号装有104门大炮，舰员850人，船上贮存有35吨火药和120吨炮弹，一次可连续行驶6个月，成为一座名副其实的海上堡垒。

在“胜利”号的3层甲板上的两舷排列着102门加农炮，可发射5.4千克～14.4千克的炮弹。这种炮炮身长、射程远，14.4千克的弹丸在最远射程上可击穿5厘米厚的橡木板。另外，船上还有2门巨型“粉碎者”短炮，专门用于靠近敌舰时射击，威力巨大。“胜利”号舰载巨炮仅一次单舷齐射，便可发射出半吨重的炮弹。

★第一次世界大战授予英国巡洋舰“胜利”号的精美银牌

百年经典："胜利"号特拉法尔加海战记

一级风帆战列舰"胜利"号一经服役，便作为旗舰参加了海战史上著名的特拉法尔加海战。特拉法尔加海战是风帆战舰时代最引人注目的海战，在巩固英国海上霸主地位的同时，它再次向传统的线式战术提出挑战，"胜利"号就是在这场战役中成名的不败战神。从此，世界各国海军开始重视和发展海上机动战术，一个新的时代到来了。

1805年10月9日，法西联合舰队的军舰开始驶出加的斯港，由于风向的问题，直到10月20日中午才全部驶入大海。而在这之前英国的侦察舰已经发现了联合舰队，英国海军中将纳尔逊下令拦截，10月21日拂晓，双方已接近至10英里～12英里，6时10分，纳尔逊发出"成两路纵队前进"的命令；6时20分，下令"备战"。联合舰队司令维尔纳夫知道战斗不可避免，为了便于舰队作战不利时撤入加的斯港，他下令舰队进行180度大转向，以使加的斯港位于舰队的下风位置，这一变化不仅严重影响了士气，而且造成联合舰队的队形陷入混乱。

在联合舰队因调转方向陷入混乱时，纳尔逊抓住战机下令进攻，英国军舰分成两个纵队，分别由纳尔逊乘坐的"胜利"号、科林伍德乘坐的"王权"号担任两个纵队的先导舰，"胜利"号上升起了著名的"英国要求舰队全体将士尽忠职守"信号，英国舰队在一片欢呼声中向联合舰队直插过去。上午11时45分，联合舰队"弗高克斯"号向"王权"号开炮，特拉法尔加海战打响。

★英国皇家海军"胜利"号古战舰

战斗打响15分钟后，"王权"号率领的下风纵队突破联合舰队的后卫，两舷火炮开始一起射击，25分钟后，纳尔逊率领的上风纵队也冲入联合舰队，上风纵队开始时向联合舰队的前卫进攻，但很快"胜利"号率领上风纵队突然转向联合舰队的中部发起进攻，这就是著名的"纳尔逊秘诀"，联合舰队的前卫丝毫没有注意要求其回援的信号而只顾前驶。约12时30分，“胜利”号穿过“布桑托尔”号时，一阵左舷齐射造成成百的法国人伤亡。当其他两艘英舰上来围攻“布桑托尔”后，“胜利”号又向右与冲上来的法舰“敬畏”号交火，“敬畏”号是联合舰队中最小但是作战最勇敢的军舰，两舰进行了古老而残酷的接舷战，在甲板上指挥作战的纳尔逊不幸被“敬畏”号上的狙击手击中负伤，而“敬畏”号随后也被俘虏。此后，法西联合舰队进行了抵抗，但败局已定，在血战了两个多小时后，下午2时5分，联合舰队旗舰“布桑托尔”降下帅旗，舰队司令维尔纳夫被俘，上风纵队的战斗结束。下午3时左右，科林伍德率领的下风纵队也取得胜利。

作为海战的尾声，下午3时30分，在海战已经进行了两个多小时后，由迪马努瓦海军少将率领的联合舰队前卫返回了战场，但在返回途中有两艘自己的战舰竟然发生相撞而退出战斗，面对严阵以待的英国舰队，仅仅20分钟这次反攻就告失败。“胜利”号对掉头逃跑的联合舰队进行了一次齐射，以示送行，纳尔逊就在这炮声中与世长辞。

特拉法尔加海战英国取得巨大胜利，法国海军精锐尽丧，海战中英方死亡449人，伤1 214人，军舰无一艘损失；法西联合舰队则死亡4 395人（法国3 373人，西班牙1 022人），受伤2 538人（法国1 155人，西班牙1 383人），被俘约7 000人，战舰被俘15艘、损毁8艘。“胜利”号在这场海战中发挥了至关重要的作用，作为纳尔逊将军的旗舰，“胜利”号和特拉法尔加海战一同被镌刻在海战史的丰碑上。

英女王皇冠上的明珠——“无畏”号战列舰

“无畏”出世：海洋进入无畏时代

“无畏”号战列舰是英国皇家海军的一艘具有划时代设计的战列舰。它的出现使在它之前的所有战列舰一下子变得过时了。

19世纪末至20世纪初，由于舰载火炮射程与射速的原因，当时各海军强国各类战列舰流行混装两种口径主炮的方式，较小口径（6英寸～10英寸）主炮（速射炮）可以弥补大口径（11英寸～13英寸）主炮火力不足。20世纪初，随着火炮技术的进步，舰载火炮的射速、射程和精度都大幅度提高。采用两种口径主炮射击时因弹道、射速不同，弹着点观测、火力控制都不能统一，使主炮射速和命中率都受到影响。这种弊病在1905年的对马海峡海战中表现得尤其明显。

1903年，意大利、美国、英国的海军舰船设计师提出了统一战列舰主炮的观念。主张取消较小口径的主炮，增加大口径主炮数量，大口径火炮可以在较小口径火炮射程以外开火，通过集中控制火炮齐射对目标区域的火力“覆盖”达到提高命中率的目的。随着火力控制从概念转为实用，上述主张成为可能。

在这种技术进步、现实又迫切需要的情况下，1905年5月，英国“无畏”号的设计蓝图得到海军的批准。1905年10月2日，“无畏”号在朴次茅斯海军船厂铺设龙骨，1906年2月10日下水，创造了战列舰建造周期最短的纪录。1906年10月1日，“无畏”号开始海试，进行长时间新设备的检验，直到1907年12月3日才正式服役。“无畏”号成为英国皇家海军本土舰队旗舰。

1906年，英国“无畏”号战列舰下水宣告了战列舰高峰时代的到来，这个高峰短暂而激荡，对世界历史的影响却异常深远，以致人们用“无畏”舰时代来称呼这段海军历史，英国人又一次领先其他强国海军。“无畏”号战列舰也成为英女王皇冠上又一颗璀璨的明珠。

现代化战列舰的代名词：更快、更强、更准

★“无畏”号战列舰性能参数★

排水量： 18 110吨（标准）
21 850吨（满载）

舰长： 160.6米

舰宽： 25米

吃水： 8.1米

动力： 18座巴布柯克-威尔考克斯型燃煤型锅炉
4台“帕森斯”蒸汽轮机
主机输出功率22 500马力推进，4轴4桨

最大航速： 21节

续航能力： 6 620海里/10节

武器装备： 10门12英寸/45倍口径火炮（5座双联装）
27门12磅火炮
5个18英寸鱼雷管

装甲： 舰侧水线装甲带102毫米~279毫米
炮塔正面装甲279毫米
炮座装甲279毫米
前指挥塔装甲279毫米
装甲总重量约5 000吨

编制： 659~773人

“无畏”号在武器装备、动力、防护等方面都进行了革新，尤其是火力和动力装置采用了革命性的设计。它是海军史上第一艘采用统一型号主炮的战列舰，也是第一艘采用蒸汽轮机驱动的主力舰。

“无畏”号与以往战列舰最大的区别是引用“全重型火炮”概念，采用10门统一型号的、弹道性能一致的12英寸口径主炮。这不仅解决了炮弹口径不一致和炮弹装卸问题，而且在最大距离的情况下，全部舷炮也能产生较大的威力。

“无畏”号用5座双联装主炮炮塔，舰首尾各一座，舰体舯部锅炉舱后一座，布置在舰体中心线上；在两个锅炉舱之间，两舷对称布置各一座。全舰侧舷最大火力8门主炮，向前火力理论上6门主炮，火力优势成倍提高。弹道性能一致的主炮，使采用统一火力控制系统成为可能。副炮仅保留了3英寸以下口径火炮用来防御小型的鱼雷舰艇。

★“无畏”号战列舰

“无畏”号首次在大型战舰上使用四台蒸汽轮机机组和四个螺旋桨推进器，从而令它成为当时同尺寸战舰中航速最高的。在最大航速提高到21节的同时，可以长时间保持高速航行并保持良好可靠性。相对旧式的往复式蒸汽机组功率更大，可靠性更高。这样，就使它能逃脱任何舰只的追击，避开大舰队的围攻，或者避开小却致命的鱼雷艇和潜艇的袭击。

“无畏”号的防御装甲和以往任何战舰相比都不逊色，装甲采用表面硬化处理，重要部位的装甲厚度达到11英寸，全面重装甲防护，提供了全面的防护能力。舰体舱室水线下水密舱取消横向联络门，加强水密结构，提高战舰的抗沉能力。

“无畏”号是现代化战列舰的代名词，其更快、更强、更准的特性，把号称“海上霸王”的英国推到了更加如日中天的地位。

短暂辉煌："无畏"号的旗舰生涯

从1907年12月3日正式服役一直到1912年，"无畏"号成为英国皇家海军本土舰队旗舰。也同时由于"无畏"号对以往战列舰前所未有的革新，使其他各国都受到了挑战，因此激发了新一轮更激烈的海军军备竞赛，很快所有国家的海军都加入到了这场"无畏"舰大赛中去。"无畏"号的后续六舰设计非常近似，但在这些后续的"柏勒洛丰"级战列舰上，英国人开始设法弥补"无畏"号的缺点。

1910年后，"无畏"号渐渐显出老态。其他主力舰都采用了中线布置。而航速也已经让它成为舰队中易受攻击的危险环节。它的设计年代，水下防鱼雷设计还未被考虑，不能面对新型鱼雷艇和潜艇给大舰队投下的阴影。

第一次世界大战中，作为抗击敌人战列舰设计的"无畏"号，唯一的战果是1916年3月18日撞沉了德国的U-29号潜艇。而且"无畏"号也是唯一一艘曾经击沉过潜艇的战列舰。也算是对这艘旗舰的表彰，"无畏"号因为入坞维修错过了日德兰海战。

由于"无畏"号的航速已经跟不上主力舰队的速度。"无畏"号从1916～1918年成为英国海军第三中队的旗舰，作为本土防御力量，在泰晤士河口附近巡逻，主要用于抗击和威慑企图炮击英国本土的德国战列巡洋舰队，偶尔会巡逻到西班牙和地中海。1919年转入后备役。1921年出售拆毁。

"无畏"号的光荣与骄傲竟然是如此短暂，"无畏"舰的建造原本打算给其他列强的海军一些威慑，但却导致其他国家的跟进甚至是超越。

皇家海军中的幸运儿——"纳尔逊"级战列舰

"纳尔逊"号的荣耀：海军条约时代的产物

第一次世界大战结束后，英国曾计划建造N3型战列舰，因《华盛顿海军条约》而夭折。根据《条约》最后妥协的结果，日本、美国可以保留完成条约规定的未完工的安装16英寸口径主炮的战列舰（日本的"长门"级战列舰、美国的"科罗拉多"级战列舰），英国则能够在条约规定的吨位内建造安装16英寸口径主炮的战列舰，而不受条约中10年内不得建造战列舰规定的约束。根据这一协议，1922年11月，英国海军在条约规定的吨位内开始建造"纳尔逊"级战列舰。

“纳尔逊”级战列舰有两艘同级舰：“纳尔逊”号和“罗德尼”号。

“纳尔逊”号1925年9月3日下水，1927年9月10日完工。“纳尔逊”号以特拉法尔加海战的英雄，英国海军名将霍雷肖·纳尔逊的名字而命名。

“罗德尼”号1925年11月7日下水，1927年11月10日完工。“罗德尼”号以英国海军名将乔治·布里奇斯·罗德尼的名字而命名。

“纳尔逊”号和“罗德尼”号服役之后，参加了第二次世界大战，战争结束后，两艘“纳尔逊”级战列舰先后退役。

舷侧水线装甲最厚：防护能力最强的战舰

★ “纳尔逊”级战列舰性能参数 ★

排水量： 33 950吨（标准）
38 000吨（满载）

舰长： 216.5米

舰宽： 32米

水线长： 212米

最大吃水： 10米

动力： 8台锅炉，2台蒸汽轮机
主机功率45 000马力

最大航速： 23.5节

续航能力： 7 000海里/16节
5 500海里/23节

武器装备： 9门三联装16英寸/45倍口径主炮
6座双联装6英寸/50倍口径副炮
6门4.7英寸口径炮
8门40毫米炮

编制： 1 314～1 640人

“纳尔逊”级战列舰不再采用以往英国战列舰常用的艏楼船型，改用平甲板船型。根据日德兰海战的经验教训着重提升装甲防护水平，首次采用倾斜布置水线装甲带，是当时舷侧水线装甲最厚的战舰，并且强化了水平防护装甲，增加水密隔舱等间接防御设施。

受《条约》规定35 000吨的限制，“纳尔逊”级战列舰采用3座三联装主炮炮塔全部在舰桥之前，而动力机舱、副炮炮塔集中配置在舰体后部这种非常规布局，设计思想基本与N3和G3计划相同，都是尽量使需要装甲防护的部位集中。3座主炮炮塔聚集在一起，中间炮塔安装在高出其前后炮塔的位置上，呈金字塔状排列，为了配平重量，舰桥位于舰体舯部靠后的位置。如此设计的目的是将有限的装甲重量最大限度集中在重点部位，需要重装甲保护要害部位的范围被缩小到最小的区域，可以达到更好的防护效果。但是这样的设计造成主炮射界受限制和舰船后部存在死角的缺陷。同时在一定程度上牺牲动力性能，最高航速比“伊丽莎白女王”级战列舰有所降低。其舰桥设计与过去战舰低矮狭小的舰桥不同，为远距离炮战观测需要，设计成将观测设施与舰桥融合的塔状舰桥。

“纳尔逊”级战列舰安装16英寸口径主炮，并首次应用炮塔化的高平两用副炮。由于主炮在服役前没有经过足够测试，使用“高初速轻型弹”的主炮以及三联装主炮塔的性能并不理想，主炮威力提高相当有限，火炮身管寿命、射击精度还不如原来的15英寸口径炮，炮塔可靠性也出现了不少问题。

围歼俾斯麦：伟大时刻的见证者

“纳尔逊”级战列舰在服役后经过了数次规模不大的改装，主要是增强防空火力。第二次世界大战时，由于航速的限制难以与新式军舰协同行动，该级战列舰大多是执行护航和为登陆行动提供火力支援的任务。

1927年12月27日，“罗德尼”号于坎默莱尔德公司伯肯黑德船厂竣工服役。1940年4月初参加对挪威入侵的德国海军的拦截，9日在卑尔根附近被德机击伤。

★“纳尔逊”级战列舰

★温斯顿·丘吉尔

1941年5月27日，“罗德尼”号参加了围歼德国“俾斯麦”号战列舰的海战，并与英王“乔治五世”号战列舰一同将“俾斯麦”号这艘德国新锐的超级战列舰摧毁。

1943年9月9日，“罗德尼”号参加了萨勒诺登陆战役的火力支援任务。

1944年，“罗德尼”号和“纳尔逊”号参加了诺曼底登陆战役。

1945年，“罗德尼”号转入预备役，1948年3月26日退役。

作为大西洋舰队旗舰，“纳尔逊”号在1927年8月15日服役，在接下来的14年里它的旗杆上一直飘扬着大西洋舰队或本土舰队总司令的旗帜。

二战爆发时，“纳尔逊”号正在斯卡帕湾外执行警戒任务，不久后它加入了英国潜艇“旗鱼”号海上救援的掩护部队，那艘潜艇在驶离挪威后在北海被重创。

1939年10月，“纳尔逊”号参与了在北海攻击德国水面舰艇编队的不成功的军事行动。10月30日，搭载着温斯顿·丘吉尔首相的“纳尔逊”号战列舰在奥克尼群岛西部海域遭到德国扎恩少校的U-56号潜艇的袭击，但由于鱼雷失灵，逃过一劫。12月4日，它被由U-31号潜艇（艇长哈伯罗斯特少校）布设的一枚磁性水雷击成重伤，一直修理到1940年8月，其间又进行了一些较小的改装。9月，“纳尔逊”号参加了在挪威外海的行动，直到奉命南下返回罗塞思港，准备抵御预想中德国对英国的入侵，而那时它本应在英吉利海峡巡弋。

“纳尔逊”号在本土舰队服役到1942年8月，这期间它还参与了搜寻“沙恩霍斯特”号和“格奈森诺”号的行动，并作为大西洋和马耳他舰队的护航舰。

1941年9月27日，代号为“哈尔伯德”的“纳尔逊”号被意大利飞机投下的一枚鱼雷击中，在英国修理到1942年4月。8月，它被调往地中海舰队担任西弗雷特海军上将的旗舰，成为H部队的一部分，参与了更多马耳他船队的护航，掩护盟军在北非的登陆和在西西里岛、意大利本土的登陆。1943年9月29日，停泊在马耳他港的“纳尔逊”号战列舰上，艾森豪威尔将军和巴多格利奥陆军元帅签署了盟军和意大利之间停战协定，11月，它返回英国进行急需的修理。

1944年6月，在英吉利海峡，“纳尔逊”号作为炮击部队的一部分，掩护了盟军在诺曼底的登陆，但它再次被水雷炸伤，在接下来的6个月中都在美国费城海军船厂进行修理和改装。

1945年1月，“纳尔逊”号返回英国，奉命加入东印度舰队担任2号旗舰，在7月底到达科伦坡。参加了在马来亚的对日作战后，它前往太平洋地区参加日军的受降仪式，并在舰上又一次签署了停战协定。

有趣的是，在它战斗生涯的最后阶段中，加装了16门40毫米高射炮、48门2磅乒乓炮和61门20毫米厄利孔机关炮，使它的高射炮总数达到139门，比刚开始的14门有了极大增加。

1945年11月13日，“纳尔逊”号起程回英，短暂担任本土舰队司令的旗舰后，在1946年8月成为战列舰训练中队的一部分，1948年2月被出售，用做轰炸机的靶舰，1949年3月在英国托马斯·沃德公司最终被拆毁为废钢。

“纳尔逊”级战列舰因受经费和条约的限制，对排水量作了严格的控制，为此不得不牺牲英国一贯对高速的追求。这使“纳尔逊”级战列舰在建成仅10年后就显得过时，尤其在追逐德国高速战列舰时更是如此。因3座主炮塔均集中在船体前部造成齐射巨大后坐力时对船体结构的伤害，故主炮只能尽量避免齐射。

可以说，“纳尔逊”级战列舰是比较落后和粗糙的战列舰，在诸多方面都无法与当时那个年代中优秀的战列舰相比，但是有一点是其他战列舰无可比拟的，就是它的幸运。

纵观“纳尔逊”级战列舰的一生，两艘同级舰“纳尔逊”号和“罗德尼”号都曾经征战沙场，并立有战功，虽然几次受伤，却没有沉没，修复之后还能重返战场。特别是“纳尔逊”号还能够亲身见证日军的投降。最终，两艘战列舰都落个寿终正寝。由此说来，“纳尔逊”级战列舰真可谓是最幸运的一级战列舰了。

第三帝国的巨舰——“俾斯麦”号战列舰

巨舰出世：希特勒的野心昭然若揭

“俾斯麦”号战列舰是第二次世界大战中纳粹德国海军最恐怖的战列舰之一。说起“俾斯麦”号，还要从第一次世界大战说起。

第一次世界大战后，德国在《凡尔赛和约》的严格监控下被禁止建造战列舰，这让刚刚上台的希特勒十分烦恼。谙熟战列舰威力的希特勒密令德国海军开始秘密进行新型战列舰的研制工作，这让纳粹政府的战争野心家们暗暗叫好，在他们怂恿和支持下，希特勒在上台两年后，宣布废弃《凡尔赛和约》，恢复征兵制，德国再次开始武装自己了。

为了表示无意向英国挑战，希特勒跟英国绅士们玩起了猫捉老鼠的游戏，他主动向英国提出把德国海军的吨位限制在英国海军的35%。英国政府马上同意并签订了《英德海军条约》，德国海军开始扩军计划。

希特勒按捺不住内心的高兴，命令海军开始建造“装甲舰F”。在希特勒眼里，他只要真正的战列舰，只有这样，他才能使德国拥有海上的霸权。

这艘德国海军大规模扩军计划中代号“装甲舰F”的第一艘战列舰就是后来闻名于世的“俾斯麦”号战列舰，是德国海军自1918年以后建造的第一艘真正的战列舰。计划一出，希特勒再次跟英国绅士们玩起了博弈游戏，英国海军无奈，只能答应允许德国的新式战舰装备16英寸主炮。

★“俾斯麦”号战列舰

让希特勒苦恼的是，德国还没有制造这种口径舰炮的经验，德国人在这之前所研制的最大口径舰炮是第一次世界大战时期的380毫米口径舰炮，为了避免风险和设计难度从而不拖延进度，决定新开发380毫米口径主炮装备“俾斯麦”号战列舰。

1936年7月1日，“俾斯麦”号战列舰在汉堡港的布洛姆·福斯造船厂正式开工建造，由于希特勒对“铁血宰相”奥托·冯·俾斯麦侯爵的极端崇拜，“装甲舰F”正式命名为“俾斯麦”号。

1939年2月14日，“俾斯麦”号举行下水仪式，之后“俾斯麦”号完成了舾装工程，通过基尔运河前往波罗的海进行海试，1940年8月24日，“俾斯麦”号战列舰正式服役。“俾斯麦”号战列舰的铁血之旅从此开始。

超级军舰：护甲、火炮世界一流的战舰

★ “俾斯麦”号战列舰性能参数 ★

排水量： 41 700吨（标准）
50 405吨（满载）
舰长： 250.5米
舰宽： 36.0米
吃水： 9.3米
动力： 瓦格纳式高压重油专烧锅炉（12座）
布洛姆·福斯式蒸汽涡轮引擎（3座）
最大航速： 30.8节
续航能力： 8 525海里/19节
武器装备： 8门380毫米/L48.5 SK-C/34火炮
12门150毫米/L55 SK-C/28火炮
16门105毫米/L65 SK-C/37/SK-C/33火炮
16门37毫米/L83 SK-C/30火炮
12挺20毫米/L65 MG-C/30（单管）机枪
8座20毫米/L65 MG-C/38（4连装）机枪
舰载机： 4架AradoAr196（设有1台两端弹射器）
装甲： 侧舷145～320毫米
甲板130～200毫米
炮塔130～360毫米
炮座340毫米
司令塔350毫米
编制： 2 092人

“俾斯麦”号在当时属于世界上最大的战列舰之一。因为大，所以“俾斯麦”号舰体受穿越基尔运河水深限制，适度加宽舰体减少吃水，长宽比为6.67：1，上层建筑比较紧凑，提高了舰体的稳定性。

由于“俾斯麦”号是德国自1918年第一次世界大战战败以后首次建造纯正的战列舰，为了降低风险，保证研制进度，尽量采用现成的技术，德国决定采用双联装380毫米口径舰炮，主炮塔采用前后对称呈背负式布局各布置两座。其主炮理论射速很高，达到同期战列舰的最高水平，主炮穿甲弹采用“高初速轻型弹”，在中近交战距离拥有很好的威力，这是“俾斯麦”号战列舰独门秘籍之一。

“俾斯麦”号战列舰的装甲防护沿用“全面防护”的设计模式，拥有同期战列舰中的最大防护尺度，其主装甲堡侧壁覆盖了70%的水线长度和56%的舷侧高度，同时装甲总重量达到同期战列舰中的最大比重，占标准排水量的41.85%。此外，该舰依赖大防护尺度提供的空间补偿，主水平装甲安排在第三甲板，让其与主舷侧装甲一同重叠于弹道上，使舰体要害部位的防护也得到了强化，超越同期建造的战列舰。

这种先进的设计和超级猛烈的火器，使得“俾斯麦”号战列舰一出海便威震大西洋。

铁血之旅："俾斯麦"号击沉战列巡洋舰

1941年5月18日午后，"俾斯麦"号缓缓驶出了波罗的海沿岸的格丁尼亚港，旨在破坏英国北大西洋交通线的"莱茵演习"行动正式开始。德国海军上将京特尔·卢金斯坐镇"俾斯麦"号，亲自指挥自己制订的"莱茵演习"作战计划。

伴随"俾斯麦"号出航的是重巡洋舰"欧根亲王"号，此外，有3艘德国驱逐舰以及多艘其他舰艇和10多架飞机为两艘大型战舰护航。

★"胡德"号战列巡洋舰

"俾斯麦"号一出海，就已经被英国情报部门发觉。英国人的目光死死地盯住了丹麦海峡，"俾斯麦"号必然会通过这里南下大西洋。机不可失，时不再来。英国本土舰队能立刻出动拦截的大型战舰只有"胡德"号战列巡洋舰和"威尔士亲王"号战列舰。本土舰队司令托维海军上将立刻下令霍兰德中将率领这两艘主力舰先行出动，进入冰岛南方的战位。随后，托维上将抓紧时间召集本土舰队其余战舰，组成庞大的特混舰队。

5月23日清晨，"俾斯麦"号和"欧根亲王"号抵达丹麦海峡入口处。流冰四伏的丹麦海峡在靠近格陵兰的水域几乎全部被浮冰覆盖，两艘战舰沿着格陵兰一侧悄悄南下，但是英国人早已在此恭候多时。

24日2时47分，稳坐

"胡德"号战列巡洋舰的霍兰德中将重新确认了"俾斯麦"号的位置，距离分舰队主力只有50千米了。英国战舰将航速提高到了28节，逐渐向"俾斯麦"号靠近。5时刚过，霍兰德命令准备战斗。

此时，德国人也发现了对手。卢金斯上将万万没有想到碰上的竟然是英国最强大的战列巡洋舰——"胡德"号，而且同时还有一艘新型的"乔治五世"级战列舰。5时39分，德国战舰航向转为265°，企图进行规避。5时37分，霍兰德中将将航向由240°转为280°，舰首直指敌舰。5时47分，英舰再一次将航向调整为300°以对准敌舰。随后，5时52分，"胡德"号的381毫米前主炮首先开火！目标——两艘德舰中领头的那一艘。

5时54分，德国战舰"俾斯麦"号和"欧根亲王"号停止规避，航向又转为200°，正好与英舰航向形成"T"形。

不幸的是，由于两艘德国战舰外形类似，霍兰德根据常规认为领队的一定是"俾斯麦"号，所以"胡德"号的射击目标错误地指向了重巡洋舰"欧根亲王"号。而"威尔士亲王"号也没有及时辨别出来，跟着一起向"欧根亲王"号瞄准射击。等到向"欧根亲王"号打完两轮齐射后，英国人才发现这个致命的错误，试图掉转炮口。

德国人是不会放过这个机会的。5时55分，"俾斯麦"号所有的大口径主炮开始了第一次齐射。"胡德"号几次齐射都没有命中目标，而"俾斯麦"号的第三次齐射就准确地命中了"胡德"号。霍兰德中将已经意识到了这个不利局面。由于英国战舰舰首正对德舰，"胡德"号和"威尔士亲王"号只能分别使用4门和5门前主炮，而"俾斯麦"号却能够使用全部8门主炮向英国人还击。

5时59分，霍兰德中将下令，全舰左舵20°，以便发挥全部主炮威力。"胡德"号和"威尔士亲王"号随即开始转动庞大的舰首。就在同时，"俾斯麦"号开始了新的一轮射击。第四次齐射失利，但是第五轮齐射准确地命中了"胡德"号的要害！6时整，"胡德"号刚刚完成转向。

"胡德"号主桅下方升起了极高的火焰，随即战舰发生了剧烈爆炸。"俾斯麦"号第五次齐射的穿甲弹击穿了薄弱的甲板装甲，引爆了甲板下方的弹药库。

"胡德"号的舰体顷刻断裂为两截，迅速地沉向海底。6时03分，海面上已经没有"胡德"号的踪影。大英帝国航速最高、火力最强、吨位最大，战功赫赫名望非凡的战舰，在不到三分钟里就失去了它的存在。霍兰德中将和舰长科尔全部牺牲，全舰1 400名官兵只有三人获救。此后的几天，"俾斯麦"号像一个王者那样在大西洋上航行，如入无人之地。英国皇家海军为报"胡德"号被击沉之仇，几乎动用了所有的战列舰和驱逐舰拦截"俾斯麦"号，三日后，1941年5月27日，"俾斯麦"号因以"乔治五世"号和"罗德尼"号战列舰为首的英国皇家海军的军舰围攻后沉没。

"俾斯麦"号被击沉的根本原因是德国海军实力与英国海军的巨大差距，使德舰不

★“威尔士亲王”号战列舰

得不经常单枪匹马与强大对手周旋，德国军舰的强大防护能力正是这种形势所迫。但不可否认的是，“俾斯麦”号仍是一艘让人恐怖的战列舰。围歼“俾斯麦”号，是海战史上一场大舰巨炮的代表作，战斗结果是海军整体实力决定的。

史上最大的战列舰——“大和”号战列舰

“大和”出海：为对付美国海军而造的巨舰

20世纪30年代初，日本已经成为海军强国，并开始在太平洋地区与英美争夺势力范围。1934年1月，日本修改国防方针时，正式把美国列为敌对国家。1936年6月再一次修改国防方针时，明确提出对美战争战略。日本海军认为，美国海军依然坚持大舰巨炮主义，要夺取对美作战的胜利，必须靠战列舰。

于是，日本海军选择了小小笠原群岛以西海域作为预定海上决战战场，并组建以战列舰为核心的海上打击力量，在海上截击美国舰艇编队，确保小小笠原群岛一线成为不可逾越的海上屏障，在此作战指导思想下，日本海军趁1936年开始的无军备限制的时期，投入海军军备竞赛。与此同时，日本与英美等国在伦敦海军会议上限制海军军备的谈判正在逐渐趋向破裂。

1936年，日本拒绝在新的《伦敦海军条约》上签字。日本海军认为，在战斗舰艇的数量方面，找不到同美国海军抗衡的手段，因而决心集中力量建造巨型战列舰，以单艘战列舰的威力优势来抵消美国海军在数量上的优越地位。于是，日本海军在1937年制订第三次造舰补充计划时，确定首先建造两艘“大和”级战列舰，这就是“大和”号和“武藏”号。

★“大和”号战列舰

★“大和”号战列舰从驻岛出发，参加中途岛海战

1940年4月5日，“大和”号战列舰从吴海军工厂出厂，1941年12月16日开始在濑户内海服役。1942年5月29日清晨，“大和”号作为联合舰队旗舰从柱岛出发，参加了中途岛海战。

1945年4月7日，“大和”号战列舰在战斗中被美军飞机重创，最终沉没在日本九州岛西南50海里的海域，舰上近3 000名官兵葬身海底。

利弊并存：防守有余进攻不足的“大和”号

★“大和”号战列舰性能参数★

排水量： 64 000吨（标准）
72 810吨（满载）

舰长： 263米

水线长： 256米

舰宽： 38.9米

吃水： 10.4米

动力： 12台锅炉，4台蒸汽轮机，4轴

功率： 150 000马力（后退45 000马力）

航速： 27节

续航能力： 7 200海里/16节

武器装备： 9门460毫米/45倍口径主炮，三联装3座

6门155毫米炮，三联装2座（改装中拆除了两座）

24门127毫米炮，双联装12座（改装中增加了6座）

156门25毫米炮，三联装45座、单装21座

4挺13.2毫米机枪，双联装2座

舰载机6架

装甲： 总重22 895吨

储油量： 6 400吨

编制： 2 498人

从外观上看，“大和”号战列舰舰首水线以上部分明显向外前倾，舰首前端成半圆形，其两舷大幅度外张，借以减少舰首上浪。舰首水线以下部分采用球鼻艏，其位置在水线下约3米处，和尖削型舰首相比，这种新构型可以减少8%的兴波阻力，同时还减少了约

★马里亚纳海战中的日本战列舰

3米的水线，从而节省了30吨左右的排水量。在球鼻艏内装有零式水下听音器，可以探测敌方潜艇的活动。

“大和”号战列舰的舰桥高达45米（从龙骨处算起），相当于15层的高楼。在其顶部装有主炮观测所（内置98式方位盘）和15米大型测距仪，向下依次为防空指挥所、昼战舰桥、作战室、舰长休息室、罗经舰桥（夜战舰桥）、第二海图室、司令塔。在舰桥内部装有直通式电梯。从外形来看，“大和”舰舰桥侧面积为310平方米，正面面积却只有159平方米，仅相当于侧面积的一半，其迎风阻力自然也就比较小了。

“大和”号采用单烟囱，其特点是各锅炉的烟道均曲折向后，与烟囱的某一部分相接。烟囱也尽量向后倾斜，以避免排烟影响舰桥工作。为保证烟囱开口部的安全，在开口部装设一种蜂窝状板，厚380毫米，上面有直径180毫米的许多小孔。有孔面积是无孔面积的55%，另外在烟囱前面的倾斜部及侧面装有50毫米厚的防护甲板。这样，烟囱的安全性大大提高了。

“大和”号以其巨型主炮闻名于世。三联装主炮3座，2座三联装炮塔配置在前甲板，一座三联装炮塔配置在后甲板。炮塔的俯仰角是＋45度，–5度，装填炮弹时，固定在＋3度上，俯仰速度每秒8度，炮塔旋回一周3分钟。发射速度，每分1.8发；最大射程20海里，需飞行90秒。炮弹基数每门炮100发，每发炮弹1 460千克，装药量330千克。扬弹速度每发6秒，装弹机械化。3座主炮样式相同，都是由吴海军工厂的舰炮部负责研制的。9门主炮若指向一舷射击，其后坐力达8 000吨，发射时冲击波也很强。

“大和”号烟囱之后是后舰桥，是预备战斗指挥所。火炮实施前后分火射击时，它也起后指挥所的作用。

“大和”号的优点在于体形巨大、稳定性超强，在命中率上要比为追求高速而舰形细长的“衣阿华”级战列舰更优。缺点是速度不够快，防空火力也不强。只有在对方火力不强，自己又是防守一方时，“大和”号才能发挥作用。如果作为进攻方，“大和”号这艘笨重的战舰就只能成为活靶子了。另外“大和”号的一大缺点就是耗资巨大。

自取灭亡：“大和”号命丧太平洋

1942年2月12日，“大和”号成为日本联合舰队旗舰。它排水量最大，火力最强，装甲最厚重，被誉为无坚不摧、固若金汤的海洋钢铁城堡。因此，迷信大舰巨炮制胜论的日本海军对它的期望值很大，认为拥有了“大和”号战列舰，日本海军便可驰骋太平洋，与美舰队抗衡了。

战争初期，“大和”号基本没有参与到主战场。日本海军是把“大和”级战列舰作为镇山之宝，轻易不用。1942年6月，“大和”号作为联合舰队旗舰参加了中途岛海战，

★“武藏”号战列舰

结果出师受挫，4艘航空母舰全军覆没，而“大和”号则在300海里以外无所事事。8月17日，“大和”号再次出港，这次的任务是支援对所罗门群岛方面作战。但该舰到达特鲁克群岛后，只是整天待在港里继续无所事事。1943年2月11日，“大和”号的姊妹舰“武藏”号接替“大和”号成为新的联合舰队旗舰。5月8日，“大和”号离开了特鲁克回到吴港入坞修理了3个月，又于8月23日回到特鲁克。其后一些日子里，该舰被指派去向一些岛屿上的日军运送物资和补充兵员。

1943年12月25日，“大和”号在特鲁克附近遭到美国潜艇的鱼雷攻击，战舰右舷第165号肋骨（第3号主炮塔附近）被一枚鱼雷命中，进水约3 000吨。受损后的“大和”号加速撤离了这一海域。1944年1月16日，“大和”号再次回到吴港入坞修理，出于防雷的考虑，在其舷侧水线以下的防水区内增设了一层呈45度倾角，厚6毫米的钢板。同时进行改装提高防空能力，战列舰舷侧的2座155毫米炮塔被拆除，同时加装了6门127毫米双联装高炮，25毫米高炮数则增至98门。同时舰上还装上了警戒雷达。1944年4月10日，“大和”号的修理及改装工程结束。

随着时间的推移，太平洋战争的形势已经变得对日本越来越不利。联合舰队把拥有“大和”号、“武藏”号战列舰的第二舰队编入第一机动舰队，为航空母舰提供掩护，1944年6月，“大和”号参加了马里亚纳海战。在这场航空母舰大战中，损失惨重的第一机动舰队撤离战场。“大和”号第一次用主炮向来袭的美国飞机发射3枚对空炮弹。

1944年10月22日，包括“大和”号、“武藏”号等5艘战列舰、12艘巡洋舰、14艘驱逐舰的第二舰队从婆罗乃湾出发，参加莱特湾海战。10月24日，栗田舰队遭到美国海军第三舰队航母舰载机的猛烈空袭。在战斗中，“大和”号的姊妹舰“武藏”号被击沉。“大和”号仅在前甲板被美机投中一颗炸弹。10月25日凌晨，在萨沃岛附近，第二舰队发现美舰。“大和”号的460毫米主炮在32 000米距离上对美舰开火。美舰利用烟幕和雨幕以及驱逐舰的攻击行动干扰了“大和”号的射击。中午时分，栗田舰队放弃了追击美舰的机会，开始回撤。1944年11月24日，“大和”号返回日本本土吴港。

1945年3月26日，美军开始实施冲绳岛登陆战。日本企图出动包括“大和”号在内的水面舰艇舰队支援冲绳岛日军的作战。4月5日，军令部正式下达了命令“大和”号自杀性出击作战的“天一”号作战命令，4月6日，以“大和”号为旗舰的第二舰队10艘军舰（还有1艘巡洋舰及8艘驱逐舰）在伊藤整一海军中将的指挥下，从濑户内海西部的德山锚地起航。4月7日凌晨，美国潜艇在九州岛西南海面发现了这支舰队。12时31分，美国海军发出的第一个攻击波，美国飞机集中攻击“大和”号左舷，有四枚炸弹落到了“大和”号第3号主炮塔附近，其中两枚225千克炸弹穿透了后部主甲板爆炸，将战舰后部的155毫米副炮和预备射击指挥所炸毁。12时43时，大和舰左舷前部被一枚鱼雷命中，“大和”号航速降至22节。13时35分，美军第二攻击波飞机到达。13时37分，“大和”号舰体左舷中部被三枚鱼雷命中（分别命中143、124、131号肋骨），使其舰体左倾达7～8度。

★“武藏”号战列舰

几乎与此同时，由于美机投下的一枚450千克重的航空炸弹炸毁了“大和”号排水阀门，使该舰无法进行排水作业，舰长下令向右舷舱室对称注水以恢复舰体平衡，航速降至18节。13时44分，左舷中部又被两枚鱼雷命中，使左倾增加到15～16度，这使该舰的大口径高炮无法使用。14时01分，美机三颗航空炸弹击中左舷中部。

14时07分，一枚鱼雷还击中右舷150号船肋。14时12分，“大和”舰左舷中部和后部又被两枚鱼雷命中，舰体倾斜达16～18度。由于右舷注排水区已经注满水，只能继续往机械室、休息室和锅炉舱里注水。14时15分，“大和”舰左舷再中一雷，航速渐渐减至7节。舰长被迫发出了弃舰令。14时23分，“大和”舰突然发生主炮弹药库大爆炸，葬身海底，全舰2 498名官兵（连同司令部人员共有2 767人）中仅有269人获救（另有7名司令部人员获救），其沉没地点在日本九州岛西南50海里，德之岛西北200海里，东经128度04分，北纬30度43分。

耗资上亿日元的“大和”级战列舰在远未发挥日本海军所期望的威力时就彻底毁灭了。直到1980年，还有日本国会议员说“大和”级战列舰、伊势湾排海造田工程、青函海底隧道是“昭和三大蠢事”。

见证日本投降的军舰——“密苏里”号战列舰

大洋“常青树”：海军军备竞赛的产物

1935年12月9日至1936年3月25日，英、美、日、法、意五国在伦敦举行了海洋会议。由于日本正在酝酿着争夺世界霸权，对1922年《华盛顿海军条约》规定的英、美、日按5：5：3的比例造舰强烈不满，不同意续约，拒绝签字，并于1936年1月15日中途退出会议。意大利也拒绝签署协定。于是，一场激烈的海军军备竞赛又以空前的规模开始了。

1937年，美国海军开始设计一种排水量为45 000吨的“衣阿华”级战列舰。“密苏里”号战列舰是“衣阿华”级战列舰的3号舰，由纽约海军造船厂建造，造价为11 448.5万美元。

“密苏里”号于1941年1月6日动工，1944年1月29日下水，1944年6月11日建成服役。

“密苏里”号在其半个世纪的服役生涯中，共参加过三次战争：第二次世界大战、朝鲜战争和海湾战争。此外，日本曾在“密苏里”号舰上签署第二次世界大战的投降书。凭借亲身见证日本投降的经历，“密苏里”号战列舰名扬四海，永垂史册。

不断改进：性能优良的“老将军”

★“密苏里”号战列舰性能参数★

排水量： 45 000吨（标准）
59 000吨（满载）

全长： 270.4米

水线长： 262.1米

全宽： 33米

吃水： 11.6米

动力： 4部齿轮传动蒸汽轮机，21.2万轴马力

最大航速： 33节

武器装备： 3座50倍口径406毫米口径主炮三联装
10座38倍口径127毫米口径高平两用副炮双联装
20座四联装40毫米高射炮
49门20毫米高射炮

装甲厚度： 307毫米
甲板装甲38～121毫米
炮塔装甲432毫米
指挥塔的侧部装甲为440毫米，顶部为183毫米

编制： 2 860人

“衣阿华”级“密苏里”号战列舰主炮采用了轻量化的MK7型406毫米50倍口径主炮，由于应用了当时最先进的冶金技术，成功地将身管结构从MK2型的7层减少到2层，身管重量也降低了22吨，减至108吨。MK7型主炮内身管长度20.2米，有96条膛

★正在船厂进行整修的“密苏里”号战列舰

★“密苏里”号战列舰军事巡演

线，每25倍口径距离旋转一圈。该炮可发射MK8型穿甲弹，MK13、MK14型榴弹，MK19型人员杀伤弹。其中MK8型穿甲弹弹丸重1 225千克，内装炸药18千克，初速762米/秒，射程（30度仰角）33.558千米，最大射程42千米，射速2发/分钟，俯仰范围为-2度到+45度。穿甲能力（对垂直均质钢装甲），炮口处为828毫米，18 288米处为508毫米，27 432米处为381毫米，发射药包为6个绢制药包，通常装药349千克，火炮内身管寿命为300发。

“密苏里”号战列舰共装备3座三联装主炮塔，每座炮塔旋转部分重1 730吨，舰首方向呈背负式布置两座，舰尾方向布置一座。每座炮塔由77名官兵操纵，炮塔全部结构可以分成6层，分别是炮塔战斗室、旋转盘、动力室、上供弹室、下供弹室、供药包室。炮塔旋转时，6层一起转动。炮塔战斗室配备炮塔长和21名舰员。每个炮塔装备有一台基线长13.5米的光学测距仪，还有计算设备和装填机电机，装填机为链式结构，电机功率60马力，超负荷功率108马力，装填炮弹时，火炮仰角为5度。

“密苏里”号战列舰的动力室有4名舰员，安装有1台功率为300马力（超负荷时可达到540马力）的电动机，使炮塔最大旋转速度达到4度/秒，俯仰电机为60马力，最大俯仰速度为12度/秒。上、下供弹室由旋转储弹盘、输弹机、固定储弹室三部分组成，每层由1名供弹室长和15名舰员负责，旋转储弹盘上可装载76发炮弹，固定储弹室有140发。两层供弹室共有3台输弹机，输弹速度可达3发/分，动作有三行程（从上供弹室）和四行程（从下供弹室）两种。供药包室共有18名舰员和1名室长，药包输送机由100马力电动机和油压设备提供动力，只需一个行程即可提升到炮塔。

第二次世界大战后，“密苏里”号拆除了上述20毫米高射炮，并且大大减少了40毫米高射炮的数量。火控系统为：4部MK37Ⅷ型、2部MK63Ⅵ型火炮射击指挥系统，2部MK38Ⅳ型、1部MK40Ⅰ型、1部MK51Ⅱ型火炮指挥仪。

显赫一生：战功卓著并见证日军投降

1945年1月13日，“密苏里”号在新增了大量指挥、通信设备后，到达西太平洋前线，成为美国海军中将米切尔的快速航母特混编队的旗舰。“密苏里”号2月10日随米切尔中将的快速航母特混编队（共计17艘航空母舰、8艘战列舰、16艘巡洋舰、77艘驱逐舰，被称为历史上最强大的舰队）从乌利西出发。2月16日，该编队出动大批舰载机轰炸了东京地区的机场、飞机制造厂。这次袭击是杜立特空袭东京后美国海军首次攻击日本本土。2月19日，该编队的战列舰群参加了对硫黄岛的舰炮火力准备。

硫黄岛距东京600海里，是小笠原群岛的前哨，也是日本的海防门户。为此，扼守硫黄岛的日军顽强抵抗，使登陆美军遭受重大损失。登陆部队在航空母舰特混舰队飞机和舰炮火力的支援下，经过一个多月的艰苦奋战，于3月16日占领硫黄岛。在这次作战中，“密苏里”号用舰炮给登陆美军以有力支援。

1945年4月1日，美军开始在冲绳岛登陆。这是第二次世界大战中美日双方在太平洋上进行的最后一次大战役。3月24日，“密苏里”号同第58特混舰队的其他快速战列舰一起，炮击冲绳岛东南海岸，为登陆进行预先火力准备。日本海军“大和”号战列舰组成海上特工部队，于4月6日出航，准备突入冲绳海域消灭美军登陆编队。正在执行炮击任务的“密苏里”号和“新泽西”号、“威斯康星”号被调出准备拦截日特工部队。“大和”号被美舰载机群击沉，美、日两国最强大的战列舰进行海上对决的机会永远消失了。

日本陆海军岸基航空兵部队从4月6日起发动了被称为“菊水”作战的大规模自杀性攻击。4月11日，大批日军自杀飞机围攻正在九州以南海域作战的“密苏里”号战列舰。其中一架“零”式战斗机紧贴着海面，冲破层层弹幕，击中“密苏里”号的右舷3号127毫米炮塔后方6米处的舷侧甲板。“零”式战斗机爆炸后引发大火，右侧机翼还飞落到“密苏里”号前甲板上。“密苏里”号舰上的损害管制队员迅速将大火扑灭。由于被撞击处装甲较厚，“密苏里”号仅受轻伤。5天

★ 二战最著名的战舰之一：BB-63“密苏里”号战列舰，1945年9月2日，日本在此舰上正式与盟国签订无条件投降书。

后，“密苏里”号在同一海域再次遭到“神风”特攻队袭击。在激战中，“密苏里”号击落一架、击伤两架自杀飞机。但是有一架日机撞上了“密苏里”号舰尾的水上飞机起吊机后爆炸，大量碎片落在后甲板上，“密苏里”号再次受轻伤。当天深夜11时，“密苏里”号发现12海里外有一艘日本潜艇，立即引导“巴丹”号轻型航空母舰和4艘驱逐舰前去攻击，将日军伊56号潜艇击沉。

在冲绳岛登陆战中，“密苏里”号一共击落日机5架，并协同其他舰只击落日机6架。它同其他美舰一起，击退了日军发起的16次攻击。在对岸炮击时，还摧毁了日军的数个火炮掩体和其他建筑。

1945年6月8日，“密苏里”号对九州一带的日军进行攻击，13日，它返回莱特岛。7月8日第3舰队再次北上，“密苏里”号率领战列舰编队炮击了水产和日立工业区。8月10日，第3舰队再度空袭本州北部，15日8时4分，正在“密苏里”号上指挥对东京空袭的哈克西接到了太平洋舰队司令尼米兹上将关于日本已宣布投降、停止作战行动的命令。8月21日，进驻横须贺的美国军政要员和200名海军陆战队员乘坐“密苏里”号在“衣阿华”号的伴随下，前往横须贺。29日，两舰驶入东京湾。

★美国海军“衣阿华”级BB-64“威斯康星”号二战战列舰

★“密苏里”号战列舰在冲绳海战中遇到日本三菱“零”式神风攻击机袭击

1945年9月2日，日本投降签字仪式在东京湾的“密苏里”号上进行。8时起，美国太平洋舰队司令尼米兹上将、太平洋盟军最高统帅麦克阿瑟上将等美方及战胜国代表陆续登舰。8时56分，日方代表重光葵外相、日军大本营代表梅津美治郎上将等登上了“密苏里”号。9时2分，签字仪式开始。此时，各国记者将“日本代表在‘密苏里’号军舰上签字投降，第二次世界大战以同盟国的胜利而告终”的消息发往世界各地。“密苏里”号战列舰从此名扬天下。

第二次世界大战结束后，随着战后美国的裁军浪潮，到1949年，“衣阿华”号、“新泽西”号、“威斯康星”号均被编入预备役，只有名声显赫的“密苏里”号象征性地保持现役。

1950年6月，朝鲜战争爆发。“密苏里”号迅速赶赴朝鲜海域执行炮击任务，朝鲜战争结束后，被编入预备役。

1981年，里根政府提出了建设“600艘舰艇海军”的政策，“密苏里”号完成现代化改装再次重返现役。

1990年8月2日，伊拉克军队入侵科威特，美国进行了代号为“沙漠盾牌行动”的大规模军事集结。1990年11月，“密苏里”号和“威斯康星”号开赴波斯湾参加了对伊拉克的海上封锁。1991年1月17日凌晨，“密苏里”号等七艘军舰共同向巴格达附近的目标发射了“战斧”巡航导弹。从2月4日起，“密苏里”号开始炮击科威特沿海地区的伊军目标。到1991年2月28日军事行动停止时，“密苏里”号和“威斯康星”号共执行83次炮击任务，发射1 102发406毫米炮弹。在2月25日凌晨的炮击行动中，“密苏里”号遭伊军两枚“蚕”式岸舰导弹的攻击。该舰发现导弹来袭后迅速进行电子对抗，使其中一枚偏离目标后坠海，另一枚则被英国“格洛斯特”号驱逐舰发射的两枚“海标枪”防空导弹击落。

战后不久，1992年3月31日，“密苏里”号驶回洛杉矶港，在加州长滩正式退出现役，结束了它显赫一生的服役之旅。

战事回响

日德兰海战："战列舰"最后的疯狂之战

日德兰海战，也称斯卡格拉克海战，是第一次世界大战期间规模最大的一次海战，也是海军历史上战列舰大编队之间的最后一次决战，以战列舰为主力战斗舰的海战史至此落下帷幕。

第一次世界大战爆发后，英国凭借其海军优势，对德国实行海上封锁，迫使德国大洋舰队不敢贸然出港。战争初期的被动态势，使德国人最初把赢得战争胜利的希望寄托在具有传统军事实力的陆军身上，海军则仅以小兵力开展海上游击战，袭击协约国海上交通运输船。但是，通过一年的作战，形势并未好转，凡尔登战役后，德国陆军陷入持久作战的困境，企图在陆上结束战争的梦想破灭了。德国最高统帅部不得不改变初衷，把战略重心转到海上。为了突破英国的海上封锁，保证德国在海上的行动自由，扭转被动局面，德国人准备在海上寻找机会与英国进行决战。

★作为火力支援分队，参加了日德兰海战的"德意志"号战列舰

1916年1月，德国海军对大洋舰队司令部进行了调整，任命舍尔海军上将为舰队司令。舍尔一到任，就着手制订对英国舰队实施主动进攻的作战计划，企图先以少数战列舰和巡洋舰袭击英国海岸，诱使部分英国舰队出港，然后集中大洋舰队主力进行决战，彻底消灭英国主力舰队。

★日德兰海战中的水上飞机母舰

为实现这一目的，舍尔集中部分战舰，用了4个月的时间，执行偷袭和骚扰英国舰队的计划。5月中旬，舍尔命令希佩尔海军上将率领5艘战列巡洋舰、5艘轻巡洋舰和30艘驱逐舰，组成战役佯动舰队，引诱英国舰队出港。舍尔则亲率大洋舰队主力，由21艘战列舰、6艘轻巡洋舰和31艘驱逐舰组成的重兵集团，隐蔽在佯动舰队之后50海里处，随时准备歼击上钩之敌。另外，一支由16艘大型潜艇、6艘小型潜艇以及10艘大型“齐柏林”飞艇组成的侦察保障部队，已预先在英国海域和北海海域展开，严密监视英国海军动向。然而，舍尔怎么也没想到，他自以为天衣无缝的作战计划，早就被英国海军截获。这是因为1914年8月，俄国在芬兰湾口击沉德国“马格德堡”轻巡洋舰后，俄国潜水员在德国军舰残骸里，意外发现了一份德国海军的密码本和旗语手册，并将其提供给英国海军统帅部，使英国海军轻而易举地破译了德国海军的无线电密码，准确地掌握了德国海军的行踪。

★日德兰海战德舰发起进攻

英国海军主力舰队司令约翰·杰利科上将根据掌握的德国海军情报，连夜制定出一个与舍尔如出一辙的作战方案，决定由海军中将贝蒂率领4艘战列舰、6艘战列巡洋舰、14艘轻巡洋舰和27艘驱逐舰作为前卫舰队，先追击来袭的希佩尔舰队，等舍尔率领的主力前去围歼时，佯败诱敌。杰利科亲率由24艘战列舰、4艘战列巡洋舰、20艘巡洋舰和50艘驱逐舰组成的舰队主力，随后跟进，对德国大洋舰队形成合围后聚歼该敌。

5月30日夜，海军中将贝蒂率领前卫舰队驶离罗赛思港，这马上就被德国潜艇发现了。而德国放出的“诱饵”也早在英国海军的监视之下。双方都认为敌人已经上钩，两支舰队小心翼翼地相向而行，将军们紧张地注视着海图上对方行动的轨迹，一场空前规模的大海战就在这无声的航行中拉开了帷幕。

5月31日下午，双方前卫舰队在斯卡格拉克海峡附近海域遭遇，英主力舰数量两倍于敌，德国舰队不敢恋战，希佩尔按计划转向东南，向大洋舰队的主力狂奔。贝蒂一见到嘴的肥肉要飞，早把预定任务抛到脑后，不顾一切地猛追，致使威力大速度慢的4艘战列舰掉队10多海里，犯了被英国历史学家们称为“致命的错误”，使英国舰队蒙受巨大损失。15时20分，双方前卫舰队呈同向异舷机动态势，由于德舰采用了先进的全舰统一方位射击系统，火力优于英舰，且此时兵力对比为6：5，英舰队已无优势可言。15时48分，双方在20千米距离上开始对射，12分钟后贝蒂的旗舰首先中弹。16时5分，英战列巡洋舰“不屈”号被击沉。在这紧要关头，掉队的4艘战列舰赶到，巨炮怒吼。面对英军强大火力，希佩尔镇定自如，命令集中火力猛轰英战列巡洋舰“玛丽皇后”号，使该舰连中数弹，爆炸后一折两段，迅速沉没，全舰1 275人仅有9人生还。

★日德兰海战中壮观的英国舰队

★“塞德利茨”号战列巡洋舰

★弹痕累累的司令塔

在短短几十分钟内，英舰两沉一伤，损失惨重。当贝蒂发现迎面而来的德军主力时，才发觉上当，即令整个前卫舰队北撤。舍尔见状急令全舰队追击，他哪里知道自己钓上的“鱼”，也是他人布下的诱饵。在近三小时的追击战中，双方均无建树。18时许，英前卫舰队与主力舰队会合。舍尔也追了上来，杰利科指挥舰队成一路纵队冲向敌舰，切断了德国大洋舰队的后路，双方在落日余辉的映照下展开了激战。

18时20分，英国的两艘老式装甲舰被德国的战列巡洋舰击中，一炸一沉；18时33分，1.7万吨的英国第3战列巡洋舰中队旗舰“无敌”号又被德舰击中，当即炸成两段，舰队司令胡德少将连同全体舰员一同沉入海底。但英国舰队的损失并没有影响主力舰队在数量上的优势，加之英舰逐渐抢占了有利的攻击阵位，作战形势马上发生了有利于英军的转化，德舰接连受到打击，希佩尔的旗舰“吕措夫”号和另一艘战列巡洋舰被击中，迫使舍尔放弃原来的计划，企图冲出一条血路，返回基地。但几经冲杀也无法逃脱英国舰队猛烈炮火的轰击，当最后一批舰只从乱军中冲杀出来时，屡建战功的“吕措夫”号已千疮百孔，无法继续航行，被迫弃舰沉没。英军虽然连连得手，但面对落荒而逃的德国舰队，小心谨慎的杰利科却因怕碰上德军后撤时布下的水雷，而下令停止追击。20时，一场混战在夜幕中暂停了，双方指挥员开始酝酿新的较量。杰利科准备天亮在舍尔返回基地的必经航线上彻底消灭德国大洋舰队；舍尔则企图连夜冲出包围，经合恩礁水道返回基地。为此，舍尔把所有能用的驱逐舰都派出去拦截英军主力舰队，掩护大洋舰队突围。

整夜里，德军的驱逐舰就像狼群一样，不时地袭击英舰，给英军造成混乱和判断失误，使杰利科摸不清德国舰队在哪个方向。23时30分，大洋舰队和英军担任后卫的驱逐舰遭遇，由此演出了日德兰大海战的最后一幕。双方借助照明弹、探照灯和舰艇中弹的火光进行着漫无目标的射击和冲撞。激战中英国三艘驱逐舰被击沉，德国两艘轻巡洋舰被鱼雷送入了海底。拂晓前，双方在混战中又互有损伤。英国的一艘装甲巡洋舰认敌为友，被四艘德国战列舰一个齐射当即变成一团火球；混乱中一艘英国轻巡洋舰被己方的战列舰拦腰

★“不屈”号战列舰（前）和“无敌”号战列舰

★英国“无敌”号战列舰

切成两段；德国一艘老式战列舰步履蹒跚地跟在舰队后面，被冲上来的一群英国驱逐舰用鱼雷击沉。舍尔不顾一切地向东逃窜，于6月1日4时许通过合恩礁水道，杰利科因害怕德军布设的水雷，也匆匆打扫战场后返回了斯卡帕弗洛基地。这场空前绝后的战列舰舰队决战，就这样草草收场了。

此战，英国舰队共损失战列舰三艘，装甲巡洋舰三艘、驱逐舰11艘，战斗吨位11.5万吨，伤亡6 700多人；德国舰队共损失战列舰两艘、轻巡洋舰四艘，驱逐舰五艘，战斗吨位6.1万吨，伤亡3 000多人。英国舰队虽然比德国舰队多损失近一倍，但并未伤着筋骨，而且进一步巩固了在北海海域的霸主地位，德国因无法打破英国人的封锁，大洋舰队成了名存实亡的舰队，从此一蹶不振，再也未敢出海作战。

第二章

2 巡洋舰

曾经的次等主力舰

兵典
THE CLASSIC
WEAPONS

沙场点兵：仅次于战列舰的军舰

巡洋舰是在排水量、火力、装甲防护等方面仅次于战列舰的大型水面舰艇，可以长时间巡航在海上，并以机动性为主要特性，拥有较高的航速。巡洋舰拥有同时对付多个作战目标的能力。

历史上巡洋舰一开始是指可以独立行动的战舰，而与此相对的驱逐舰则需要其他船只（比如补给舰只）的帮助。但是在现代，这个区分已经消失了。

旧时的巡洋舰是指装备大中口径火炮，拥有一定强度的装甲，具有较强巡航能力的大型战舰，它是海军主力舰种之一，可执行海上攻防、破交、护航、掩护登陆、对岸炮击、防空、反潜、警戒、巡逻等任务。

现代巡洋舰排水量一般在0.8万吨～3万吨，装备有各种导弹、火炮、鱼雷等武器。大部分巡洋舰可携带直升机。动力装置多采用蒸汽轮机，少数采用核动力装置。

世界最著名的现代巡洋舰有三级：美国“提康德罗加”级导弹巡洋舰；苏联“基洛夫”级核动力巡洋舰以及苏联“光荣”级导弹巡洋舰。

兵器传奇：巡洋舰掠影

追溯历史，巡洋舰这个词最早出现在19世纪初，早期称为护卫舰。在帆船时期，护卫舰指的是小型的、快速的、远距的、装甲轻的，只有一层火炮甲板的船只，这些船一般用来巡逻、传递信件和破坏敌人的商船。舰队的主体则由战列舰组成，这些舰只比护卫舰大得多，也慢得多。护卫舰一般逃避这样的战舰，也不参加这样的战舰之间的舰队海战。最早的铁甲舰也只有一层炮台，因为它们的装甲太重了，没法装其他的炮台。尽管它们是带有大炮的大船，而且也可以像战列舰一样作战，它们依然被称为护卫舰。因此护卫舰这个词的意义就开始变化了，原来的小帆船被改称为巡洋舰。

在很长的一段时间内，巡洋舰弥补了非常轻型的船只如鱼雷艇与战列舰之间这个空当。巡洋舰足以抵挡小型船只的进攻，而且足以能够远离自己的基地航行。而战列舰虽然在作战时威力非常大，但它们太慢和需要太多的燃料（尤其是在使用蒸汽机后这个区别就更加明显了），19世纪的大多数时间里和20世纪初巡洋舰是一支舰队的远程威慑武器，而战列舰则待在基地附近。巡洋舰最主要的作用在于海上破交作战和巡逻。巡洋舰比较注重速度，采取瘦长、利于加速的船体以优化高速航行。巡洋舰也被编入主力舰队作为侦察和警戒用，但一般不参加双方主力舰之间的对决。

随着战列舰的不断增大，巡洋舰的排水量也不断增大。19世纪初，首先出现的是带有风帆和蒸汽轮机的风帆巡洋舰。风帆被蒸汽机代替后出现了装甲巡洋舰和防护巡洋舰，装甲巡洋舰其防护能力较好，排水量较战列舰和战列巡洋舰小，中国北洋水师的经远、来远是装甲巡洋舰。防护巡洋舰装甲较薄，但航速高，北洋水师中的致远和靖远以及日本联合舰队的吉野、高砂都是防护巡洋舰。中日甲午战争让世界各国看到了装甲巡洋舰的良好前景，战争后，各国争相发展具备一定装甲保护，可执行远洋作战、护航、巡逻任务的装甲巡洋舰，这些巡洋舰的排水量和主炮口径纪录不断被刷新，著名的装甲巡洋舰有德国“沙恩霍斯特”级、“布吕歇尔”号，日本的“鞍马”级等等。一般装甲巡洋舰都装备175～254毫米主炮，排水量可达1.5万吨～1.8万吨，航速一般在21节～26节。

一战后，各国掀起了海军军备竞赛，为缓解这种紧张局势，各海军强国开始商谈并于1922年在美国华盛顿最终签署《限制海军军备条约》即《华盛顿条约》，《条约》中对各国主力舰和巡洋舰总吨位进行了限制，同时提出了近代巡洋舰划分标准。

根据《条约》的定义将巡洋舰区分轻巡洋舰和重巡洋舰。从各国设计建造巡洋舰的情况看，都有所侧重。英国拥有广泛的海外领地，所以特别注重轻巡洋舰的发展；而日本则希望以质取胜，倾向于重巡洋舰的设计和建造，而轻巡洋舰则被作为水雷战队的旗舰，用于引导驱逐舰分队对敌进行大规模鱼雷攻击和夜战；美国的巡洋舰相对均衡，还创造性地发展出了以防空为主要任务的防空型巡洋舰（轻巡洋舰）。《华盛顿条约》时期，由于吨位限制，各国建造的重巡洋舰均有一定的缺陷，有些牺牲了火力，有些牺牲了防护，这一时期的巡洋舰通常被称为条约型重巡洋舰，较好的条约型重巡洋舰有法国的“阿尔及尔”级。

二战时期，著名的重巡洋舰有英国的“伦敦”级、美国的“巴尔的摩”级、德国的“希佩尔”级、日本的“高雄”级、“最上”级和“利根”级。著名的轻巡洋舰有美国

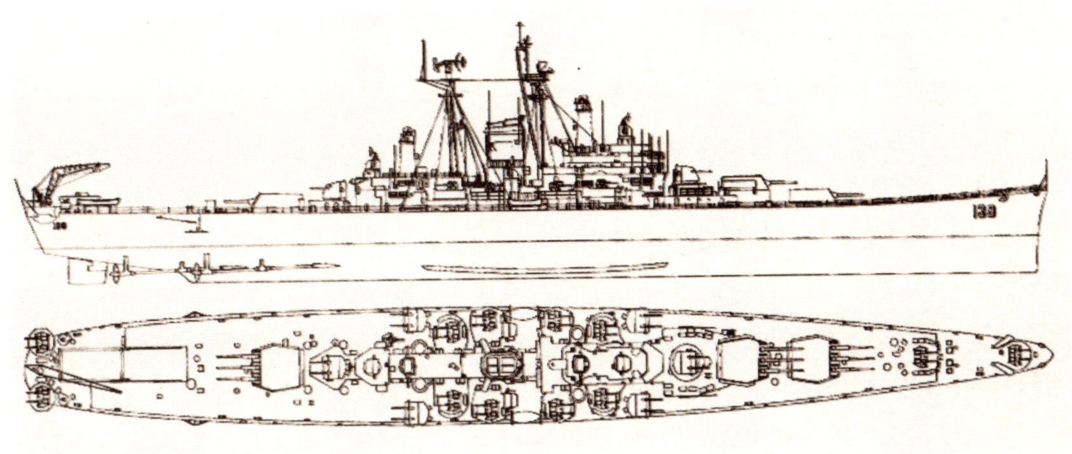

★美国“德梅因”级重巡洋舰两视图

★停靠在黑海岸边的俄罗斯“科”号巡洋舰

的“克利夫兰”级、“亚特兰大”级防空巡洋舰。美国凭借自身强大的工业实力，还设计出了相当于战列巡洋舰的“阿拉斯加”级大型巡洋舰，拥有3座三联装12英寸（305毫米）主炮。

二战结束后的1945年，美国建造的“德梅因”级达到了重巡洋舰的顶峰，它拥有3座三联装203毫米MK16型全自动主炮，射速是一般重巡洋舰的两倍，达到每分钟10发，每门炮每分钟可以投射炮弹13.5吨，全舰火力相当于2～3个美军陆军野战炮兵团。同时它的标准排水量达到1.8万吨，侧舷装甲厚度最高达到152毫米，还装备了为数众多的20～127毫米防空炮。20世纪70年代，美国也设计过多款核动力巡洋舰，如“弗吉尼亚”级核动力导弹巡洋舰，但经过使用被认为性价比并不突出。

20世纪末，大多数巡洋舰与驱逐舰的差别已经很小了，传统意义上以排水量和火力来区分驱逐舰和巡洋舰已经不太适用。有些国家为了掩盖其军事目的，将一些接近巡洋舰指标的大型水面舰艇命名为驱逐舰。典型的例子包括日本的“金刚”级、韩国的“世宗大王”号导弹驱逐舰。它们的满载排水量均接近10 000吨，美国最新型的“阿利伯克”级驱逐舰也有9 000多吨。而相对的“提康德罗加”级巡洋舰则不到9 000吨。

其实，除了轻巡洋舰和重巡洋舰外。还有一种更小的巡洋舰是辅助巡洋舰，实际上它们是战争爆发后快速装配了火炮的商船。这些船被用来为其他商船提供保护，但由于它们航速慢、火力弱、装甲弱，因此它们实际上没有起到什么显著作用，从而不被军方所关注。

慧眼鉴兵：巡洋舰的没落

在风帆战舰时代，巡洋舰主要用于侦察搜索，给主力舰（风帆战列舰）护航等任务，地位相当于现在的大型护卫舰。那时候航海主要靠风帆，不用考虑续航力的问题，很小的船也可以远航。

到了蒸汽内燃机时代，巡洋舰依然执行侦察搜索，给主力舰（装甲战列舰）护航的任务，但此时需要保证巡洋舰的续航力，同时要同其他敌对国家的巡洋舰对抗，所以巡洋舰火炮越来越强，装甲越来越厚，吨位逐渐增大，成为仅次于战列舰的次主力舰，而此后各种战舰分工越来越明确，此时的巡洋舰仍然为主力舰队提供侦察搜索和护航任务，并担任驱逐舰队的旗舰，似乎用途很广，但随着飞机大规模的使用，它作为侦察搜索的作战平台，也被飞机取代了。

到了二战时期，巡洋舰的地位愈发尴尬，既不能用来护航（比驱逐舰大得多，笨重得多，很难对付潜艇，造价又比驱逐舰高），又不宜作为主力舰使用。

二战后，随着现代科技的发展，巡洋舰已开始走向末路，因为驱逐舰的大型化、多功能化已使其能够代替巡洋舰执行任务。现代战争中，尤其是20世纪末的局部战争中，巡

★日本下一代“赤城”级重巡洋舰曝光

洋舰与驱逐舰从作战任务、续航力、火力配备、电子设备越来越接近。美、俄、英、法、德、意、印、日等军事大国早已不把巡洋舰作为优先级别的战舰发展了。

此外，巡洋舰的吨位以往都是大于驱逐舰的，但现在已有比“提康德罗加”级（现今在役的唯一一级巡洋舰）更大吨位驱逐舰了。

直到21世纪的今天，巡洋舰和驱逐舰没有太大的区别了。因此，纯粹意义上的巡洋舰已经名存实亡了，取而代之的是一种新型的具有多种作战能力的驱逐舰。

海上侵略的急先锋——“吉野”号巡洋舰

阴差阳错：本该属于中国的“吉野”号

古往今来，有很多阴差阳错的事情，例如你拥有了一把火力巨大的枪，想用它保卫自己的家园，可这把枪落入了敌人手中之后，反过来，伤了自己。“吉野”号巡洋舰便是如此，它本属中国，却阴差阳错地落入了日本人之手。

“吉野”舰原为清政府洋务大臣李鸿章向英国订购的当时最先进的快速巡洋舰，目的是用来增强北洋水师的实力。可本来用于购置战舰的银子却被慈禧太后挪去修颐和园，李鸿章只好被迫放弃购买该舰。

当时的日本为了从火炮和速度上压倒北洋水师，达到占领朝鲜和中国的目的，19世纪90年代以后，便把建设和扩充海军力量的着眼点放在添购速射炮和购买快速巡洋舰上。于是，那艘本来属于中国的战舰被富有的日本抢购了去。

1891年，日本海军大臣桦山资纪在海军扩张案中正式向英国提出订购“吉野”号巡洋舰。该舰由英国阿姆斯特朗兵工厂制造，1892年1月3日开工，同年12月20日下水，1893年9月30日建成。

航速快且火力强：迅猛的“吉野”号

“吉野”号是当时世界上航速最快的水面军舰，航速高达惊人的23节，速度比当时中国海军巡洋舰快一到两个数量级。“吉野”号不仅航速快，而且战斗力在当时也是世界一流的。

“吉野”舰大量装备了大口径速射炮。主炮选用4门英国阿姆斯特朗公司生产的40倍

★ “吉野”号巡洋舰性能参数 ★

排水量： 4 150吨
舰长： 109.73米
舰宽： 14.17米
吃水： 5.18米
航速： 23节
动力： 两台往复式蒸汽机
配合12座高式燃煤锅炉
功率： 15 000马力的动力
武器装备： 主炮为4门40倍口径152毫米速射炮
舷侧活力为8门40倍口径120毫米速射炮

口径速射炮，火炮膛长6 096毫米，弹头重45.4千克，初速671米/秒，有效射程8 600米，射速7发/分钟。

主炮2门分别安装在军舰首尾楼甲板上，另外2门的安装位置则比较特殊，分别布置在艏楼末端主甲板两侧的耳台内，船头对敌作战时，可获得最大火力。

“吉野”号的独特设计，也是识别“吉野”的重要外观特征，为了使安装在耳台内的这2门6寸炮的前向射界更为开阔，艏楼尾部各向内侧削去了一块。

军舰两舷至尾楼之间还设计8个耳台，各配置1门40倍口径速射炮，形成了密集的舷侧火力，这些速射炮同样是英国阿姆斯特朗公司制造，膛长4 801毫米，弹重18.1千克，初速467米/秒，有效射程7 000米。这些可怖的大口径速射炮均采用了厚度为4.5英寸的后部敞开式炮罩进行防护。

“吉野”舰的武器装备还有密布军舰各处的22门47毫米口径哈乞开斯单管速射炮，以及多达5具的14英寸鱼雷发射管，和舰首水下锋利如刃的撞角。

“吉野”舰还配备了刚刚问世不久的专用火炮测距仪，这意味着“吉野”舰火炮的瞄准、测距将更为准确、便捷，战力可以得到倍增。

★“吉野”号巡洋舰

血债血偿：“吉野”号的必命运

“吉野”号一踏上太平洋，便开始成为侵略的急先锋，因为“吉野”号的速度太快了，在当时的太平洋上几乎找不到对手。

在1894年9月17日的黄海大东沟海战中，清政府“致远”号作战勇猛，为了保护旗舰“定远”号，只身与日本海军联合舰队第一游击队“吉野”号等四舰缠斗，终因寡不敌众，被“吉野”舰击成重伤，全舰起火，弹药耗尽，在军舰即将沉没之际，“致远”舰管带邓世昌对站在身旁的大副陈金揆说：“日本舰队靠‘吉野’打冲锋，如能撞沉此舰，我军就能取胜。”说完，他下令开足马力，全速向迎头驶来的“吉野”号冲去。邓世昌站在舰桥上对全体水兵说道：“诸位兄弟，我等从军卫国，早置生死于度外，今日击沉‘吉野’，我等就以死相拼。我等虽然战死，但可以壮我大清北洋海军的声威，为国效忠！”面对突然拼死冲来的“致远”号，日本海军联合舰队的第一游击队各舰集中火力以纽状火药连弹装入速射炮轰击，“致远”号周围弹如雨下。“吉野”号舰长河原要一看见“致远”舰迎头冲来，已经明白“致远”号是想撞沉“吉野”号。他一面命令转舵规避，一面下令连续发射鱼雷。

就在“致远”号快撞上“吉野”号时，被一发鱼雷击中，引起锅炉爆炸（另一说法是几发炮弹同时击中“致远”舰的水线部位，爆炸触发了“致远”舰右舷鱼雷发射管中的鱼雷，导致“致远”号沉没），到下午3时30分，“致远”号沉没于东经123度34分，北纬39度32分的黄海海面。全舰250余名官兵中除了27人获救外全部牺牲。“致远”号管带邓世昌看着心爱的军舰沉入大海，悲愤自杀。邓世昌是1849年9月17日出生，牺牲时正是他46岁的生日。

丰岛海战中，“吉野”号被一发“济远”号150毫米口径火炮击中右舷，击毁舢板数只，穿透钢甲，击坏发电机，坠入机舱的防护钢板上，然后又转入机舱里。可是由于弹头里面未装炸药，所以击中而不爆炸，使“吉野”号侥幸免于报废。

1904年5月10日，日俄争夺旅顺口的战争爆发。“吉野”号被编进了防护巡洋舰战队，配合主力舰队参加对旅顺口俄国舰队的围攻和封锁。5月15日中午1时，封锁旅顺的五艘日舰开始返航。返航途中它们遇到浓雾，在浓雾中，军舰竟驶进了俄国人布设的雷区。22时50分，日“初獭”号巡洋舰首先触雷爆炸。其他各舰纷纷放下舢板去抢救舰员，并冒着危险向“初獭”号靠近。不久“八岛”号巡洋舰在“初獭”号触雷线上接连触发两枚水雷，海水大量涌入。两艘日舰同时燃起了大火，舰上日军乱成一团。

“吉野”号此时就在附近，听到水雷爆炸万分惊慌，在浓雾中想尽快撤离到安全区，结果被正在高速航行的“春日”号巡洋舰拦腰撞中右舷中央。一声巨响后，“吉野”号右舷出现一个10多米的大口子，顿时海水大量涌入，舰体严重倾斜，很快就沉入了海底，舰上413名官兵中只有99人被其他军舰救起，其余都同“吉野”号沉入了它多次入侵的中国黄海。

英国海军的海上“雄狮”——“狮”号战列巡洋舰

“狮”级家族：追求高速度的战舰

“狮”号战列巡洋舰，又称“雄狮”号，是英国海军建造的“狮”级战列巡洋舰的首舰。同型舰有“狮”号、“皇家公主”号，改进型舰有“玛丽女王”号。

“狮”号战列巡洋舰于1909年9月29日开工建造，在设计阶段时英国海军出现了“要速度还是要装甲”的争论，最后“速度派”占了上风。为进一步提高速度，英国海军为“狮”号战列巡洋舰安装了更多的锅炉，使它的舰体长度超过200米。“狮”号战列巡洋舰配备与1909型战列舰相同的13.5英寸口径主炮，双联装主炮塔全部沿舰体纵向中轴线布置，舰体前部两座主炮塔呈背负式，舯部和尾部各一座主炮塔。

“狮”号战列巡洋舰在火炮威力与航行速度方面有明显的提高，但是由于追求速度导致动力装置占用过多重量，而防护能力的提升有限。

★改进后的“玛丽女王”号战列舰

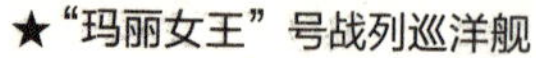

★“玛丽女王”号战列巡洋舰

★遭到重创的英国“狮”号巡洋舰

设计理念偏差：先天不足的“狮”号

★“狮”号巡洋舰性能参数★

排水量： 26 250吨（标准）
29 680吨（满载）
舰长： 213.4米
舰宽： 27米
吃水： 9.3米
动力： 锅炉数量42台
功率： 70 000马力(正常)
78 700马力(过载)
航速： 27节
续航能力： 5 610海里/10节
2 420海里/24节
武器装备： 8座双联装13.5英寸/45倍口径主炮
16座单装4英寸口径副炮
2座21英寸鱼雷发射管
编制： 997～1 250人

“狮”号战列巡洋舰使用的测距仪立体感较差。而且它的光距较德国人的小，使得英国方面在测定舰只的位置时遇到了困难。

“狮”号战列巡洋舰的弹药储藏室设计失误，弹药储藏室和弹药输送机能导致弹药库火灾。而皇家海军却没有注意到这个问题。结果在日德兰海战中皇家海军的战列巡洋舰像爆竹一样炸裂，而“狮”号战列巡洋舰仅仅是由于哈维少校的勇敢行为才得以幸免。

为了防止爆炸和降低失火危险，英国方面使用凡士林作为稳定剂。但是。日德兰海战中却发现凡士林反而加剧了火药的活性，使得其更易燃易爆。运送发射药包使用的容器是蚕丝口袋包裹，同时英国火药储藏的时间也较长。而且皇家海军在运送弹药时不关闭弹药舱门，这也是一个致命的失误。

★日德兰海战中的“狮”号巡洋舰

在海战中英国皇家海军使用的穿甲弹遇到德舰装甲即炸，但无法穿透其坚固的外表。这是由于皇家海军在测试穿甲弹的穿甲能力时通常只在距离小于10 000码，入射角为90度时测试。使得这种穿甲弹在入射角小于90时，穿甲效果不理想。这一试验方法曾经广受质疑，但是海军部对这些怀疑视而不见，这也导致了日德兰海战中炸而不穿现象的出现。

英国海军注意力集中于速度和大口径火炮方面，忽视了其他必要的改进，而且将战列巡洋舰作为舰队机动打击力量加入主力舰队中参加海战，背离了设计战列巡洋舰的主导思想，在海战中遭到重大损失。

英国人在技术方面存在着巨大的不足。在日德兰海战后海军部终于开始对这些缺点进行改进，直到1917年这些隐患才得以消除。

出“狮”不利：两次海战均受创

“狮”号战列巡洋舰是英国皇家海军第一战列巡洋舰分舰队的旗舰，它作为英国海军中将戴维·贝蒂的旗舰，在多格尔沙洲之战和日德兰海战中成名。

1915年1月24日，“狮”号参加了多格尔沙洲之战，战斗中由于“狮”号信号系统受损，导致接替指挥的莫尔少将误读命令，最终使德国舰队逃脱，锅炉水舱进水丧失动力的“狮”号在其他舰船的拖曳下返回基地。

1916年5月31日，“狮”号作为英国海军前锋舰队的旗舰参加日德兰海战而被人熟知，战斗中“狮”号被德舰主炮12发大口径炮弹命中，及时向弹药库注水才得以幸免沉没。

三号舰“玛丽女王”号比前两艘改进了设计，在动力与装甲方面与前两艘有所不同。在日德兰海战中“玛丽女王”号战列巡洋舰的主炮塔中弹导致弹药库爆炸而沉没。

战争结束后，“狮”号、“皇家公主”号根据1922年签订的《华盛顿海军条约》的规定而解体。

二战重巡之王——“欧根亲王”号巡洋舰

“幸运战舰”：德国扩军的产物

这是一艘充满了传奇色彩的巡洋舰，“欧根亲王”号在船厂里就开始了它的传奇经历。

那是在20世纪30年代初，尽管《凡尔赛条约》禁止德国建造重型巡洋舰，德国海军仍开始悄悄地考虑建造重巡洋舰的可能性。

1933年希特勒上台后，对雷德尔的扩军计划大力支持。受此鼓舞的海军几乎立即开始为建造大型军舰作准备：1934年，海军参谋部与克虏伯公司签订了制造380毫米和203毫米舰炮及双联装炮塔的合同。其中，380毫米舰炮和炮塔为设计中的“俾斯麦”级战列舰准备，而203毫米炮则将安装到设计中的“希佩尔海军上将”级重巡洋舰上。

“欧根亲王”号就是“希佩尔海军上将”级的三号舰。这艘“幸运战舰”目睹了纳粹第三帝国从兴盛到灭亡全过程，虽然其服役生涯中从未单独击沉过一艘敌舰，但它一次次遭遇险境又一次次幸运逃脱，堪称纳粹海军中最富传奇色彩的军舰。

有强也有弱：并不完美的“欧根亲王”号

“欧根亲王”号战列巡洋舰最大特点是主炮采用新型203毫米舰炮，60倍口径的长身管使其穿甲性能超过其他同类火炮，此外其射速也很高，德国先进的火炮工艺亦超过了同时期的英国人。高炮使用同“俾斯麦”级和“沙恩霍斯特”级同型的105毫米65倍口径炮，性能在当时也很先进。

“欧根亲王”号战列巡洋舰的防护力也达到同期其他各国的较高水平，光学火控系统更是德国人的优势。“欧根亲王”号作了一些改进，包括舰体延长4.5米、舰首改为飞

★ “欧根亲王”号性能参数 ★

排水量： 14 247吨（标准）
18 500吨（满载）

舰长： 212.5米

舰宽： 21.3米

吃水： 5.83米

动力： 3个叶轮机12个锅炉

功率： 133 000马力

航速： 32.5节

续航能力： 6 500海里/17节

武器装备： 4座双联装60倍径203毫米主炮
6座双联装105毫米防空炮
6座双联装37毫米防空炮
8座20毫米机关炮
4座鱼雷三联装533鱼雷发射管
4架阿拉多196(Ar-196)式水上飞机

编制： 1 760人

剪、增加两座对空射击指挥仪、改变烟囱罩的外形等。

但动力设备不可靠的问题一直困扰着德国大型军舰，“欧根亲王”号战列巡洋舰也不例外，其蒸汽轮机故障率很高，一定程度上影响了该舰的战斗力。

传奇经历：从困守布雷斯特到突破多佛尔海峡

“欧根亲王”号战列巡洋舰服役之后，便开始它的传奇航程。

1941年5月20日，“欧根亲王”号保持二级战备，以20节航速从科尔斯峡湾出发，同时，舰员忙于在军舰舷外涂上更适合北大西洋的灰色迷彩。正在忙活的德国水兵没有注意到，英国人的侦察机正从25 000英尺的高空飞过。22时17分，“欧根亲王”号驶出峡湾，进入外海，德国海军上将吕特晏斯成功地使自己的军舰在没被发觉的情况下踏上了征途。

挪威海低垂的夜幕和漫天乌云隐蔽了战舰的行踪，也给编队航行带来了不少麻烦。“欧根亲王”号几乎看不见前面“俾斯麦”号的身影，只能跟着旗舰的尾迹航行，两舰隔一段时间就用闪光灯和小探照灯互相联络一次，以确认彼此的位置。对德国人来说，这样的天气正适合突破英国海军的防守。“欧根亲王”号的随舰气象员预测这种天气将一直持续到他们航行至格陵兰岛南端。

5月23日，“欧根亲王”号紧跟“俾斯麦”号，全舰保持战斗准备，沿着丹麦海峡的浮冰线小心翼翼前行。5月24日5时53分，丹麦海峡之战打响。

“欧根亲王”号共发射179发203毫米炮弹和56发105毫米炮弹，而自己毫发无伤。由于“俾斯麦”号在炮战中受伤，无法继续执行任务，吕特晏斯决定让“欧根亲王”号单独前往大西洋袭击盟国运输线，与“俾斯麦”号分开后，取西南航向，杀向大西洋中部。

从26日至29日，在北大西洋广阔海域里巡航的“欧根亲王”号居然一艘敌人船只都没

★“欧根亲王”号巡洋舰图1

★“欧根亲王”号巡洋舰图2

有碰到过，水兵们整日里无所事事。当其他大型水面舰只因种种原因无法攻击盟军海上运输线时，德国海军最有战斗力的战舰之一居然白白浪费油料而一无所获，实在让海军司令部面目无光。

5月29日，“欧根亲王”号发动机出现问题，正好顺水推舟地结束了中大西洋之旅，于5月31日灰溜溜地返回布雷斯特。

海军大型水面舰只的不佳表现令希特勒大为光火，他干脆命令德国海军元帅雷德尔不要再往大西洋上派出任何大型舰只。于是，“欧根亲王”号重巡洋舰和“沙恩霍斯特”号、“格奈森诺”号战列巡洋舰只能停在港口作壁上观。雷德尔希望这三艘大舰的存在能够牵制英国舰队的一部分力量，减轻一些潜艇部队的压力。

1945年2月，希特勒“直觉”判断盟军将在挪威发动进攻，他命令三艘大舰驶往挪威，并亲自确定了穿越英吉利海峡的方案。

1942 年2 月11 日23 时，德军编队“沙恩霍斯特”号、“格奈森诺”号、“欧根亲王”号、六艘舰队驱逐舰和三艘驱逐舰在西里亚克斯指挥下驶离布雷斯特港。为了确保突围成功，德军还部署了一个由14艘鱼雷艇、3 支快艇分队和多艘扫雷舰组成的战斗群用来掩护突围。

行动进行得异常顺利，到天亮的时候，德国海上战斗群已经绕过科唐坦半岛的阿格角，进入英吉利海峡。这一天的天气也很配合德国人，海峡上空云层很低阻碍了皇家海军和空军的侦察。不过大白天航行在英吉利海峡中还是让德国水兵们精神紧张，但好运似乎一直跟随着德国人。10时14分，舰队驶过塞纳河口，接近多佛尔海峡，海峡对岸仍然毫无动静。

不过德国舰队很快就被一架英国轰炸机发现，这架“博福特”式飞机从舰队上空掠过，并向基地报告了自己的发现（在此之前也有英军飞机发现了这支舰队，都以为是他们自己的运输队）。但英军指挥部根本不相信这份报告，相比之下德国人要比英国人疯狂得多，尽管他们在欧洲都给人一种古板的印象，直到德军编队按计划在正午进入多佛尔海峡后英国人才恍然大悟。

这是德国舰队最危险的时候，由于在雷区中无法机动，如果遭到攻击，将处于非常被动的状态。12时，德国舰队驶出雷区20分钟后遭到第一次攻击，五艘英国鱼雷艇在烟雾掩护下冲向对手，但却无一能突破驱逐舰和鱼雷艇的屏障；12时18分，多佛尔炮台的岸炮也开火了，却只能在离德舰很远的地方制造一些巨大的水柱；13时25分，六架“剑鱼”式鱼雷机试图攻击德舰，但全军覆没，无一成功；此后几个小时内，皇家空军出动了多达550架次的轰炸机，但在德国海空军的凶猛火力面前无不铩羽而归；16时43分，一个英国驱逐舰中队（包括五艘驱逐舰）在鹿特丹外海再次试图攻击德舰，但德国舰队凶猛的火力驱散了它们。

激烈的海空战一直持续到18时天空完全黑下来，德国舰队趁着夜色一路猛赶，终于在午夜时分进入德国海域。眼看这次“海峡突破”就要获得圆满成功，“沙恩霍斯特”号和“格奈森诺”号却在下午和晚上先后触雷，而“欧根亲王”号再一次全身而退。

事后伦敦《泰晤士报》愤怒地作了评论：“在麦丁那，西多尼亚公爵失败的地方，西里亚克斯海军中将获得了成功……自17世纪以来，这个海上强国在自己的领海内还不曾发生过比这更为羞辱的事。”

对于“欧根亲王”号来说，这是一次非凡的突破，它完成了一次历史性的革命。此后，“欧根亲王”号参加了很多海面战斗，战功平平，却能全身而退。1945年，随着德国纳粹壁垒的坍塌，“欧根亲王”号在哥本哈根投降，后转入美国海军服役。

最终结局：两次核试验后沉没

1946年，美国海军将“欧根亲王”号用作马绍尔群岛比基尼岛原子弹试验的靶舰。这年，7月1日，“欧根亲王”号在比基尼环礁的靶场准备就绪。早上7时，A实验（原子弹空爆实验）开始。9时，一架B-29向靶舰舰队投下一枚原子弹，原子弹在水面上518英尺引爆，一些效应船沉没，但距爆心仅1 194码的“欧根亲王”号却只受了点轻伤，依然在水面上漂荡。

7月25日，“欧根亲王”号又参加了第二次试验：B实验（原子弹水中爆炸实验）。上午8时35分，这次的原子弹在水中90英尺深处爆炸，大量效应船只沉没，但幸运女神仍然在顽强地保护着她的“宠儿”，距爆心仅1 990码的IX-300仍然浮在水面上，甚至从外表上看不出来有什么明显的损坏。这艘“幸运战舰”把它的运气一直保持到最后一刻。

由于B实验所展现出的巨大破坏力，原准备进行的C实验——深水核爆实验取消。

8月29日，饱经磨难的“欧根亲王”号退役，并于9月初拖往夸贾林环礁。基本完好但沾染了核辐射的退役战舰锚泊在夸贾林环礁附近，没有人敢靠近，它在那里寂寞地度过南太平洋一个又一个日出日落。

也许是核爆实验中所受的“内伤”开始发作，也许是厌倦了这种等待被锈蚀的生活，3个多月后的12月21日，“欧根亲王”号因风暴损坏了舰尾，并严重进水，侧倾达35度。第二天，在被拖往夸贾林环礁埃努布吉礁的途中，“欧根亲王”号倾覆在一片珊瑚礁中，地点是东经167度41分，南纬8度44分。

但是，这次核试验足以说明“欧根亲王”号的坚固程度了。

“十月革命”中的名舰——“阿芙乐尔”号巡洋舰

神奇战舰：因“十月革命”扬名世界

“阿芙乐尔”号巡洋舰是一艘神奇的战舰，就像“欧根亲王”号巡洋舰见证德国纳粹的历史，“阿芙乐尔”号巡洋舰也同样见证了俄国“十月革命”前后的历史，以至于后来的一战、二战中都有它的身影。

俄国人将它命名为“阿芙乐尔”号并不是偶然的，那是为了纪念在1853～1856年克里米亚战争期间曾经英勇保卫过堪察加半岛彼得·罗巴甫洛夫斯克海港的俄罗斯早期海军的一艘三桅军舰，这艘三桅军舰的舰名就叫“阿芙乐尔”号。而在古罗马的神话中，“阿芙乐尔”是司晨女神的名字。

1900年，“阿芙乐尔”号巡洋舰建造于圣彼得堡，于1903年开始正式投入俄罗斯帝国海军的现役。当时被划分为一等巡洋舰，是俄国海军的中坚力量。到了1923年，沙皇政府发觉“阿芙乐尔”号的水兵不可靠，便将其改为教练舰。

尽管这艘军舰的来历不同凡响，可它的名字还是在列宁领导的伟大“十月社会主义革命”胜利以后蜚声全世界的。

在“十月革命”中，“阿芙乐尔” 号巡洋舰上的水兵积极参加推翻沙皇统治的武装斗争。1917年，俄历10月25日（公历11月7日），正是这艘军舰上的革命水兵发射空包弹作为攻打冬宫的信号，从而打响了十月革命的第一枪。由于对革命胜利作出特殊的贡献，1927年苏联政府授予该舰“红旗勋章”。

性能一般：巡洋舰中普通的一员

★ “阿芙乐尔”号巡洋舰性能参数 ★

排水量： 6 731吨

舰长： 124米

舰宽： 18米

航速： 20节

武器装备： 8门152毫米炮

24门75毫米炮

8门37毫米炮

2具鱼雷发射管

编制： 578人

作为沙俄帝国的一等巡洋舰，“阿芙乐尔”号的体形有些小，跟二战重巡之王“欧根亲王”号相比更是显小，它的舰长只有124米，宽18米，排水量也很小，只有6 731吨。而它的武器系统也略显简陋，主炮只有152毫米，只有两个鱼雷发射管，但就是这样一艘“小”巡洋舰却改变了俄国的历史，成为历史上最著名的百年巡洋舰。

在苏联卫国战争中，当法西斯德国进攻列宁格勒时，“阿芙乐尔”号上的9 门主炮被拆卸，部署在城市外围，组成“波罗的海舰队独立特种炮兵连”打击敌人。第10 门主炮、指挥员和炮兵班留在舰上迎战。在危急关头，“阿芙乐尔”号巡洋舰自沉于海底，战后被打捞起来，并于1944 年修复。从1948 年11 月起，“阿芙乐尔”号巡洋舰作为十月革命的纪念物和中央军事博物馆分馆停放在宽阔美丽的涅瓦河畔，供人们参观。

新生的“阿芙乐尔”号修长的舰体被漆成黑色，只有三根巨大的烟囱是鲜亮的黄色。泾渭分明的颜色对比使“阿芙乐尔”号显得格外醒目，舰上的水兵也因它的雄壮而骄傲异常。

百年名舰：是它打响了“十月革命”的第一炮

1903年，“阿芙乐尔”号正式服役，在服役的两年后，“阿芙乐尔”号就接受了战火的洗礼。

1905年5月，“阿芙乐尔”号跟随罗兹·斯特文斯基海军中将率领的俄罗斯联合分舰

★“阿芙乐尔”号巡洋舰

队进入对马群岛和日本九州岛之间的对马海峡。在此埋伏多时的日本舰队突然杀出。双方于5月7日下午2时交上了火。12艘分别涂成黑色和灰蓝色的巨大战列舰凶恶地把持着主战场，互相冲撞着，把巡洋舰们挤到了偏南一隅。在那里，“阿芙乐尔”号全力开动舰上大大小小的40门火炮，率领同伴与日本的16艘巡洋舰打得不可开交。虽然在数量上处于下风，但“阿芙乐尔”号还支撑得住，因为汹涌的波涛降低了日本巡洋舰炮弹的命中率。入夜，“阿芙乐尔”号伙同其他两艘军舰突出了重围，最后来到了马尼拉，不料，却被菲律宾人解除了武装，扣留了整整一年，直到1906年才被允许返回远在俄罗斯的母港喀琅施塔德。

归国途中，受革命感染的水兵偷偷购置武器，准备回国后进行武装斗争。沙皇政府发觉“阿芙乐尔”号的水兵不可靠，便将其改为教练舰。“阿芙乐尔”号开始了长达10余年的蛰伏。

1917年11月6日，夜幕刚刚降临，“阿芙乐尔”号的政委别雷舍夫接到了彼得格勒革命军事委员会的命令：配合赤卫队发动起义，夺取政权。听到这个消息，全舰的人欢呼雀跃。

“阿芙乐尔”号的当务之急就是控制尼古拉耶夫桥，保障赤卫队向市中心开进的道路畅通。很快，巡洋舰点火起锚，沿河道驶向大桥。因为敌人防守薄弱，革命水兵们轻松取胜，占领了大桥。

天亮了，司晨的阿芙乐尔女神给忙碌了一夜的水兵们送来了崭新的一天。11月7日上午10时，“阿芙乐尔”号上的电台庄严地播发了列宁起草的《告俄国公民书》，向全世界宣布革命军事委员会已经掌握了政权。但是，穷途末路的敌人岂肯善罢甘休。他们以冬宫为据点负隅顽抗。拿下冬宫成了革命成功的标志。“阿芙乐尔”号的第二个任务就是：打响攻打冬宫的信号！

当晚9时40分，别雷舍夫政委果断命令：“舰首炮，准备！”“咔嚓”一声，152毫米口径的空包弹被推入炮膛。大家默默地等待着最后的命令。偌大的军舰一片寂静。“放！”别雷舍夫的命令几乎是喊出来的。

“轰！”“阿芙乐尔”号震天撼地的巨响划破了黑暗。霎时，四周的大炮跟着一起怒吼。一颗颗炮弹在夜空中呼啸。起义的队伍如潮水般从四面八方冲向冬宫。“阿芙乐尔”号也不甘观战，开始用实弹向冬宫轰击。巨大的宫殿颤抖起来。顷刻间，冬宫内一片火海……起义官兵和工人以此为信号立即向冬宫发起进攻，从此改变了俄国的历史。

1919年3月13日，得到英国资助的白卫军谢苗·恰哈连科部进犯阿斯特拉罕，“阿芙乐尔”号的水兵冒着敌人猛烈的炮火进行殊死抵抗。白卫军驾驶的十余艘炮艇上安装有大量速射炮，密集的炮弹将浮动炮台打得千疮百孔。

上午10时，激战已持续了近半个小时，“阿芙乐尔”号的主炮好不容易算好射击诸元，炮长猛地拉下炮绳，它打出的炮弹神奇地落在一艘白卫军炮艇的轮机舱里，顿时将该艇炸成两截，所有成员无一幸免。

这一炮堪称扭转乾坤，其他白卫军炮艇立刻仓皇逃窜，战局变化令红军水兵们都有点怀疑敌人是不是诈败。战后审讯俘虏才知道，那艘被一炮击沉的炮艇上有此次进攻阿斯特拉罕的白卫军总指挥恰哈连科。“阿芙乐尔”号的威名再次传遍了整个苏俄。

内战结束后，“阿芙乐尔”号被定位为训练用舰。1924年~1930年，“阿芙乐尔”号进行了不下30次远航训练，足迹遍及波罗的海、北海、北大西洋和北冰洋，为苏联海军人才培养作出了巨大贡献。

从1948年起，该舰作为十月革命的纪念舰永久性停泊在涅瓦河畔，并成为海军博物馆供游客参观。它还被列为苏联以及后来的俄罗斯的波罗的海舰队名誉旗舰，直到今天。

1968年，苏联政府授予“阿芙乐尔”号巡洋舰“十月革命”勋章，肯定了这艘名舰传奇的一生。

浴火重生的“海上凤凰”——“贝尔格拉诺将军”号巡洋舰

原名“凤凰城”号：“布鲁克林”级第四舰

“贝尔格拉诺将军”号巡洋舰，于1935年在美国建造，原名“凤凰城”号，属“布鲁克林”级巡洋舰。

“布鲁克林”级巡洋舰是1930年的《伦敦海军条约》的产物，根据这个补充条约，美国只可以再建造两条“华盛顿条约”型的重巡洋舰（CA44和CA45）。为了对付日益扩张的他国海军力量，美国海军不得不转向建造装备六英寸主炮的轻型巡洋舰，因此促成了“布鲁克林”级的诞生。

★“布鲁克林”级巡洋舰

最初的设计强调本级舰的速度和巡航性能不能低于重巡洋舰，在六种预选方案中，从三座四联炮塔加一座三连炮塔的重炮舰方案，到只装备两座六英寸三连炮塔，排水量仅6 000吨的轻量级方案都有，1931年初最终选定的方案是排水量9 600吨，装备四座三连炮塔，装甲防护同“新奥尔良”级，在1933年的造舰计划里通过了该方案，但随之而来安装1.1英寸的防空炮的要求使本级舰的设计再次被修改，对装甲防护同样也作了一些改动。这个时期，装备多达15门六英寸主炮的日本“最上”级轻巡洋舰的出现强烈刺激了美国人的神经。最终的设计里，“布鲁克林”级的主要武器变为五座六英寸三连炮塔，飞行甲板移至舰尾。

1933年，美国海军订购了四艘“布鲁克林”级，1934年再次订购三艘（CL46–48）。最终共建造十艘，其中最后两艘有少量的改进，以至于有些资料里将其单独列为“圣路易斯”级轻巡洋舰。战争的残酷教训使战时的“布鲁克林”级加装了四联装的1.1英寸防空炮。

“布鲁克林”级所有巡洋舰在1935 ~ 1939年间建造完成服役。“凤凰城”号是“布鲁克林”级巡洋舰中的第四艘，1938年下水，在美国太平洋舰队中堪称幸运舰。

巨大的“凤凰城”：“重量”级的轻巡洋舰

作为美国海军轻巡洋舰“重型化”的先导，“布鲁克林”级“凤凰城”号长185米，宽18.9米，标准排水量9 575吨，满载排水量则达到12 242吨，远远大于美国海军建造过的

★“凤凰城”号巡洋舰性能参数★

排水量：9 575吨（标准）
12 242吨（满载）
舰长：185米
舰宽：18.9米
吃水：5.9米
航速：32.5节
续航能力：14 500海里／15节

武器装备：15门6英寸（152毫米）主炮
8门5英寸（127毫米）高射炮
40毫米及20毫米高射机关炮
2台英制“海猫”舰对空导弹系统（1968年加置）
2架直升机
编制：1 138人

任何一级轻巡洋舰，被人们称为“按重巡标准建造的轻巡洋舰”。

“布鲁克林”级“凤凰城”号舰采用了功率为10万马力的蒸汽轮机组，超过日本“最上”级，是当时世界上主机功率最大的轻巡洋舰。在美国海军，这一级别的主机以往只用于重巡洋舰。强大的主机使“布鲁克林”级的最大航速达到32.5节，舰上可载重油1 980吨，续航力14 500海里／15节，几乎可以不用加油绕太平洋一圈。高航速及大续航力，使得“布鲁克林”级“凤凰城”号在二战中成为美国海军最活跃的舰艇之一。

“布鲁克林”级“凤凰城”号有15门152毫米／47倍径炮，安装在五个三联装炮塔中。每座炮塔重154吨，俯仰角为+40／-5度。前甲板安装三个炮塔，呈金字塔布置；后甲板两座炮塔则层叠布置。该级舰的副炮为8门单管127毫米／25倍径高平两用炮。“布鲁克林”级的最后两艘“圣·路易斯”号和“海伦娜”号安装的则是较先进的双联装127毫米／38倍径炮，有时又称“圣·路易斯”级。此外，“布鲁克林”级还装有两座水上飞机弹射器，舰尾的机库可容纳四架水上飞机。

152毫米／47倍径炮是美国轻巡洋舰的标准主炮，射速8～10发／分，发射重59千克的穿甲弹时，最大射程为23. 8千米。在海战中，虽然152毫米炮的炮弹无法对敌战列舰构成威胁，但可用于对付敌驱逐舰和轻巡洋舰，或是干扰敌战列舰机动和瞄准。

“不死鸟”传奇：幸运的“凤凰城”号

1941年12月7日，日军奇袭珍珠港，“凤凰城”号是第一艘冲出港外的万吨大舰。当时，美军“内华达”号战列舰也试图带伤冲出火海，和“凤凰城”号一前一后砍断锚链离开泊位，它们立即被日机发现。日军集中火力攻击两舰，试图将其炸沉在主航道阻塞珍珠港，激战中“内华达”号连中数枚炸弹，进水太多，被迫驶向岸边搁浅，“凤凰城”号却

★“凤凰城”号巡洋舰

在日军炸弹造成的水柱森林中，敏捷冲了出来，毫发无伤。

“凤凰城”号经历了整个太平洋战争，它曾经是麦克阿瑟将军的座舰，并在苏里高海峡参加了击沉日军“山城”号战列舰的作战，这是人类历史上最后一次大型战舰用重炮互相攻击的海战。该舰多次受伤，除了比阿克一战中被炸弹击伤以外，还中过鱼雷和炮弹，最后被日军的神风敢死队轰炸，尽管命运多舛，饱受打击，但却没有沉没，所以，“凤凰城”号被称为二战中的“不死鸟”。

尽管战功卓著，二战后烽火渐息，美军舰艇大量过剩，“凤凰城”号在1950年退役，在美军中只服役了11年。

退役后，“凤凰城”号的幸运仍在延续着。二战后巴西从英国购买“巨人”级航空母舰“尊严”号，改名“米纳斯吉拉斯”号，一时成为南美海上的霸主。这引发了一直视其为地区潜在对手的阿根廷、秘鲁等国的疑虑，南美各国匆忙和舰只过剩的欧美国家联系，购买二手舰艇，以和巴西抗衡。1951年，阿根廷政府以122万美元的低价，购得“凤凰城”号巡洋舰，最初称为“十月胜利”号，不久改名“贝尔格拉诺将军”号。

马岛之战：“贝尔格拉诺将军”号魂归大海

“凤凰城”号卖给阿根廷海军后，更名为“贝尔格拉诺将军”号。“贝尔格拉诺将军”号也长期成为阿根廷海上力量的象征，和另一艘二手大舰“五月二十五日”号航空母舰并称阿海军两大主力。

★马岛战争中英军登陆马岛

★登陆的英军发起陆上进攻

为了让它跟上时代的步伐，阿根廷海军还为它进行过两次现代化改装，拆除了水上飞机已经不能使用的设备，增加了“海猫”防空导弹，不过由于资金原因，其动力、火炮、声呐等系统，基本保持从美国买来时的原样。

“贝尔格拉诺将军”号在阿根廷海军服役之后成为主力舰，同样也成为阿根廷海军挺起腰板儿的资本。然而，阿根廷人却挑起了战争，而之前“凤凰城”号的好运也在此次战争中消失了。

1982年4月2日，阿根廷在得知英国最后一艘大型航空母舰“皇家方舟”号退役后，料想英国再无远程征战能力，出兵双方争议的福克兰群岛（阿方称为马尔维纳斯群岛），活捉英国总督，阿根廷总统加尔铁里宣布收复马岛主权。这次作战，“贝尔格拉诺将军”号担任阿军远征部队旗舰，顺利完成任务，显示这艘老舰依然保留着相当不错的机动能力。消息传来，英国朝野群情激愤，大不列颠愤怒了，从来纷争不息的议会发出了一致的声音——战争。

4月26日，“贝尔格拉诺将军”号从阿根廷乌修埃阿海军基地出击，开往战区南方，它的特混舰队还包括两艘驱逐舰，“P.贝尔纳”号和“H.波迦德”号，这两艘驱逐舰都是1972年从美国购得，属于美军二战中使用的“艾伦·萨姆纳”级舰队驱逐舰，这种驱逐舰排水量2 200吨，装备127毫米火炮六门，中国台湾海军也有使用。与此同时，“五月二十五日”号航母编队到达战区北方，另有一个装备飞鱼导弹的水面舰艇编队在“贝尔格拉诺将军”号和“五月二十五日”号之间，阿根廷三个编队都在英军封锁区的边缘徘徊。

阿根廷方面所不知道的是，它们活动的海区早已潜伏了英军潜艇部队，这是一支独立于伍德沃德将军的特混舰队的部队，编号TF324，其中的攻击型核潜艇“征服者”号，一直和“贝尔格拉诺将军”号编队保持声呐接触。“征服者”号属于英国“丘吉尔”级攻击型核潜艇的第二艘，排水量4 900吨，1971年服役，4月4日即奉命开往福克兰群岛海区，已经在这个海区潜伏了两个星期。核潜艇本来就有隐蔽性好的优点，“贝尔格拉诺将军”号的动力系统年久失修，其噪音严重影响了声呐的工作，所以阿军对“征服者”号的存在一无所知。

由于卫星情报，英军方面对“贝尔格拉诺将军”号的动向了如指掌，由于它地处封锁区外，英国方面对应该怎样处理这支阿军编队争执不休，担心一旦对其攻击会扩大战争规模，几天没有结果。英国特混舰队司令官伍德沃德将军坚决认为，如果放任不管，一旦英舰队开始登陆作战，阿根廷的三个海军舰艇编队一定会从背后插来一刀，让英军腹背受敌，轻者迫使英方分兵，实现对马岛守军的支持，重者英舰队在两面夹击下有全军覆没的危险。可是这位潜艇出身的将军却没有对马岛战区潜艇的指挥权，如果对照阿军的作战计划，伍德沃德将军的判断可谓入木三分。因为伍德沃德将军的坚持，英国战时内阁最终批准了对“贝尔格拉诺将军”号的攻击，并于格林尼治时间5月2日13时30分（阿根廷时间凌晨）将批准转发“征服者”号。

★斯坦利港内残余的九千多阿军投降

★准备退向内地的阿根廷守军

17时30分（阿根廷时间中午），隐藏在福克兰群岛南方巴多德海底山脉中待机的“征服者”号悄然接近“贝尔格拉诺将军”号，开始抢占阵位。此时，在“贝尔格拉诺将军”号上，阿军自认为在200海里封锁区外，因此大多数人员在午睡，居然连监视哨都没有配备。

18时57分，“征服者”号在“贝尔格拉诺将军”号左侧舰首方向1400码处抢占极佳的发射阵位，舰长里夫德·布朗中校下令不必用最新的“虎鱼”线导鱼雷，而用陈旧的无制导MK-8鱼雷发动攻击。MK-8鱼雷是英国潜艇部队的传统武器，已经使用了几十年，1945年，英国潜艇部队用MK-8取得过击沉日本重巡洋舰“足柄”号的出色战绩。想不到几十年后又被用来攻击当年自己的同盟——美军战舰“凤凰城”号。

19时01分，“征服者”号发射的第一枚鱼雷命中“贝尔格拉诺将军”号的舰体左舷后部，撕开第一号机舱（E2舱）的舰体，一声闷雷，该舰内部照明系统顿时中断。

19时02分，第二枚鱼雷击中这艘大型巡洋舰的舰首锚链舱和前部弹药库之间，剧烈的爆炸炸断了“贝尔格拉诺将军”号的龙骨，舰首折断，前部甲板向下弯曲。

在连续遭受几枚鱼雷的打击后，“贝尔格拉诺将军”号受到重创。爆炸引发的剧烈震动，使“贝尔格拉诺将军”号一号锅炉舱和一号机舱之间的隔壁塌下来，左舷最大的两个舱室先后灌水，“贝尔格拉诺将军”号开始向左侧急剧倾斜。邦佐舰长开始还在尽力抢救军舰，命令所有主炮指向右舷，同时下令向右侧4号机舱注水，以争取战舰的平衡，纠正左倾。但是，注水开关失灵了。战舰继续迅速向左倾斜。

作为一艘久经沙场，陈旧失修的老舰，“贝尔格拉诺将军”号的种种疾患都在最后的一瞬间显露出来。

中雷30分钟后，倾斜已经达到30度，无奈的邦佐舰长下令弃舰，阿根廷水兵唱着国歌登上救生艇。美国军舰的救生设备本来最为齐全，无奈在高纬度地区，救生衣这样的单人救生设备毫无用处，所有的救生筏都超载了。中雷45分钟后，“贝尔格拉诺将军”号巡洋舰头部翘出海面，翻沉在南大西洋的冰海中。

“贝尔格拉诺将军”号巡洋舰，在服役43年后，长眠在南纬55度24分、西经61度32分的大洋深处。

“贝尔格拉诺将军”号被击沉的结果是阿根廷海军除了潜艇部队外彻底撤出了战区，坐视英军获得了马岛海域的制海权。

大洋之上的航母杀手——“光荣”级导弹巡洋舰

航母杀手：冷战中军备竞赛的产物

20世纪60年代后期正值冷战激烈时期，面对美国咄咄逼人的气势，苏联不得不改变过去片面强调发展潜艇，轻视发展大型水面舰艇的做法，于是“光荣”级驱逐舰出世了。

“光荣”级巡洋舰是苏联解体前建成的最后一型导弹巡洋舰，被誉为当今最具战

★俄罗斯最后的红色堡垒——“光荣”级巡洋舰

斗力的舰艇之一。“光荣”级也是苏联在“肯达”级、“克列斯塔Ⅰ”级、“克列斯塔Ⅱ”级、“卡拉”级之后，建造的又一型常规动力巡洋舰，项目工程代号为1164。其实，在“光荣”级巡洋舰建造的同时，“基洛夫”级也开始建造，其建造目的主要是为当时苏联新建航母护航，打击美国的航空母舰，并担任编队的防空和反潜任务。但由于“基洛夫”级舰采用核动力，满载排水量高达24 300吨，因而建造和维护耗资巨大，难以批量建造和使用。

相比之下，“光荣”级常规动力巡洋舰虽然排水量相对较小，仅为“基洛夫”级的一半，但却配备有与“基洛夫”级大致相同的武器，具有相似的攻防能力，且造价适中，因而苏联海军将重点放在了建造“光荣”级舰上，这也是“光荣”级被称之为缩小型或经济型“基洛夫”级的原因，到1989年年底，“光荣”级巡洋舰共有三艘建成服役，另外在建的两艘，因苏联解体被迫停建。

已建成的三艘“光荣”级舰分别于1982年12月、1986年9月和1989年12月服役。服役时，首舰命名为“光荣”号，二、三舰分别为“乌斯季诺夫元帅”号和“瓦良格号”。

后来首舰“光荣”号改称为 “莫斯科”号（与退役的“莫斯科”号直升机航母同名）。如今上述三舰分别配属于黑海舰队、北方舰队和太平洋舰队。

全能战舰：“基洛夫”级的缩小版

从该舰的性能、武器装备特点看，它的对舰导弹数量多、威力大；防空装备除“基洛夫”号外比苏联任何一级巡洋舰都强，是一级具有较强防空能力的反舰型导弹巡洋舰。该级舰适于配合核动力水面舰只活动，为舰队担任警戒、护航。此外还可作为舰队的组成部分，用来攻击敌航空母舰和两栖力量，破坏敌海上交通线，并在两栖登陆作战行动中提供对岸火力支援。该级舰共有四艘。分别为“光荣”号、“乌斯季诺夫元帅”号、“瓦良格”号和“罗波夫海军上将”号。

“光荣”级为平甲极大型燃气轮机导弹巡洋舰，其首柱前倾斜度较大，有利于减小前甲板淹湿；舰体具有显著外倾，以进一步改善舰艇的耐波性。从整舰外形看，该级舰采用

★ "光荣"级巡洋舰性能参数 ★

排水量： 9 380吨（标准）
11 490吨（满载）

舰长： 186.4米

舰宽： 20.8米

吃水： 8.4米

动力： 采用全燃联合动力装置作为推进动力
装有6台燃气轮机
总功率79.38兆瓦

航速： 32节

续航能力： 2 500海里／30节或
7 500海里／15节

武器装备： 8座"雷声"SA-N-6导弹发射装置
2座双联SA-N-4"壁虎"导弹发射装置
6座AK630型6管30毫米炮
8座双联SS-N-12"沙箱"反舰导弹
T3-31 或T3CT-96反潜反舰两用鱼雷
53-68型核鱼雷
1座双联130毫米舰炮
1架卡-27"蜗牛"直升机
2座五联533毫米多用途鱼雷发射管
2 座12管RBU6000型反潜深弹发射装置
1座双管AK130型火炮

编制： 454人，其中军官62人

"三岛式"设计方法，上层建筑分为首、中、尾不相连接的三段，有利于武器装备、舱室的均衡布置和提高舰艇的稳定性，此为"光荣"级舰区别其他大型舰艇的一个显著标志。

舰上的防空作战系统主要有：8座"雷声"SA-N-6导弹发射装置，2座双联SA-N-4"壁虎"导弹发射装置，6座AK630型6管30毫米炮以及电子对抗系统等。

舰上的反舰作战装备主要有：8座双联SS-N-12"沙箱"反舰导弹，用鱼雷管发射的T3-31或T3CT-96反潜反舰两用鱼雷以及53-68型核鱼雷，1座双联130毫米舰炮等。

舰上反潜武器主要包括：1架卡-27"蜗牛"直升机；2座五联533毫米多用途鱼雷发射管，可用于发射SS-N-15反潜导弹、CA3T-65反潜鱼雷、T3-31和T3CT-96反潜反舰两用鱼雷；2座12管RBU6000型反潜深弹发射装置以及"公牛角"舰壳声呐等。

"光荣"级巡洋舰用于对陆攻击的主要武器是1座双管AK130型火炮。

正是上述武器的使用，使得"光荣"级导弹巡洋舰成为一型作战能力极强的战舰。

从斯大林到普京：起死回生的"光荣"级

"光荣"级巡洋舰是从斯大林时代开始建造的，但是首批五艘舰，到1989年年底，仅建成了三艘。而另外两艘，因戈尔巴乔夫的上台与随后的苏联解体被迫停建。

1985年3月，戈尔巴乔夫开始担任苏联国家领导人，在取消准备打核战争和停止军备

竞赛思想指导下，他不仅下令停止建造“光荣”级导弹巡洋舰，而且停止新一代导弹巡洋舰的研制。这项决定是戈尔巴乔夫乘坐“光荣”号前往马耳他与当时的美国总统布什会谈之前作出的。

苏联解体后，担任过“光荣”号舰长的瓦列里海军上校说：假如戈尔巴乔夫早一点儿光顾我们的“光荣”号，这位国家领导人很可能也会像斯大林一样迷恋上它，给尚未完工的“光荣”级舰一条生路。然而一切已经晚了，戈尔巴乔夫的这一举动使苏联海军的“积极进攻”战略重又被列宁时期的“纯防御”战略替代。

1991年12月，戈尔巴乔夫正式宣布苏联解体，从而使“光荣”级导弹巡洋舰成为冷战时期苏联研制和装备的最后一级导弹巡洋舰。随即，俄罗斯总统叶利钦上台，叶利钦在积极推行“积极防御”战略前提下，开始实施大刀阔斧的裁军计划，使“光荣”级舰难逃一劫，首舰在船坞上被无限期地搁置起来。

2000年3月，普京总统开始执政。为了恢复昔日大国的形象，普京以“现实核遏制”战略为指导思想，首先着手振兴俄罗斯海军核战略武器，从而使“光荣”级导弹巡洋舰重新焕发了青春。2000年11月，“光荣”级导弹巡洋舰终于走出了滞留九年之久的船坞，开始在黑海舰队担负战备值班任务。

与此同时，除新建的“莫斯科”号导弹巡洋舰在黑海舰队服役外，另外两艘“光荣”级舰、“乌斯季诺夫元帅”号和“瓦良格”号导弹巡洋舰，分别部署在俄罗斯海军北方舰队和太平洋舰队。“光荣”级舰既可以为航母护航，又可以与驱逐舰和护卫舰组成海上编队，攻击敌航母和破坏敌海上交通线。为了执行上述作战任务，“光荣”级舰装备了各类

★“光荣”级巡洋舰是俄罗斯的主战舰艇，具备很强的对空、对海、对地和反潜作战能力

武器，被称为“海上武库舰”，在俄罗斯海军水面舰“武器弹药”排行榜中名列第三。

“光荣”级舰还装备了较为先进的舰载信息作战指挥系统，其中包括舰载雷达系统、武器控制系统、导弹发射系统和指挥决策系统，具有搜索、跟踪和引导等作战功能，可以同时跟踪处理来自空中、水面和水下数十个目标，并对其中威胁最大的目标实施攻击。

根据俄罗斯海军2020年前发展规划，将从两个方向发展水面舰，在不裁减大型水面舰的前提下，采取维修设备和改进舰载武器装备等方法，最大限度地保护和延长现有大型水面舰使用寿命。同时，建造一批多用途护卫舰，以替代现役过时的小型舰艇。

届时，“光荣”级导弹巡洋舰也将悄然退出历史舞台，但此前作为“最后的红色堡垒”，它还要有一段很长的路要走，它将不负重望，出色地完成承上启下的历史重任，为走向远洋和重振俄罗斯海军作出应有的贡献。

史上最大的巡洋舰
——“基洛夫”级核动力导弹巡洋舰

“巡洋舰之王”：世界上最大的巡洋舰

为了与美国海军全面抗衡，履行远洋作战使命，苏联在20世纪80年代初建成了二战后世界上最大的巡洋舰——“基洛夫”级巡洋舰，编号为1144型。

“基洛夫”级战列巡洋舰由波罗的海造船厂建造。这是一艘巨大的核动力舰艇，是二战结束后世界上建造的最大的巡洋舰。“基洛夫”级可以称为“海上武库”，舰载几乎涵盖所有海上作战武器系统。提供舰队防空和反潜，与敌方大型水面舰艇交战，包括打击大型航空母舰的能力。

“基洛夫”级的吨位之大，火力之强，一度使各国海军为之震惊。《简氏防务周刊》将其定级为“战列巡洋舰”。直至今日，它仍然是世界上威力最为强大的水面战舰之一。

“基洛夫”级战列巡洋舰总共计划建造五艘，最后一艘“库兹涅佐夫”号因经费等诸多原因取消。首舰“基洛夫海军上将”号（原“基洛夫”号）1980年12月30日服役；第二艘“拉扎耶夫海军上将”号（原“伏龙芝”号）1984年10月31日服役；第三艘“纳希莫夫海军上将”号（原“加里宁”号）1988年12月30日服役；第四艘“彼得大帝”号（原“安德罗波夫”号）1998年4月18日服役。首舰突出反潜能力，后三艘则强化防空性能。

目前，仅仅“彼得大帝”号保持作战能力，服役于俄海军北方舰队。

巅峰之作：性能超群的“彼得大帝”号

★“彼得大帝”号导弹驱逐舰性能参数★

排水量： 19 000吨（标准）
26 396吨（满载）
舰长： 252米
舰宽： 28.5米
舰高： 10.33米
最高航速： 31节
动力： 苏联首级采用核动力推进的水面战舰
武器装备： 装备了VLS（即垂直发射）系统和大量导弹
配有3架直升机
装备各型导弹近500枚
编制： 727人

“彼得大帝”号主要用于实施远洋反舰、反潜和防空作战。在作战时，它主要充当海上编队的核心力量，与其他舰只共同组成导弹巡洋舰编队，执行攻击敌方战斗舰艇和破坏敌方交通线的任务。

“彼得大帝”号的舰载电子系统为：作战信息中心、无线通信系统、卫星通信系统、反舰导弹发射控制、反潜火箭发射控制系统、监视雷达系统、低飞和水面目标捕获雷达、两部防空导弹系统火控雷达、四部近防火炮火控雷达、两部导航雷达、有源和无源声呐系统、电子战系统、诱骗投放系统、2座PK-2诱骗火箭发射装置，备弹400枚。

“彼得大帝”号不仅拥有完整和先进的电子系统，其武器装备更是应有尽有，并配有完善的指挥、控制、通信系统，是名副其实的海上“弹药库”。

深陷政治斗争：“彼得大帝”号险成“牺牲品”

自1998年正式服役以来，“彼得大帝”号巡洋舰一直是俄海军北方舰队的旗舰，是俄罗斯军政领导的骄傲，该舰参加过多次重大军事演习和其他军事行动，8年间从未发生过任何事故，还参加过2000年营救“库尔斯克”号核潜艇的工作，并在2000训练年度中被评为“俄海军最优秀的战舰”，包括普京总统在内的高级官员莅临视察，舰长弗拉基米尔·卡萨托诺夫因此被提升为海军少将。

2004年2月17日，在俄武装部队“安全”2004战略演习期间，“彼得大帝”号成功发射SA-N-6防空导弹拦截了一枚从北方舰队一艘潜艇上发射的导弹靶标和一枚由战略轰炸

★“彼得大帝”号导弹巡洋舰

机发射的巡航导弹靶标。相对于战略核潜艇的频频失误，“彼得大帝”号的表现无可挑剔。然而，就是这样一艘让俄海军为之骄傲的“明星”战舰，却突然间成为各方争议的焦点，差一点成了政治斗争的“牺牲品”。

在“安全”2004战略演习中，“卡累利阿”号战略核潜艇水下发射弹道导弹失败，俄海军定在2004年3月举行补救性的演习。3月17日，海军总司令库罗耶多夫登上“彼得大帝”号巡洋舰出海，现场观摩“新莫斯科夫斯克”号核潜艇发射PCM-54潜射弹道导弹。在舰上停留了15个小时，没有任何反常举动的库罗耶多夫返航后，在北方舰队司令部召开的会议上却突然命令“彼得大帝”号巡洋舰退出战斗值班两个星期。六天后，库罗耶多夫宣称，“彼得大帝”号巡洋舰由于未能较好地完成出航考核任务，战舰存在一系列问题，特别是舰载武器装备和核动力设施维护不力，舰队秩序紊乱，不符合战备标准，全舰处于危险事故状态之中，对国家军政领导及战略安全构成严重威胁。在俄海军中，“退出一线战斗值勤”的处罚通常用于没能通过出航考核的舰船，这意味着全体官兵在受到道德处罚的同时，还将无法再领取占工资收入40%的出海补助。

身为海军总司令的库罗耶多夫这一耸人听闻的言论，立即在俄海军内部及国际社会引起轩然大波。但在三个小时后，库罗耶多夫就发表声明，否认曾说过战舰随时会爆炸之类的话，称媒体误解了他的本意，表示“彼得大帝”号导弹巡洋舰的核安全得到可靠保障，称“目前该舰还谈不上有任何核危险。舰上的核安全工作已经完成，各项指标均符合要求”。

库罗耶多夫引发“核爆炸事件”后，军事分析人士以及媒体几乎一致认为，“彼得大帝”号导弹巡洋舰立刻发生危险情况的可能性并不大，隐藏在这一事件背后的是俄海军内部高层的权力斗争。

★“基洛夫”级巡洋舰

首先，是库罗耶多夫旨在打击“彼得大帝”号的舰长卡萨托诺夫，因为其叔叔伊格尔·卡萨托诺夫海军上将于2002年被库罗耶多夫解职，卡萨托诺夫曾在2004年3月16日北方舰队军事法庭关于K-159号核潜艇事故刑事案件的秘密听证会上，猛烈批评库罗耶多夫负有不可推卸的责任。其次，库罗耶多夫是想打击北方舰队前司令根纳季·苏奇科夫海军上将。库罗耶多夫任内，俄海军发生多次重大事故，库罗耶多夫威望受损，在争夺国防部长职位上处于下风。为转嫁责任，库罗耶多夫把矛头指向“彼得大帝”号巡洋舰，因为该舰是苏奇科夫树立的典型，库罗耶多夫希望用这一事件把K-159号核潜艇事故完全推卸到苏奇科夫身上。最后，在当时的俄国防部长伊万诺夫出面调停下，“彼得大帝”号巡洋舰在2004年4月重返大海。

何去何从：今非昔比的“彼得大帝”

在设计建造之初，苏联海军为“基洛夫”级导弹巡洋舰赋予了两项重要使命：担负核动力和常规动力航空母舰的护卫任务；担负独立作战编队的旗舰，与其他巡洋舰、驱逐舰等组成导弹巡洋舰编队，实施反潜、反舰和对空作战。

为完成上述使命，“彼得大帝”号巡洋舰从头武装到脚，所携带的各种导弹总数接近300枚，有“武库舰”之名，规模仅次于“库兹涅佐夫”号航母，排在俄罗斯海军水面舰艇“兵器榜”上的第2位，是俄海军水面舰艇的“脊梁”，战时该舰要么充当“库兹涅佐夫”号航母的“守护神”和“左膀右臂”，要么以己为核心组建多功能导弹巡洋舰编队，执行远洋作战任务。

20世纪90年代中期，俄罗斯政府在资金非常拮据的情况下，借助发行公债来筹措资金，使“彼得大帝”号巡洋舰得以建成服役，给低谷中的俄海军以新的生机，也显示了俄政府重整海军的决心。可目前的“彼得大帝”号巡洋舰是“鸡肋”还是“鱼肉”？关于“彼得大帝”号巡洋舰何去何从的争议早已存在。俄海军想留住最后一艘核动力巡洋舰，但俄国内许多分析家则认为，“彼得大帝”号导弹巡洋舰实际上是没有实际用处的庞然大物，俄罗斯负担不起，也不需要这样一艘巨型战舰。他们指出，现在人们看重的是要建造船体较小而且有多种用途的战舰。“彼得大帝”号设计于20世纪70年代，其本意是要用来对付美国海军的航母，然而时至今日，俄罗斯军队由于缺乏资金正在迅速萎缩，采取耗资

★“基洛夫”级核动力巡洋舰

巨大的全球性军事行动则根本不可能。

事实上，俄罗斯海军的军事战略早已经从远洋进攻转为近海防御，海军总司令库罗耶多夫一再强调，俄海军目前的装备发展重点是驱逐舰、护卫舰等中小型作战舰艇，而非巡洋舰这样的重型战舰，不仅如此，要继续保留“彼得大帝”号是十分困难的事。

但不管怎么说，无论是“库兹涅佐夫”号航母，还是“彼得大帝”号核动力导弹巡洋舰，都是俄罗斯作为大国的最后象征。

2000年以来，俄罗斯不断遭到美国等西方势力的强力“遏制”，战略空间空前缩小。为保住最低限度的尊严和话语权，俄罗斯不仅需要弹道导弹、战略轰炸机及弹道导弹核潜艇等战略打击力量，还需要“库兹涅佐夫”号航母和“彼得大帝”号巡洋舰来抗衡美国海军的航母。如果去掉这两艘重型战舰，那么俄海军的其他水面舰艇对于美国海军的庞大舰队来说，无异于“虾兵蟹将”。

2003年6月1日，俄罗斯海军四大舰队中最年轻、最强大的北方舰队迎来了自己70岁的生日。近三年多来，随着俄国内政局的稳定和经济呈现恢复性增长，普京政府加大了对俄海军的投入力度，四大远洋舰队——北方舰队、黑海舰队、波罗的海舰队和太平洋舰队逐步增加了近海训练，并重新开始进行远洋演习，这给俄罗斯海军带来了复兴的希望。

2004年10月，俄海军北方舰队司令米哈伊尔·阿布拉莫夫海军中将亲自指挥了有“库兹涅佐夫”号航母和“彼得大帝”号巡洋舰参加的海上突击战斗群联合演习。演习结束后，阿布拉莫夫宣称，俄海军以航母为作战主力的远洋攻击水平已达到世界一流水准，显示出强大的海上战斗力。

当代最先进的巡洋舰——“提康德罗加”级导弹巡洋舰

首开先河：第一艘装备“宙斯盾”系统的战舰

“提康德罗加”（CG47）级巡洋舰是美海军首次装备“宙斯盾”系统的水面舰艇。“宙斯盾”系统的前身称为“先进的水面导弹系统”（ASMS）。

1975年6月美国海军开始“宙斯盾”驱逐舰的设计，1976年4月完成初步设计。1976年12月国防部长批准了在1978财政年度的预算中拨款9.38亿美元建造首舰。1978年9月22日利顿公司的英格尔斯船厂获得了建造装备“宙斯盾”系统的第一艘军舰DDG47导弹驱逐舰的合同，由英格尔斯船厂负责施工设计与建造，要求52个月内完成施工设计与建造，即要求首舰在1983年1月完工服役。

1979年末，美海军从DDCA7舰的大小、重要性和战斗力考虑，改称为“宙斯盾”系统的导弹巡洋舰，舰号相应改为CG47，首舰命名为“提康德罗加”号。

“提康德罗加”号于1980年1月21日动工，1983年1月22日正式服役，舷号CG47。“提康德罗加”号一建成，立刻被军事观察家们誉为是“当代最先进的巡洋舰”，并“具有划时代的战斗力和生命力”。该级舰已建成30余艘，是美国海军巡洋舰中建造最多的一种。

全能战舰：装备精良，所向披靡

★“提康德罗加”（CG47）级巡洋舰性能参数★

排水量： 7 015吨（标准）
9 590吨（满载）

舰长： 172.8米

舰宽： 16.8米

吃水： 9.5米

航速： 30节

续航能力： 6 000海里/20节

反舰武器装备： “鱼叉”反舰导弹

防空武器装备： MK26-5防空导弹

反潜武器装备： “阿斯洛克”反潜导弹

舰炮武器装备： 2座MK45-0型127毫米舰炮

动力： 采用4座LM-2500燃气轮机，
总功率86 000马力

编制： 358人（军官24名，405个铺位）

“提康德罗加”级导弹巡洋舰是当今美国海军最具效能的武器系统之一，它具有全面而均衡的作战能力：“宙斯盾”为它提供了严密的防空天网，战斧导弹又使它成为一柄犀利的进攻之剑。随着新世纪的到来，这个在世界海军中令人瞩目的天之骄子，将作为美国海军的中坚，继续在蓝色的大洋中纵横驰骋。

“提康德罗加”级是以对付编队空中饱和攻击为主要目的，同时兼顾编队区域反潜和对海对岸作战的战斗力极强的巡洋舰。其使命如下：作为航母编队的护卫兵力，担负编队的防空作战任务，使航母编队能够在世界的任何高威胁区执行任务；担负航母编队的对空作战指挥舰，组织和实施防空武器为编队提供空中保护；为航母编队担负反潜护卫任务；为其他编队提供空中保护；攻击海上和岸上目标，支援两栖作战等。

“提康德罗加”级防空能力十分突出：MK-41VLS系统可混装“标准”和“战斧”导弹共122枚，视所执行的具体任务而定，一般情况下以标准SM－2MR为主。该弹为指令加惯性制导，半主动雷达寻的，2马赫时射程73千米。现正准备用该装置发射改进型“海麻雀”舰空导弹，以提高该级舰的近程防空能力。2座美舰标准的MK-15型20毫米6管“密集阵”炮用于末端反导。不过，从2001年起，拟由更先进的“拉姆”导弹取代“密集阵”系统。

★反潜能力惊人的“提康德罗加”级巡洋舰

另外，它还装有2座25毫米炮和4挺12.7毫米机枪用于日常警戒。

“提康德罗加”级的对陆能力也很非凡：自从战斧舰射巡航导弹上舰后，打击陆上目标便成为该级舰的重要作战使命。“战斧”导弹射程分别为1 300千米（C型和D型）与1 853千米（C型BLOCK3），速度0.7马赫，战斗部质量为454千克或347千克聚能装药。该舰首尾各有127毫米火炮一座，射程27千米，其改进型于2002年上舰，采用ERGM远程GPS制导炮弹，射程140千米，命中精度10米。

“提康德罗加”级反舰能力更是首屈一指：2座四联装捕鲸叉反舰导弹发射装置，主动雷达寻的，0.9马赫时射程130千米，战斗部质量227千克，是西方海军通用的反舰导弹。

“提康德罗加”级反潜能力十分惊人：中远程主要依靠2架SH-60海鹰LAMPSⅢ型反潜直升机。自身防御则为2座三联装MK-32型324毫米鱼雷发射管，备有36枚MK46-5（射程11千米/40节，战雷头44千克）反潜鱼雷；或新一代MK-50反潜鱼雷（15千米/50节，战斗部45千克聚能装药）。

“提康德罗加”级作战控制系统有了很大改变，1996年至2007年将装备CEC集中电子控制系统和NTDS海军战术数据系统（带4A、11、14号数据链）；其他有JMCIS和16号数据链及计划安装的22号数据链。

雷达系统也很先进，除SPY-1A/B相控阵雷达外，还有SPS-49（V）7/8远程对空雷达（C/D波段，探测距离457千米）、SPS-55对海雷达和SPQ-9A、SPG-62火控雷达等。电子战装备很有特色，SLQ-32V（3）用于电子干扰和电子欺骗。另有8座MK-36（2）型6管干扰弹发射装置，发射红外和箔条弹，射程四千米。对付鱼雷，则有SLQ-25水精拖曳式鱼雷诱饵。

耀武扬威：“提康德罗加”级的“光辉”战绩

1984 年，首舰“提康德罗加”号参加了拦截埃及被劫持飞机行动。这次行动对于“提康德罗加”号而言只是一次海上练兵，“提康德罗加”号在行动中的表现基本令美军满意。

1986 年美国与利比亚冲突期间，“提康德罗加”号率先越过锡德拉湾死亡线，对利比亚快艇和飞机进行了袭击，在这次行动中，“提康德罗加”号表现出了它应有的威力。

1988 年，多艘“提康德罗加”级巡洋舰进入霍尔木兹海峡为美护航舰队提供对空掩护，7 月 3 日，在与伊朗海上冲突中，装备有“宙斯盾”系统的“文森斯”号，使用导弹将伊朗一架 A-300民航客机误判为战斗机予以击落，致使290人遇难。

1991年1月的海湾战争中，美海军出动10艘“提康德罗加”级巡洋舰参战，并首次在实战中使用了“战斧”巡航导弹。在这次海湾战争中，“提康德罗加”级巡洋舰主要负责两项任务。

其中一项任务是为美军舰艇编队提供对空掩护。在部署海湾地区的各个航母战斗群和水面舰艇战斗群中，均配有“提康德罗加”级舰，总数达到 10 艘以上。利用其探测距离远、目标容量大和反应速度快的 SPY-1 雷达和“标准”防空导弹，为其他水面舰艇提供区域性防空保护。

MK-41 导弹垂直发射系统可以混装对地、反舰、防空以及反潜导弹，一般情况下，该级舰以防空作战为主，因此，按典型武器方案配置时，每套发射系统内仅装 8 枚“战斧”导弹，另外弹药库内再备导弹 12 枚，共计 28 枚；在防空作战要求高时，则仅在发射箱内装 12 枚“战斧”，其余 110 枚为“标准”防空导弹。

另一项任务是使用“战斧”巡航导弹实施对陆攻击。海湾战争中，“提康德罗加”级舰都配备了“战斧”巡航导弹，部署在红海的“圣哈辛托”号（CG-56），在其 122 个

★“提康德罗加”级巡洋舰

导弹发射箱内，全部装上了“战斧”巡航导弹，它们成为对陆攻击中的重要力量。

1999 年科索沃战争期间，该“提康德罗加”级舰的“菲律宾海”号（CG-58）、“莱特湾”号（CG-55）、“维拉湾号”（CG-72）、协同“企业”号（后“罗斯福”号接替）对南联盟实施威慑和打击。“菲律宾海”号巡洋舰于南联盟当地时间 3 月 24 日晚 8 时向南联盟境内发射了 BGM-109 战斧式巡航导弹，揭开了“联盟力量”行动序幕。第一波次打击中，美军共发射 100 多枚巡航导弹，给南联盟以沉重打击。

战事回响

萨沃岛海战——美国巡洋舰的惨败之战

萨沃岛海战，亦称第一次萨沃岛海战，发生于1942年8月8日深夜至8月9日凌晨，90分钟内全部战斗结束。这是一场第二次世界大战太平洋战争中日本海军与盟国海军双方海面舰艇会战的著名海战，也是瓜达尔卡纳尔岛战役爆发五场海战里的第一场，日军以大胜结局。美军被击沉巡洋舰四艘，击伤巡洋舰一艘，驱逐舰两艘，伤亡1 732人。日军仅“鸟海”号海图室被毁，“青叶”号鱼雷发射管被击破，亡35人，伤51人。令美军聊以自慰的是S-44潜艇击沉了返航途中的日军“加古”号巡洋舰。

太平洋战争初期，美国在太平洋上第一次两栖作战的目标两个岛屿——所罗门群岛的瓜岛和图拉吉岛。1942年7月31日，美军舰队从斐济起航。8月6日晚，美军登陆编队已到达距瓜岛约60海里的海域，借助恶劣天气的掩护，一直未被日军发现。在登陆编队航渡的同时，驻埃法特岛和圣埃斯皮里图岛的美军航空部队出动 B-17轰炸机对所罗门群岛的日军进行了压制空袭，从新几内亚岛起飞的美军飞机则密切监视俾斯麦群岛和新几内亚岛东北部的日军。

1942年8月7日美军在日军毫无防备的情况下占领了瓜岛，日军迅速组织力量以夺回瓜岛。日军第8舰队司令三川军一的舰队刚出动，美军的S-28号潜艇就发现并报告了上级，此时日军舰队距瓜岛有500余海里，没引起美军的注意。

8月9日1时，日舰驶抵萨沃岛西北，三川军一率舰队实施了巧妙的机动从这两艘美舰之间进入铁底湾，美舰还毫无察觉。

1时33分，三川军一下达总攻击令。直到十分钟后，美军“帕特森”号驱逐舰才发现日舰，刚用无线电发出警报，日军的水上飞机就投下了照明弹，将南区的美舰照得清清楚楚，日军的炮弹和鱼雷接踵而来。

三川军一的舰队仅用六分钟就重创南区美舰，随即全速向北区杀去。

由于“芝加哥”号未将作战情况通知北区和东区，加上电闪雷鸣掩盖了南区的炮声和火光，北区美军全然不知日军已经杀来。

此时，如果三川军一掉头攻击海滩附近的运输船只，是唾手可得，但他不知道美军的航母编队已经离开瓜岛，担心天亮后遭到美军舰载机的攻击，为避免不必要的损失，于2时20分下令返航。撤至萨沃岛附近又与担任雷达哨戒的美军“塔尔波特”号驱逐舰遭遇，美舰寡不敌众，被击伤起火，勉强驶往图拉吉岛。三川军一的舰队随后沿“槽海”返回拉包尔。

★萨沃岛海战的参战舰船

★萨沃岛海战战争场面（想象图）

萨沃岛海战是日美两军为争夺瓜岛而进行的第一次海战，日军凭借其出色的夜战素养，周密的临战侦察，准确的舰炮鱼雷攻击，取得了一边倒的全胜。

美军在此次海战中可以说漏洞百出，首先作战部署非常有问题，将实力颇强的掩护编队分为三部分，划区巡逻，既无全盘考虑，又无完善的联络协同，被敌各个击破。其次对敌情判断失误，因而没有临战准备，加上广大官兵缺乏警惕性，战斗意志薄弱，友邻协同不够积极主动，通讯联络迟缓，侦察不力等原因导致了战斗失利。

巡洋舰击沉航母——“沙恩霍斯特”号的传奇战绩

“沙恩霍斯特”级战列巡洋舰是二战中的德国海军最富有传奇色彩、战绩最大的舰只，它设计思想源于一战后德国的“袖珍战列舰”——“德意志”级。“沙恩霍斯特”级战列巡洋舰共建造了两艘同级舰，即“沙恩霍斯特”号和“格奈森诺”号。

由于德国设计人员缺乏经验，“沙恩霍斯特”号存在着很多缺陷。其排水量与英国的战列舰相当、速度与战列巡洋舰相当、装甲厚度又大于战列巡洋舰，可火力又介于战列巡洋舰和巡洋舰之间。其结果是英国的战列舰追不上，巡洋舰打不过，战列巡洋舰与之较量又要吃亏。因为“沙恩霍斯特”级具有以上意想不到的古怪特点，使其像条鲨鱼，既凶猛，又难捉。

第二次世界大战初期，“沙恩霍斯特”号战列巡洋舰被纳粹德国投入战场，参加了在大西洋上对盟国运输船只的袭击战和入侵挪威的登陆战役，以及与入侵挪威战役有关的海上战斗。作为纳粹初期的海上作战主力之一，“沙恩霍斯特”号虽然最终还是被击沉，但是它的存在曾长期令盟国海军头疼不已，而且创造了以舰炮击沉航母的战绩。

1939年1月7日，“沙恩霍斯特”号正式服役。欧洲战争正式爆发，1939年“沙恩霍斯特”号和“格奈森诺”号和另外两艘巡洋舰、三艘驱逐舰结伴驶入冰岛—法罗群岛水域。这次出击，两舰共同击沉了英国“拉瓦尔品第”号辅助巡洋舰。

★“沙恩霍斯特”号巡洋舰

1940年4月7日，“沙恩霍斯特”号和“格奈森诺”号一起驶离威廉港，担任入侵挪威部队的掩护。6月4日，在挪威的哈尔斯塔附近向盟军海军和运输部队发起攻击，一举击沉盟军油船和运兵船各一艘。6月8日，两舰在航行途中发现了负责掩护部队撤退的英国航空母舰“光荣”号，经过一番火力交锋后，击沉了“光荣”号和两艘担任护航的驱逐舰。在这次战斗中，“沙恩霍斯特”号遭受重创，随后入坞进行为期六个月的修理工作。

1940年德国海军并不知道盟军的撤退计划，见盟军云集纳尔维克，只得派“沙恩霍斯特”等舰专门袭击来往于北海的防御能力薄弱的补给舰。

英国“光荣”号因耗费了过多的燃料，无法与其他军舰一起高速返航，只得在两艘驱逐舰“热情”号和“阿卡斯塔”号的护卫下，以巡航速度向西航行，“光荣”号原为战列巡洋舰，因它的船体外板薄、航速快，英国海军便于1924年着手，将之改成了航空母舰，因其烧的是煤，冒着黑烟，所以老远就被“沙恩霍斯特”号看到了。

载满了飞机的“光荣”号航母，竟然对德国的战列巡洋舰的位置毫无察觉。而且“光荣”号没有组织有效的空中巡逻，当它们发现前方的“沙恩霍斯特”号和“格奈森诺”号逼近时一切都晚了。

两艘德国巡洋舰加速追击。“沙恩霍斯特”号首先在28 000码处首次齐射。在这个距离上，“光荣”号的120毫米单管炮是完全无用的。护航的两艘驱逐舰也勇敢地插到航空母舰和德国战列巡洋舰之间施放烟雾，设法掩护“光荣”号逃离。

经过激战，“光荣”号受到了“沙恩霍斯特”号和“格奈森诺”号更为沉重的打击，使它完全失去逃脱的机会。“光荣”号的舷侧严重地倾斜。于是舰长下令撤离该舰。“光荣”号不久便沉没了。1 474名皇家海军的军官和士兵，41名皇家空军人员在这次战斗中牺牲了。虽然经过长时间的搜寻，但后来由一艘挪威船救起并运送返国的只有39人。此外有六个人被德国船只救起，带到了德国。

在此次战斗中，“沙恩霍斯特”号被“阿卡斯塔”号的鱼雷击中，受到重创，向特隆赫姆驶去。经过大修后，于1940年底又被投入了战场。直到1943年12月26日，“沙恩霍斯特”号被英军战舰击沉于挪威海岸以北70海里处，全舰1 968人，除36人生还外，其余全部阵亡。

3 第三章 护卫舰

海上舰队的守护神

兵典
THE CLASSIC WEAPONS

沙场点兵：全副武装的“海上保镖”

护卫舰是以中小口径舰炮、各种导弹、水中武器（鱼雷、水雷、深水炸弹）为主要武器的中型或轻型军舰。它可以执行护航、反潜、防空、侦察、警戒、巡逻、布雷、支援登陆等作战任务，曾被称为护航舰或护航驱逐舰。

在现代海军编队中，护卫舰是在吨位和火力上仅次于驱逐舰的水面作战舰只，但由于其吨位较小，自持力较驱逐舰弱，远洋作战能力逊于驱逐舰。护卫舰和战列舰、巡洋舰、驱逐舰一样，也是一个传统的海军舰种，是当代世界各国建造数量最多、分布最广、参战机会最多的一种中型水面舰艇。

护卫舰的特点是：轻快、机动性好、造价不高，适宜于批量生产。其动力装置以采用中速柴油机者居多，也有采用汽轮机和燃气轮机联合动力装置。护卫舰根据其排水量的大小不同，可以是多用途的，也可以是单用途的。因此，其武备可分别配有舰对舰导弹、舰对空导弹、火炮以及反潜鱼雷、大型深水炸弹和火箭式深水炸弹等反潜武器。有的护卫舰还带有反潜直升飞机。现代护卫舰上的各种电子设备也在不断地得到改进和完善。

★西班牙F-100型护卫舰

★英国“公爵”级护卫舰

兵器传奇：历史久远的护卫舰

护卫舰是一种古老的舰种，早在16世纪时，人们就把一种三桅武装帆船称为护卫舰。初期的护卫舰排水量为240吨～400吨。第一次工业革命后，西方各国在非洲、亚洲、美洲、大洋洲各地获得了为数众多的殖民地，为保护自身殖民地的安全，西方各国建造了一批排水量较小，适合在殖民地近海活动，用于警戒、巡逻和保护己方商船的中小型舰只，这也是护卫舰的前身之一。

1904～1905年的日俄战争中，日本舰艇曾多次闯入旅顺口俄国海军基地，对俄国舰艇进行了多次鱼雷、炮火袭击，并布放水雷，用沉船来堵塞港口，限制俄国舰队的行动。起初俄舰队巡逻、警戒港湾的任务由驱逐舰担任，可是驱逐舰数量少，它本身还承担其他任务，而改装的民用船战术、技术性能又很差，于是在日俄战争后，俄国建造了世界上第一批专用护卫舰。最初的护卫舰排水量小（400吨～600吨），火力弱，小口径舰炮抗风浪性差，航速低，只适合在近海活动。

第一次世界大战时，由于德国潜艇在海上肆意航行，对协约国舰艇威胁极大，为了保护海上交通线的安全，协约国一方开始大量建造护卫舰，用于反潜和护航。新的护卫舰吨位、火力、续航性等方面都有了提高，主要装备中小口径火炮、鱼雷和深水炸弹。当时最大的护卫舰的排水量已达1 000吨，航速达16节，具有一定的远洋作战的能力。

护卫舰在二战中的来源可以分为两条：一是护航驱逐舰（欧洲国家称为护卫舰，美国称为护航驱逐舰），二是用于近海巡逻的护卫舰或海防舰。

第二次世界大战期间，德国潜艇故伎重演，采用“狼群”战术打击同盟国的舰船，并且飞机也日益成为对舰队和运输船队的严重威胁，这就使护卫舰的需要量更大，其担负的任务也更加多样化。

根据美英两国协议，美国向英国提供50艘旧驱逐舰用于应急护航，同时开始建造新的护航驱逐舰，这标志着现代护卫舰的诞生。著名的护航驱逐舰有英国的“狩猎者”级及美国的“埃瓦茨”级、“巴克利”级和“拉德罗”级。意大利和日本在战争中也建造了一批护航驱逐舰。各参战国的总建造数量达到2 000余艘。

第二次世界大战后，护卫舰除为大型舰艇护航外，主要用于近海警戒、巡逻或护渔、护航，舰上装备也逐渐现代化。在舰级划分上，美国和欧洲各国达成一致，将排水量3 000吨以下的护卫舰和护航驱逐舰统一用护卫舰代替。

★荷兰的“德泽芬省”级护卫舰

20世纪50年代至今，护卫舰和其他海军舰种一样向着大型化、导弹化、电子化、指挥自动化的方向发展，并有专用的防空、反潜、雷达警戒护卫舰的分工，一些护卫舰上还载有反潜直升机。现代护卫舰与驱逐舰的区别并不十分明显，只是前者在吨位、火力、续航能力上稍逊于后者，甚至一些国家的大型护卫舰在这些方面还强于某些驱逐舰，还有的国家已经开始慢慢淘汰护卫舰，统一用驱逐舰代替，比如美国和日本。

慧眼鉴兵：机动作战的中型舰艇

现代护卫舰已经是一种能够在远洋机动作战的中型舰艇，其排水量一般为1 000吨～3 000吨，航速20节～35节，续航能力2 000海里～10 000海里，主要装备76毫米～127毫米舰炮，反舰、防空、反潜导弹，还配备有多种类型雷达、声呐和自动化指挥系统、武器控制系统。其动力装置一般采用柴油或柴油-燃气轮机联合动力装置。部分护卫舰还装备1～2架舰载直升机，可以担负护航、反潜、警戒、导弹中继制导等任务。

部分国家为了满足在200海里的经济区内护渔、护航及巡逻、警戒的需求，还发展了一种小型护卫舰，排水量在1 000吨左右，武器以火炮和少量反舰导弹为主；有些拥有较多海外利益的国家还发展了一种具有强大护航力，用于海外领地和远海巡逻的护卫舰，比如法国的“花月”级护卫舰。此外，还有一种吨位更小，通常只有几十至几百吨的护卫艇，用于沿海或江河巡逻警戒。

当今世界上拥有护卫舰的国家和地区约50个，所拥有的护卫舰总数要超过其他各舰种总和。按排水量和作战活动海区不同，护卫舰可分为近海护卫舰和远洋护卫舰两大类；按使命的不同，可分为对海型、防空型、反潜型和多用途型。

鉴于护卫舰的特殊作用和功能，今后护卫舰仍将是各国发展的重点。首先，一些吨位较大的（3 000吨以上）护卫舰还将受到诸多国家青睐，个别护卫舰吨位可能突破7 000吨；当然，1 000吨左右的护卫舰

★德国F-124“萨克森”级护卫舰

★澳大利亚海军“安扎克”级护卫舰

也不会受到冷落，会继续受到重视和发展。其次，舰载武器种类将增多，而且性能会进一步提高；特别是护卫舰的防空武器的性能将会出现质的突破，如美国的“佩里”级护卫舰就具有较强的防空能力。不仅如此，护卫舰将普遍配备直升机，用它来担负反潜、反舰、探测、电子干扰等任务。第三，舰上的探测装置，包括雷达、声呐等将有较大改进与提高；探测距离远、灵敏度高的拖曳线列阵声呐将普遍装设。指挥控制系统性能也将得到明显提高。第四，全燃动力和柴燃交替动力两种动力形式今后仍会被各国海军有选择地采用。此外，一种新颖的电燃联合动力形式现也为某些国家所看好，正在试用中。

侧重反潜的多面手——“佩里”级护卫舰

高低档舰艇结合的产物：“佩里”级护卫舰

1970年，美国海军开始实行“高低档舰艇结合”的造舰政策。这一时期陆续建造的“尼米兹”级核动力航母、“塔拉瓦”级两栖攻击舰、核动力巡洋舰、DD963级驱逐舰属于高档的舰艇，同时也需要一级能大量迅速建造的、造价较低的护卫舰，用以代替将大批退役的老驱逐舰和老护卫舰，这级舰就是“佩里”级（FFG7）导弹护卫舰，它属于大量建造的低档舰艇之一。

“佩里”级导弹护卫舰首舰于1975年6月动工兴建，1976年9月下水，1977年12月正式入役。

“佩里”级导弹护卫舰以美国海军史上的民族英雄——奥力弗·佩里之名来命名。奥力弗·佩里的成名作是1812年第二次英美战争中的伊利湖战役，该役中他统率美国舰队击溃英国舰队并将其俘获；接着，奥力弗率领运兵舰队驰援底特律，击溃当地的英军并收复该城。随后他担任威廉·哈理森将军的副官出兵加拿大，在泰晤士河之役中击败英军，使美国在第二次英美战争中获得决定性的胜利。由于在此役中的出色表现，奥力弗成了美国的民族英雄。

“佩里”级护卫舰是一型通用型的导弹护卫舰，其主要使命是为编队提供防空和反潜能力，主要执行以下任务：为航行补给编队、两栖作战编队、军事运输船队和商业运输船队承担防空、反潜和反舰任务，保护重要的海上运输航线，协同其他反潜兵力执行攻势反潜。

美国海军的“佩里”级导弹护卫舰目前现役保留27艘，预备役10艘，余下的转卖给了其他国家。

澳洲海军是“佩里”级的第一个客户，共订购了6艘，澳洲海军称之为“阿德莱德”级。“佩里”级的第二个外国客户是西班牙，美国在20世纪70年代初期授权西班牙Ferrol造船厂建造6艘，西班牙海军称之为“圣塔玛莉”级。

以同时期的标准而言，“佩里”级在同吨位舰艇中堪称功能齐全，算得上美国海军史上一款出色的经典设计。

★美国“佩里”级护卫舰

不可小视的护卫舰：优点众多的“佩里”级

★“佩里”级导弹护卫舰性能参数★

排水量： 2 750吨（标准）
3 638吨（满载）
舰长： 135.6米
舰宽： 13.7米
水线长： 128.1米
吃水： 7.5米
航速： 29节
续航能力： 4 500海里/20节
防空武器装备： “标准”导弹
76毫米舰炮
“密集阵”近程武器系统
反潜武器装备： 2架直升机
MK32型鱼雷发射管
反舰武器装备： “鱼叉”反舰导弹（反舰）
直升机机载“企鹅”反舰导弹
76毫米舰炮（反舰）
编制： 200人（15名军官）

“佩里”级舰的上层建筑比较庞大，上层建筑四周只设少数的水密门，形成一个封闭的整体，这样就能为舰员和设备提供更多的空间，有利于改善居住条件和增强适航性。该级舰的生活设施良好，每名舰员平均享受19.6平方米的生活空间。

由于身为低档的护航舰，“佩里”级大量使用次级、独立作战能力不高、需要友军支援的系统，而且省掉了一些冗余备援配置。“佩里”级的上层结构由铝合金制造，虽然此种材料拥有重量轻、延展性好的优点，但却有着燃点低的致命缺陷。

防空方面，“佩里”级配备一具AN/SPS-49（V）长程2D对空搜索雷达，能进行舰队外围的远程对空监视。“佩里”级配备标准SM-1防空飞弹系统，具备区域防空作战能力，这在不到4 000吨的巡防舰中是十分罕见的。舰首装有一座能容纳40枚飞弹的MK-13单臂发射器，主要用于装填标准SM-1防空飞弹，此外也能容纳至多9枚鱼叉飞弹，而标准的配置为36枚标准SM-1防空飞弹与4枚鱼叉飞弹，如此“佩里”级无须装置MK-141四联装发射器。“佩里”级是美国海军第一种采用MK-75 的军舰，由于舰首装置了MK-13飞弹发射器，使得MK-75被挤到上层结构机库前方。

“佩里”级的舰体配重并不理想，呈现舰首、舰尾受力过大，但舰体中段相对较轻的情况，这是因为舰首有MK-13垂直发射器，舰尾有RAST辅助降落系统的钢缆绞盘以及两架反潜直升机，但位于舰舯的LM-2500燃气涡轮主机偏偏又是重量最轻的舰用主机（相较于蒸汽动力与柴油机），于是，“佩里”级的舰体经常出现“舯拱”现象，也就是舰首与

★美国“佩里”级护卫舰

舰尾下沉，中央拱起，而“舯拱”的后果就是舰体中段底部受力扭曲过大，导致较上层的舱壁裂开进水。

在同时期世界上的三千吨级中、低档舰艇中，“佩里”级的作战能力堪称齐全，防空有SM-1区域防空飞弹系统、长程对空搜索雷达，反潜方面可携带两架反潜直升机以及鱼雷，还配备反舰飞弹，这样的作战能力已经足以作为其他中、小型国家的主战舰艇；而为了伴随美国航舰战斗群运动，并满足船团护航的远程任务，“佩里”级无论是加速性能或持续航行能力都有不错的水平。然而以高强度作战标准而言，“佩里”级的反潜与防空都不算非常专精。

“佩里”级舰主要电子设备：雷达、声呐、电子战系统、武器控制系统、作战数据系统。舰上的动力装置采用全燃动力装置。这种装置具有重量轻、体积小、噪音低、操纵性好等特点，而且低速性和可靠性颇佳。

波斯湾称雄：两伊战争中的功勋之舰

“佩里”级护卫舰虽然是大量建造的低档舰艇，但仍不愧是那个年代护卫舰中的杰出代表。“佩里”级护卫舰具有突出的防空、反潜和反舰能力，动力装置的选择符合批量建造及经济的原则，在战场上也有着符合它身价的良好表现。

1987年5月17日夜里，两伊战争期间，“佩里”级舰“史塔克”号正独自在波斯湾进行巡逻；晚上9时，一架伊拉克空军幻象F-1EQ战机自伊巴斯拉的空军基地起飞，并且先后被美军E-3预警机与“史塔克”号的雷达发现。美军认为这只是伊拉克空军稀松平常的例行巡逻任务，但这架战机随后便左转向东朝着“史塔克”号飞去。

“史塔克”号的舰长曾在22时5分对伊拉克战机发出询问，不过并未得到回应；随后伊拉克战机便对“史塔克”号发射两枚飞鱼反舰飞弹，并突然转向北方返航。但“史塔克”号与E-3预警机都未对这个显而易见的攻击动作有所防备，也没发现掠海飞行的飞鱼飞弹；虽然“史塔克”号的SLQ-32（V）2电子支援系统在敌机发射飞弹前截获幻象F-1EQ的Cyras-4雷达的锁定信号，但由于舰上人员太过疏忽，始终不认为伊拉克战机会对其开火，所以没有启动电子反制措施。最后率先发现飞鱼飞弹的并不是“史塔克”号的雷达，而是舰上值班的瞭望员；“史塔克”号虽然开始加速并转向，企图以舰尾方阵近迫武器系统迎击，但已经来不及了。

第一枚飞鱼飞弹在被美军发现后的10秒钟穿入“史塔克”号左舷，弹头与剩余燃料的威力摧毁了位于该处的住舱区，并造成舰体进水倾斜；第二枚飞鱼飞弹则命中首舰舰桥附近，弹头虽未引爆但仍使铝合金制造的上层结构剧烈燃烧并熔化变形，数个舱室被破坏，舰上指挥通讯设施悉数被摧毁，暴露在甲板上的消防主管线也被破坏，全舰共有35名船员

★美国海军“佩里”级FFG 38“柯茨”号导弹护卫舰

★美国海军“佩里”级“柯茨”号导弹护卫舰

炸死、烧死或被燃烧的有毒气体呛死，另有两人失踪。幸好两枚飞弹并没有击中舰上的油料、动力系统或损管中枢所在之处，主机仍正常运作，故“史塔克”号并未像福岛战争中英国“雪菲尔”号般中弹后立刻陷入瘫痪并失去破坏控制能力；此外，如前所述，“佩里”级的设计对生存能力下了一番工夫，这也是“史塔克”号能够存活的原因之一。

这起意外主要是由于“史塔克”号的人员缺少应有的警觉，根据过去的经验相信伊拉克战机不构成威胁，疏于防范而惨遭不测。更具讽刺意味的是，1988年同样在波斯湾水域，美军“文森尼”号神盾巡洋舰却因为“料敌从严”以及若干离奇因素，误将一架伊朗A-300客机打了下来。虽然“史塔克”号最后存活了下来，修复后继续服役，但攻击过程中该舰的感测系统完全没有发现掠海飞行的飞鱼飞弹，情况与1987年的“雪菲尔”号如出一辙，证实当时“佩里”级的防空能力的确有所不足。“史塔克”号进行修复时，采用了一种新型耐火绝热材料来弥补铝合金上层结构易燃易熔的问题，此种涂料在火灾时不易发烟、熔化或滴流，并且不含卤素，故不会产生毒烟。在此次修复中，“史塔克”号的几个重要部位也经过特别强化。

在1988年4月14日两伊战争末期，“佩里”级舰“罗伯斯”号在波斯湾中雷，却仍然幸存。在1988年4月18日于波斯湾的一场海战中，“佩里”级的“辛普森”号与友军“温赖特”号飞弹巡洋舰对一艘以“鱼叉”飞弹攻击美舰的“伊朗战士Ⅱ”级飞弹快艇发射总共4枚标准防空飞弹，将该艇击沉。

世界上最小的“宙斯盾”战舰——“南森”级护卫舰

倾国之力打造：北海利益争端的产物

★挪威5 290吨的“南森”级护卫舰

有利益的地方必然会隐藏着战争的可能，这同样刺激着兵器的发展，“南森”级护卫舰就是这种战争思维的产物。

20世纪末期，随着北海油田开发和北极圈领土争端，挪威突然发现自己缺乏一支强有力的海军维护自己的海洋权益。为此，挪威国防部在20世纪90年代末提出装备新型护卫舰的“6088招标工程”，希望用新舰取代现役的“奥斯陆”级护卫舰。

2000年6月，西班牙巴赞造船厂（现属西班牙那凡蒂诺集团）与美国洛-马公司的“护卫舰联盟”赢得了这笔14.1亿美元的建造合同，为挪威建造五艘“南森”级护卫舰，并均以挪威历史上著名的探险家命名，计划至2008年12月交付完毕。

第一艘“南森”级护卫舰自2006年6月正式加入挪威皇家海军序列。经过几个月使用检验，挪威海军对“南森”的整体性能表现很是乐观。

“南森”级护卫舰是以反潜为主、可执行多种作战任务的多用途护卫舰。它的主要使命是搜索、探测、识别和攻击敌方潜艇，保护挪威的领土、领海、管辖海域以及海洋资源和设施不受侵犯；参与国际海上军事行动；承担非战斗使命，如抢险救灾等。

体形虽小，装备齐全：全副武装的“南森”级护卫舰

★ **“南森”级护卫舰性能参数** ★

满载排水量： 5 290吨

舰长： 132米

舰宽： 16.8米

水线长： 121.39米，

吃水： 4.9米

航速： 26节

动力： 采用柴-燃联合动力，双轴双桨

4台MTU396发动机组，每台功率900千瓦

反舰武器装备： 是NSM反舰导弹

防空武器装备： “改进型海麻雀”防空导弹

反潜武器装备： “鲭鱼”轻型反潜鱼雷

舰炮武器装备： 1座“奥托·梅莱拉”76毫米/62超射速炮

编制： 120人（其中26名军官）

从外观上看，“南森”级护卫舰体形较小，但却是挪威海军装备的最大的军舰。“南森”级护卫舰采用模块化设计，全舰由24个模块组成，钢焊接的单船体结构，有五层甲板和两组上层建筑，分为13个水密隔舱。

高度的生存性也是在“南森”级护卫舰设计中要达成的一个重要目标。这一生存性被设计者确定为两个组成要素：即隐身性和抗损性。在隐身性方面综合采用了多种隐身技术，以减少各种物理信号的辐射，降低被发现和识别的概率。如对外部轮廓、顶部和水线下船体进行了精心设计，干舷外飘，上层建筑内倾，且是一体化结构；基于F100型护卫舰的研制经验，在船体附体和推进装置方面的优化设计也使“南森”级护卫舰拥有很低的水动力噪声；通过使用多种专用设备，如噪声屏蔽罩、弹性基座、管路上的弹性接头，把水下噪声辐射降到最低，从而获得一级真正的安静型护卫舰，使“南森”级护卫舰能够胜任

★安装了“宙斯盾”作战系统的“南森”级护卫舰

其首要的反潜任务。另外，红外抑止系统、舰面喷淋系统、消磁系统的运用，还减弱了“南森”级护卫舰的红外特征和磁特征，可谓“青出于蓝而胜于蓝”。

“南森”级护卫舰满载排水量只有5 290吨，却安装了“宙斯盾”作战系统。这个系统过去只能安装在排水量7 000吨以上的战舰上，因而人们担心“南森”级护卫舰的适航能力会受到影响。但是在以恶劣海况著称的比斯开湾测试时，“南森”级护卫舰曾以26节的最大航速前进，整个舰体重心并未上升，行驶仍快捷平稳。

对现代反潜护卫舰而言，能够搭载直升机并保障其长期随舰执行任务是必不可少的能力。“南森”级护卫舰在舰尾设有直升机甲板与机库，目前选定的机型是海军型的NH90多用途直升机。

“南森”级护卫舰的防空任务主要由改进型“海麻雀”导弹承担。改进型“海麻雀”射程达45千米。舰载主要反舰导弹是挪威老牌军工企业康夫斯堡防务公司研制的NSM反舰导弹。NSM反舰导弹最大的特色是采用了具有隐形特性的弹体以及完善的导航模式。它的最大射程为200千米。

占据“南森”级护卫舰主桅杆大部分空间的是洛-马公司的AN/SPY-1F相控阵雷达。它是“宙斯盾”系统的核心，不过是美海军所用的AN/SPY-1D雷达的简化版，目前只能控制发射改进型“海麻雀”点防空导弹，并不具备区域防空能力。

“南森”级护卫舰使用16号数据链与挪威海军的潜艇、导弹艇和F-16战斗机共享目标信息。届时挪威军队将成为北约信息化能力最强的部队之一。

升级计划：“南森”级护卫舰未来构想

挪威皇家海军在设计时就已经考虑到该舰未来的升级，所以在舰体上留足了未来加装武器装备所需的空间。据项目负责人称，未来“南森”级护卫舰可能换掉76毫米主炮，127毫米火炮由于更加猛烈的火力而被看好。刚刚收购博福斯公司的美国联合防务公司正在开发MK45 Mod4远程精确制导弹药，奥托公司和荷兰也联合研制了127毫米远程弹药，这些新型弹药将来都可能装备“南森”级护卫舰，使该舰火力有较大幅度的提升。

除了主炮，“南森”级护卫舰在将来最可能进行升级的是垂直发射装置。目前有消息称MK48将可能取代舰上的MK41垂直发射系统，前者能够携带64枚“改进型海麻雀”，这将使得“南森”级护卫舰的持久作战能力大为改善。目前，“南森”级护卫舰上还未装备近距防空系统。不过挪威方面称舰上已经考虑到了将来加装近距防空系统，如果系统选定的话，该舰在短时间内就可以加装。为了改善在恶劣气象条件下的作战能力，挪威皇家还考虑在该舰的主桅杆顶端加装红外线搜索和跟踪系统，但目前由于资金限制，这也将只停留在纸上。

挪威海军总监芬森上将称，新舰将会使挪威皇家海军首次拥有和挪威皇家空军联合作战的能力。“南森”级护卫舰的入役使其能够参与跨国海上行动，并将挪威海军并入北约标准海军体系。而挪威皇家海军真正面对的挑战是在未来十年内组建一支沿海任务小组，这个小组将以“南森”级护卫舰为旗舰，包括数艘“斯科特”级隐身导弹艇、“阿尔塔”级扫雷舰和“乌拉”级潜艇，另外还有一些近海作战舰艇和辅助舰艇。这支小规模舰队将在挪威沿海执行特殊任务，其奉行的国策决定了挪威军队无须在大洋深海作战，只须在沿岸对来袭之敌发起攻击。而这支舰队在挪威皇家空军的协助下，能够有效摧毁来袭之敌。所以，“南森”级护卫舰的成功与否将直接影响到未来挪威海军乃至整个挪威军队的建设和发展，这些都迫使挪威国防部对其关注程度超过任何国防项目。

据挪威军方称，“南森”级护卫舰虽然装备了AN/SPY-1F雷达，但该舰将“不具备区域防空能力”。按照挪威皇家海军的说法，“南森”级护卫舰主要使命是执行沿海地区防御、护航等，装备经过简化的“宙斯盾”系统以及“海麻雀”导弹是与其作战使命相一致的。即该舰的主要使命并不是防空，而是反潜。虽然MK41系统能够装备“标准”或者其他类型的远程防空导弹，但对于挪威海军来说，装备这种昂贵的武器系统根本没有必要。在“宙斯盾”系统的控制下，“改进型海麻雀”将可以攻击30千米以外的目标，但挪威军方并没有透露该舰可以同时对多少个目标发起攻击。该舰舰体上留有足够的空间用于加装第二个MK41模块，为将来升级留下余地。

“南森”级护卫舰首舰“南森”号由于要应付大量的试验，所以暂且不具备作战能力。该舰完成试验后返回造船厂，对其设备进行检修后再安装实战系统。首艘具备作战能力的是“南森”级护卫舰第二艘“阿蒙森”号，该舰也是该级护卫舰中首艘参加英国皇家海军组织的FOST演习的舰艇。至2005年第二季度，这艘新舰完成大规模海试，2005年10月份进入“初步交付”阶段，于2006年6月正式服役，成为挪威皇家海军的新旗舰。“南森”级护卫舰中的第三艘与前四艘都相继在2010年前服役。如今，一面面“北欧坚盾”正在护卫着挪威海岸线上那片宁静的海面。

俄罗斯近海护卫舰——“守护”级护卫舰

十年铸一舰：俄罗斯海军的标志性事件

苏联海军的鼎盛时期，其海军力量遍布世界各大洋，并掌控着31个外国海军基地的使用权，是唯一能在全球范围内与美国海军分庭抗礼的海上军事力量。当时的苏联还拥有世界上最为强大的舰船建造业，其舰艇建造数量约占全世界的30%。但是，1991年苏联解体使俄罗斯境内的造船业出现了灾难性的滑坡。至2000年，俄罗斯的核潜艇制造企业只剩一家，水面舰艇制造企业只有三家，舰船设计局仅有五个。

俄罗斯海军的日益衰落引起了政府高层人士的广泛关注，特别是2000年8月12日“库尔斯克”号核潜艇的沉没导致俄海军118名官兵魂归大海，敲响了“海军不能再继续衰落下去”的警钟。“库尔斯克”号事件同时也成为了俄海军重振昔日雄风的转折点。在钟爱海军的普京总统特别关心下，俄罗斯海军励精图治，采取各种措施加强装备建设。

2001年7月27日，普京总统签发了《俄罗斯联邦海洋学说》，为俄罗斯海军确立了21世纪的发展战略，勾勒出未来俄罗斯海军从人员编制、舰艇装备到组织指挥的远景蓝图，“吹响了俄罗斯重塑海上强国梦想的号角”。

正是在这一背景下，俄罗斯海军把更新武器装备列为主要任务。海军前任总司令库罗耶夫认为，海军当务之急不是对现有设备进行维修改进以尽量延长其寿命，而是要对海军编制进行一次彻底的“大换血”。

20380工程“守护”级多用途护卫舰就是在这种背景下诞生的，直接反映了俄海军

★俄罗斯“守护”级护卫舰

开始把建设重点转向保护邻近海域的安全上，在舰艇装备方面则逐渐向小型多用途舰艇转型。

俄海军在设计之初对“守护”级护卫舰的定位就是多用途性，提出的技术要求是：能够完成反舰、防空和反潜等多种作战任务，并且具有完善的指挥、探测和通信设备，适合与其他大型舰只组成远洋舰队，执行各种远洋作战任务，同时要求该级舰在高强度海战中具有良好的生存能力。

20380型舰的首舰“警戒”号于2001年12月动工，第二艘“伶俐”号于2003年5月铺设龙骨，第三艘“波基”号也在2008年7月27日下水。按计划，圣彼得堡北方造船厂将建造大约20艘20380型护卫舰，其中首批三艘将全部编入波罗的海舰队，随后俄北方舰队、黑海舰队和太平洋舰队也都将先后装备该型舰，届时该型舰将成为俄罗斯海军近海作战的主力。

自苏联解体后，俄罗斯海军在整整10年时间内没有新建过一艘舰艇，所以“守护”号护卫舰的动工建造成为俄罗斯海军的标志性事件。

舰中佳作：性能优良的多用途护卫舰

“守护”级护卫舰由俄金刚石中央海军设计局设计，是为俄罗斯海军研制的第一代通用护卫舰。虽然其排水量不大，但却装备了强大的火力打击系统、防空和反潜系统、作战指挥系统、搜索和目标指示系统、通信和防护系统，可执行各种作战任务。

★"守护"级护卫舰性能参数★

满载排水量： 2 200吨

舰长： 104米

舰宽： 13米

动力： 1套新型柴-柴联合动力装置，使用4台柴油机

最大航速： 30节

续航能力： 3 500海里/14节

反舰武器装备： 若干Kh-35"天王星"亚音速反舰导弹 1座A-190K型100毫米高平两用炮

防空武器装备： 2座AK-630M型30毫米近防炮 1套"卡什坦"弹炮合一近程武器系统

反潜武器装备： 卡-27反潜直升机 "霞光"ME-02声呐

编制： 少于100人

从外观上看，"守护"级护卫舰设计独特，采用平甲板方艉舰型，首部尖细，流线型舰体，其稳定性和耐波性较好。上层建筑位于舰体舯部，与舰体连为一体，侧壁倾斜，具有雷达隐身特征。上层建筑顶部由前至后分别布置有导航雷达天线、火控雷达天线、对空搜索雷达天线及基座、塔式主桅、反舰导弹发射架、后桅及其顶部三坐标雷达天线。舰尾设有一座直升机机库，可起降反潜直升机。

从动力系统上看，"守护"级护卫舰排水量为2 200吨，采用了四台低噪声的4 800千瓦的新式柴油发动机，另外还配备了四台630千瓦的柴油发电机组，可提供380伏或220伏，频率50赫兹的交流电。最高速度可达25～26节，在航速为14节时续航力为3 500海里，自持力为15天。

★设计独特的俄罗斯"守护"级护卫舰

★俄罗斯“守护”级护卫舰下水仪式

★俄罗斯“守护”级护卫舰

从武器装备上看，“守护”级护卫舰的舰载武器可谓琳琅满目：装备了强大的火力攻击系统，主要包括一门与西方海军通用的A-190K型100毫米高平两用舰炮、两座“卡什坦”近层防御系统、两座四联装垂直导弹发射装置（可发射八枚Kh-35“天王星”亚音速反舰导弹）、4具PK-10诱饵发射装置、反潜鱼雷、一座可停放卡-27反潜直升机的机库及甲板和“霞光”ME-02声呐装置等。

从反舰能力上看，“守护”级护卫舰可发射八枚Kh-35 “天王星”亚音速反舰导弹。该导弹采用惯性加末端主动雷达复合制导，其弹头装有一个145千克高爆战斗部，可以攻击5千米～130千米范围内的目标，可在3米～5米高的低空掠海攻击，其性能与美制“鱼叉”式反舰导弹大体相当。另外，它还装有一座A-190K 型100毫米高平两用舰炮，其最大射程为15千米，射速为70发／分，既可打击水面目标，也可用来对空射击及对岸进行火力支援；从防空能力看，该型舰虽不具备区域防空能力，但具有较强的近程防御能力。其机库两侧分别装有一座新型“卡什坦”弹炮合一近程武器系统和两座AK-630M型30毫米近防炮。两者配合使用，对掠海反舰导弹的拦截概率很高，基本可以满足自身防空需要，但显然难以为舰队提供防空支持。从反潜能力看，该型舰装备有拖曳式声呐，可将潜艇在水下发出的微小噪音扩大，对潜艇探测能力较强。

另外，舰上还可起降卡-27反潜直升机，该直升机最大反潜作战半径可达200千米，可自行锁定目标并发射反潜鱼雷、火箭实施攻击，也可为护卫舰发射的远程反舰导弹提供中继制导。

20380型护卫舰的技术性能较俄罗斯海军现役的“克里瓦克Ⅲ”、“无畏”和“格里莎”级护卫舰有较大幅度的提升，尤其是其能在2 200吨级的舰艇上集成十分强大的攻防武器系统，其在隐身性能方面更是达到了俄罗斯海军舰艇的巅峰。此外，该型舰采用了模块化结构设计，还可通过换装机载设备和武器装备进一步提升作战能力，留有一定的升级空间。考虑到其 1.2亿 ~ 1.5 亿美元的身价，该型舰可称得上物美价廉，是世界上最具性价比的先进护卫舰之一。不过，实事求是地说，俄方对20380型舰的作战性能介绍显然存在一定的“炒作”成分，即便是其换装了“宝石”反舰导弹和“蝼蛄”-VE反潜导弹，作战性能也达不到俄罗斯北方设计局所吹嘘的“无与伦比，世界第一”的水准，至少在其航程和防空能力等方面与西方国家最新一代的通用护卫舰还存在一定的差距。

沧海桑田：从“守护”级护卫舰看俄罗斯海军

进入21世纪，现代护卫舰正朝着两个方向进一步发展。具有较强海军实力的国家是以发展具有防空、反潜等多用途的重型导弹护卫舰为主，其排水量将普遍超过4 000吨。这类护卫舰均装备有先进指挥控制系统和导弹垂直发射系统，并可携载先进的反潜直升机。而综合国力有限的国家，则更为青睐轻型导弹护卫舰，其排水量在2 000吨以下，主要在沿海和近海担负有限的海上护卫任务，这种轻型护卫舰可能将会成为国际军火交易市场上的热门。20380型“守护”级护卫舰的出口型20382型舰就受到包括印度、越南、伊朗、印尼等国的青睐，在2005年举行的新加坡海防展和第二届圣彼得堡海军节上，这些国家的官方代表团都饶有兴趣地了解了该型舰的设计方案，这说明20380型舰实际定位是面向第三世界国家。而作为传统的海军强国，俄罗斯当然希望装备航程远、作战性能更强的重型战舰，但综合考虑到经济实力和海军所面临的任务，装备轻型通用护卫舰是其无奈选择，毕竟俄罗斯海军已不再是一支真正意义上的远洋海军了。

★俄罗斯“守护”级护卫舰

★俄罗斯“守护”级护卫舰

根据俄罗斯最新出台的《2050年前海军建设计划》，苏联时期所遗留下来的包括航母、重型巡洋舰等大型舰艇都将逐步淘汰，取而代之的是建造一批1亿～5亿美元的新型多用途护卫舰和驱逐舰。据国外军事专家预测，2010年后俄海军包括现役的“库兹涅佐夫”号航母等大型水面舰艇就将陆续退役，而新型护卫舰和驱逐舰吨位小、航程短，只能在500千米范围内活动，根本无法填补航母等大型远洋舰艇退役所留下的空白。届时，俄罗斯海军整体实力将进一步被削弱。

法意海军新锐——“地平线”级护卫舰

法意合作的产物：通用度达90%的舰船

“地平线”级护卫舰项目最初是一项三国联合采购项目，目的是为法国、意大利和英国建造一种新一代通用型护卫舰。法国阿马里斯公司和意大利奥里仲特公司是“地平线”级护卫舰计划的主承包商，然而，1999年年中三国在需求上出现矛盾，英国退出了“地平线”级护卫舰项目，转而建造自己的45型防空驱逐舰。

法、意、英三国同意继续开发主防空导弹系统，并将安装在三国的防空舰艇上。但是法国和意大利都将“地平线”级护卫舰的采购数量从四艘和六艘削减到了两艘。受经费的制约，法意两国也转而优先开发多功能护卫舰FREMM项目。

“地平线”级护卫舰项目总预算为30亿欧元，其中约有1/3用于作战系统的开发。由

★法国和意大利联合研制的“地平线”级护卫舰

于应用了合作开发的系统，两国舰船的通用程度超过90%。主武器系统是MBDA公司的“紫菀”导弹，由英国、法国和意大利联合开发。英国海军45型驱逐舰也将装备“紫菀”制导武器。

2005年3月10日法国“地平线”级护卫舰首舰“福尔宾”号在舰艇建造局洛里昂船厂下水。

优良的护卫舰：攻防兼顾的“地平线”级护卫舰

★ “地平线”级护卫舰性能参数 ★

排水量： 6 970吨（法）

6 700吨（意）

舰长： 151.6米

舰宽： 20.3米（法）

17.5米（意）

吃水： 4.8米（法）

5.1米（意）

动力： 2台LM 2500燃气轮机和2台柴油机总功率可达69 300马力，柴-燃联合推进

最高航速： 可达29节

续航能力： 7 000海里/17节

反潜武器： 新式MU-90型324毫米轻型鱼雷

防空武器： “紫菀”系列防空导弹

编制： 200人

“紫菀”系列防空导弹由法国主导研发，目前共发展出两种导弹——“紫菀”15近程防空导弹与“紫菀”30区域防空导弹，就同时接战多目标而言，“紫菀”导弹的导引模式比美国“鹰”式、“标准”、“海麻雀”等陆、海基防空导弹需以射控雷达持续照射目标的半主动雷达导引方式更为优越。“紫菀”导弹采用横向向量推力喷嘴，导弹发射后可立刻转向目标导弹、先进超音速掠海反舰导弹等。

“地平线”级护卫舰拥有两座三联装鱼雷发射装置，配备新式MU-90型324毫米轻型鱼雷。攻击深度超过900米，有效射程约11千米。

经过多方衡量，“地平线”级护卫舰选定了EMPAR相控阵雷达。该雷达由意大利阿莱尼亚公司主导研发，可引导“紫菀”15和“紫菀”30防空导弹拦截目标，可同时侦测300个目标，追踪（即优先处理）其中150个目标，并同时导引24枚防空导弹接战12个最具威胁性的目标。

“地平线”级护卫舰的EMPAR单阵面旋转式相控阵雷达的成本低、重量轻、体积小，但EMPAR雷达的目标更新速率却很好，面对以高速接近的目标时可能会有能力不足的情况。配备于“地平线”级护卫舰上的量产型EMPAR于2002年起开始生产，意大利海军的“卡佛”号航母已经配备了该型雷达。目前，该雷达系统在法、意两国新一代舰艇上已经累积了近40套的订单。

“地平线”级护卫舰自防御系统也有良好表现，为了防御鱼雷攻击，该级护卫舰配备了SLAT鱼雷对抗系统，可以通过发射噪声诱饵等方式干扰来袭的鱼雷。这种新一代诱饵系统，可保障水面舰艇防御反舰导弹和鱼雷的攻击。该系统的每个发射器装有4个发射模块，这种发射器与可选定最适合的诱饵方式的计算机相连。新一代诱饵系统也计划集成到“戴高乐”号航母、“卡萨尔”号和“让·巴尔”号驱逐舰的对抗系统中。

各显神通：法、意“地平线”级护卫舰的细小差异

法、意两国“地平线”级护卫舰的通用程度超过了90%，不过在部分武器系统上仍略有不同：法国型配备两门“奥托”76毫米速射炮，并列于舰桥前方的炮位，舰身中段以半埋方式安装了八枚法制MM－40Block2“飞鱼”反舰导弹，机库上方则装有两套六联装“萨德拉尔”近程防空导弹系统，还装有由两部YG-105整合式光电射控仪指挥的30毫米自动机炮。

意大利型“地平线”级护卫舰则采用三门“奥托”76毫米速射炮，两门并列于舰桥前方，第三门位于直升机库上方，还有两门25毫米自动机炮。反舰导弹为八枚意大利自制的“奥托马特MK3”反舰导弹。

声呐系统方面，法国的“地平线”级护卫舰配备一部4100CL舰首低频主／被动

★“戴高乐”号航母与“地平线”级防空护卫舰“福尔班”号、“舍瓦利亚·保罗”号共同执行海上任务

声呐以及一部DMS-2000主／被动拖曳阵列声呐；意大利型“地平线”级护卫舰则使用一部Type-2080舰首低频主／被动声呐以及一部Type-2087主／被动拖曳阵列声呐。

在舰载直升机方面，意大利型能搭载NH-90或EH-101直升机，而法国型只能搭载NH-90直升机。两国护卫舰还使用不同的卫星通信系统。

虽然“地平线”级护卫舰是法、意两国联合研制的新型战舰，但我们仍然可以从中窥见浓郁的法国造舰特色。该型舰所采用的海军战术情报处理系统、近程防御系统等都是由法国自主研制开发的，代表着世界海军武器装备发展的先进水平。

同时，在“地平线”级护卫舰的研制开发中还充分体现了法国海军“一舰多用、平战结合”的思想。“地平线”级护卫舰计划的出现，为欧洲联合研制通用战舰提供了成功的范本。虽然研制过程也是一波三折，但在不断失败与挫折之中总算是见到了光明。法、意两国在“地平线”级护卫舰项目上合作成功之后，又开始了FREMM新型战舰项目的合作。

不列颠的守护者——英国23型“公爵”级护卫舰

“公爵”之初：代号23型的护卫舰

“公爵”级护卫舰的代号为23型，23型护卫舰的产生最早起源于20世纪70年代中期，当时英国海军考虑订购一型新的反潜护卫舰，准备替换将来退役的“利安德”级护卫舰。那时正在订购的X型护卫舰虽被认为是最优秀的护卫舰，但是对于批量建造来说造价太贵了。为此，曾出现过两型护卫舰的方案，但最后都被海军否定了。

★英国23型“公爵”级护卫舰

1982年3月英国海军参谋部重新编制新护卫舰的要求，新舰要求设有直升机库，并装备“海狼”点防御导弹。接着马岛海战爆发，随后1982年12月《国防白皮书》出版，参谋部又改变了对新舰的要求，如要求新舰装备一部大型声呐、一座对岸火力支援的舰炮、更多的反舰导弹、垂直发射的“海狼”舰空导弹等。变化的结果就是产生了23型护卫舰。

1984年4月，亚罗造船公司接到了进行施工设计的合同。“公爵”级护卫舰的首舰“诺福克”号于1984年

10月签订购合同，亚罗造船公司于1985年12月开工建造首舰，1987年7月下水，1990年6月完工服役。

该级舰主要任务是为特混作战编队执行以反潜为主的多用途护卫任务，为补给编队执行以反潜为主的多用途护卫任务，为运输船队执行护航任务。

自动化程度高：拥有全新推进系统的“公爵”级护卫舰

★“公爵”级护卫舰性能参数★

排水量： 4 200吨（标准）
3 500吨（满载）

舰长： 133米

舰宽： 16.1米

吃水： 5.5米（螺旋桨处）
7.3米（含声呐）

航速： 15～28节

续航力： 7 800海里/15节

动力装置： 2台罗-罗公司的“斯贝”SMIA（F229~F236号舰）或SMIC（从F237舰起）燃气轮机
4台帕克斯曼公司的 12CM柴油机
2台通用电气公司的电机，功率3MW，双轴

导弹： 2座麦道公司的四联装“鱼叉”舰对舰导弹
“海狼”GWS26Mod1舰对空导弹垂直发射装置

舰炮： 1门“维克斯”114毫米/55倍径MK8舰炮

鱼雷： 2座双联装的324毫米固定式鱼雷发射管
马可尼公司的“鲔鱼”鱼雷

直升机： 1架“大山猫”HMA3/8
1架EH101“默林”HAS1直升机

编制： 181人，其中13名军官

“公爵”级护卫舰最与众不同之处，是其独有的推进系统。因其最初是为反潜战设计的，最核心问题是如何降低噪声。在研究了各种推进方式和推进器的组合后，英国皇家海军决定在“公爵”级护卫舰上采用柴电燃联合动力装置（CODLAG）。这个大胆的决定是舰艇动力装置的一次全新的突破。

这种方式的好处在于执行反潜作战任务时，采用柴油发电机作为动力，直接通过电动机驱动螺旋桨，这就省去齿轮箱这一噪声源，明显降低了噪声，因而可为拖曳声呐的使用提供良好条件。从机械可靠性以及推进效率的角度来看，这种方式也是相当优越的。而且因电力推进使动力机舱的控制也实现了全自动化，可通过控制中心对全舰的供电、配电、三防等进行集中监控。

在采用柴电推进方式时，“公爵”级护卫舰的航速可达到16节，完全能满足低速航行

牵引拖曳阵列声呐的需要。而在需要高速航行时，则同时使用燃气轮机和柴油机推进，最大航速可达到28节。

“公爵”级舰是英国海军舰艇中第一级采用分布式指控系统的舰艇，这个决策当时曾在英国国内引起了广泛的争议，但实践证明，这是正确的。在“公爵”级舰最初设计中，采用的是CACS-4指挥系统，但是在1986年，海军认为CACS-4系统可能过时，因此决定研制一种全新的全分布式作战管理系统SSCS。

1996年10月，新作战系统软件的第3版终于通过验收。随后的第4版软件又新增了水下战系统和数据链功能，对系统作了进一步完善。而在最新的第5版软件中，又增加了制定指挥方案、扩展数据链、训练及支援等功能。至此，新的作战系统终于实现了当初设想的全部功能。

目前，“公爵”级舰还对信息基础设施进行了改进，加装了指挥辅助支援系统和海军卫星通信网络系统，可提供经过识别的全球范围的海上图像，而新的NSSA局域网、“海军星”计算机系统，则为全舰提供了大量的电脑使用终端，在2008年，该级舰还将加装美国的CEC协同作战能力系统。

改良之路：马岛之战后的“公爵”

23型“公爵”级护卫舰设计即将完成时，爆发了马岛战争。战争结束后，英国海军竭力吸取战争中的教训，宁可增加投入，也要提高舰艇的生存力。因此重点加强了损管部分，详细划分了消防区和采用分区通风系统，设置紧急灭火海水泵，使用阻燃性无毒材料，增大舱口入孔，以及增强重要区域的防弹能力等。

★英国23型“公爵”级护卫舰飞速前行

军舰中弹时，为防止火灾蔓延，灵活快速灭火，有必要设置更多的消防区域。23型当初计划设两处防火隔壁，分为三个消防区，但后来吸取了42型驱逐舰“谢菲尔德”号因消防区域太少而沉没的教训，改为设五个独立的消防区域。舰上不仅增加了防火隔壁数，消防装置也各区独立，各区域有各自的通风系统。这样，不但消防工作变得简单，而且受害区域不会影响其他区域。紧急用消防海水泵设在舰首和舰尾，电源由战斗损伤时的应急发电机提供。

★英国23型“公爵”级护卫舰

★英国23型“公爵”级护卫舰

英国以前的舾装材料，特别是地板和电线裹覆材料等，都是用卤化稀等，一旦燃烧大多会产生有毒气体，会严重阻碍消防工作。马岛战争后，改为使用阻燃材料和燃烧时不产生有害气体的材料，并且装备了供氧装置。

为了消防和救生方便，防火空间和防水舱口扩大到了让穿着防火服和携带供氧装置的消防员能够出入的程度。

此外，23型舰对指挥室和操纵室等重要区域也实施了多种防护。美国海军很早就注意到这一点，据报道“阿利·伯克”级驱逐舰的重要区域和弹药库是以克夫拉复合材料为主装备的。对23型护卫舰具体材料现尚不明确，只知其具有防弹能力。

机舱通风和全舰的空气调节分开，舰上空气过滤器完备，设有专用的通往机舱的管路，完全符合三防要求。

英国海军一向使用木质家具，重视美观舒适。本舰亦是如此。由于大量采用自动化装置，使得该舰战时定员185人，平时定员146人。

因此，定员中每名士兵拥有充分的居住面积。军官住单间，士兵居住区设在比较安静的前后部，所以居住环境较为舒适。

苏联第一级现代化护卫舰——“克里瓦克”级护卫舰

苏联划时代的护卫舰：“克里瓦克”级护卫舰

在苏联护卫舰的建造史上，“克里瓦克”级导弹护卫舰是重要的战舰。在它之前，苏联护卫舰的排水量仅在1 000～2 000吨之间，装备少，航行及作战能力差。而“克里瓦克”级护卫舰的排水量达到3 000吨以上，装备了大量的电子、武器设备，出现了三种型号。“克里瓦克”级可算是苏联第一级现代化护卫舰。

“克里瓦克Ⅰ”级舰于1969年～1981年间在加里宁格勒、列宁格勒和刻赤建造。“克里瓦克Ⅱ”级舰于1976年～1981年间在加里宁格勒建造。“克里瓦克Ⅲ”级舰于1984年～1990年间在刻赤建造。型号名称开始为大型反潜舰，1977年～1978年改为护卫舰。

有八艘“克里瓦克Ⅲ”级舰属于乌克兰。三艘“克里瓦克Ⅰ”级舰已经进行了改装，用SS-N-25 四联装发射装置取代了舰桥前部的反潜深弹发射装置。

★“克里瓦克”级护卫舰

★“克里瓦克”级护卫舰

颇具个性的舰艇：特点突出的“克里瓦克”级护卫舰

★ “克里瓦克”级护卫舰性能参数 ★

排水量： 3 100吨（标准）
3 650吨（满载）

舰长： 123.5米

舰宽： 14米

吃水： 5米

最大速度： 35节

动力： 装置4台 燃气轮机，
50 750千瓦

续航能力： 4 600海里/20节；
1 600海里/30节

直升机： 1架卡-25或卡-27（Ⅲ型）

导弹： 2组双联装SA-N-4舰空导弹（40枚）（Ⅰ、Ⅱ型）
1组双联装SA-N-4舰空导弹（20枚）（Ⅲ型）
1组四联装SS-N-14反潜导弹（Ⅰ、Ⅱ型）

舰炮： 2座单管100毫米（Ⅱ）炮
1座单管100毫米（Ⅲ）炮
2座双管76毫米2×6管30毫米（Ⅲ）炮

反潜武器： 2组四联装533毫米鱼雷发射管（53型雷）
2组12管RBU-6 000型火箭深水炸弹

编制： 194人（其中有18名军官）

“克里瓦克”级护卫舰采用全燃动力结构，功率大，航速高。

该级护卫舰舰首尖瘦，有明显的外飘形态，此船型与前苏联当时的一些驱逐舰舰型相似。

该级护卫舰水线以下舰首设有声呐导流罩。艏楼甲板与主甲板之间的高度较大，使这段舰体内空间较大，干舷也较高。上层建筑低矮，各层甲板上布置有众多电子、武器装备和各种设备。

“克里瓦克”级护卫舰的主要特征是：上层建筑顶部天线数量多，且多为圆形和椭圆形；前甲板有四联装反潜导弹发射筒和两座火箭深水炸弹发射器；后甲板为梯次配置的76毫米舰炮两座；舰体中部各有一座四联鱼雷发射器。

“克里瓦克”级护卫舰主要性能特点是反潜作战能力强，配备有导弹、深弹、鱼雷等反潜武器，形成了远、中、近的综合反潜火力。还有一个特点便是吨位大，其吨位相当于西方国家的驱逐舰，远海作战能力较强。

首舰叛逃：“警戒”号叛逃瑞典事件

1975年11月8日晚，苏联海军发生了严重的紧急事故：波罗的海舰队“警戒”号大型反潜舰未经司令部允许，擅自起锚，离开拉脱维亚首都里加附近的达乌加维河湾驻泊地，向连接里加湾和波罗的海的伊尔宾斯基海峡方向驶去。“警戒”号大型反潜舰是“克里瓦克Ⅰ”级舰的首舰，于1969年～1981年间在加里宁格勒建造。

时隔20多年，1996年～1997年间，俄罗斯媒体开始对波罗的海舰队“警戒”号大型反潜舰叛逃事件进行了揭秘报道，使这一事件彻底曝光。

波罗的海舰队“警戒”号大型反潜舰上到底发生了什么？答案是：一次对波罗的海舰队、苏联海军乃至整个苏联来说都比较耻辱的叛逃事件。负责政治工作的副舰长萨布林野心较大，企图发动新的革命，其本人有明显的精神分裂和狂妄症状，企图通过欺骗的方法，劫持军舰，叛逃国外。

事实上，暴动的过程很简单。1975年11月6日，“警戒”号大型反潜舰抵达拉脱维亚首都里加，在位于市中心的达乌加维河湾处停泊。1975年11月8日晚，副舰长萨布林向舰长波图利内海军中校汇报工作，谎称舰上似乎发生了什么紧急事故，与舰长一起来到军舰下层的一个隔舱中，然后，在同谋水兵沙因的帮助下，把舰长波图利内制伏，锁在隔舱中，并交代沙因严密看守。随后，萨布林召集全体军官和准尉，宣称舰长身体不舒服，军舰将由他指挥，军舰前往列宁格勒，萨布林计划通过电视讲话痛斥苏联社会和海军舰队的种种弊端。

“警戒”号反潜舰上60名军官和准尉中，只有三人同意执行萨布林的命令，坚决反对的人被萨布林关押到一个单独的隔舱中，大部分军官表现出了无所谓的“不参与”态度，

★“克里瓦克”级护卫舰

不支持，也不反对，只是服从命令，听从指挥，间接地走上了背叛祖国的道路。舰上其余的人对“政变”并不知情，最初并没有怀疑替代舰长指挥的副舰长萨布林，因此执行了他的全部指令和命令。

但是，有一个军官逃离了隔舱，他跳到了海中，在刺骨的海水中游上了岸，返回波罗的海舰队里加海军基地司令部汇报情况，称军舰上可能发生了起义事件。奇怪的是，他的话没人相信，在那个年代，舰队各级司令部都认为这种说法非常荒唐，根本不相信苏联军舰上会发生什么起义。此外，领导们还怀疑这名军官是否喝醉了酒，甚至决定强制他去进行心理健康检查。不过，就在决定送这名军官进行心理健康检查时，“警戒”号反潜舰已经擅自起锚，离开停泊地，开始出海。

此时，已经没有什么可怀疑的了。里加基地迅速向上汇报这一紧急情况，苏联海军司令部立即下达命令，就近调动军舰和战机进行拦截，阻止“警戒”号叛变。但是，由于里加海军基地领导的怀疑，不相信勇敢的海军军官的话，他们丧失了最佳拦截时间，“警戒”号已经驶入大海。

在得知“警戒”号大型反潜舰叛乱出逃后，苏联海军司令部立即命令波罗的海舰队就近调集兵力，组织海上拦截行动。基本部署情况是，1975年11月9日凌晨，利耶帕利斯基海军基地驱逐舰支队长拉苏科瓦内海军上校，接到海军基地司令代表波罗的海舰队司令下达的行动命令后，立即追赶擅自离开里加港向瑞典方向驶去的“警戒”号反潜舰，制止其叛逃行为，如果“警戒”号不服从命令，可以使用武力。

拉苏科瓦内上校立即率一艘护卫舰（护卫舰旗舰）紧急出海，同时命令基地小型导弹舰大队长博布拉科夫中校指挥所有小型导弹舰，紧急出海，执行同一任务。护卫舰旗舰和小型导弹舰大队几乎是同时追上“警戒”号的，此时，空军前线航空兵飞机已经开始轰炸，行动到了最严峻、最紧张的时刻。空中，强击航空兵正在对“逃兵”进行航向警告性轰炸，波罗的海舰队海军战略导弹航空兵双机第二次进入战斗航向。海上，小型导弹舰大队已经进入视距攻击区域，导弹攻击准备已经完成，拉苏科瓦内上校的护卫舰同样咬住了“警戒”号，准备使用舰炮火力制止其继续行进。

时任利耶帕利斯基海军基地小型导弹舰大队长（海军中校）的博布拉科夫回忆道：“我接到了拉苏科瓦内代表舰队司令下达的追赶“警戒”号的命令，如果它越过了东经20度线，之后就是直通瑞典的航线，命令我击沉这艘军舰。如果我们的导弹击中了军舰，就可能会炸出一个能让火车穿过的大洞。也就是说，我们的一次齐射，意味着永久的毁灭……在穿过伊尔宾斯基海峡时，我们追上了“警戒”号。记得那个早上，折射较强，感觉军舰就像是在水上飞行。突然，我看到一个巨大的水柱在军舰处冲起，我还以为它被炸毁了。之后，大量海水落下，而“警戒”号就像什么都没有发生一样，在继续航行。原来是航空兵飞机已经开始进行警告性轰炸。”

之后可能会发生什么，不难想象军舰连同所有乘员完全可能会被摧毁。尽管一枚航空炸弹击中了船尾部分，使其航行速度慢了下来，但它还是行驶到了20度经线处。此时，暴动军舰上的局势发生了戏剧性的变化，海员们已经明白，既然自己的战机轰炸了自己的军舰，肯定发生了什么不好的变故。

时任“警戒”号反潜舰舰长（海军中校）的波图利内事后回忆道：“我试图从萨布林关我的隔舱中出来。好不容易找到了一个铁器，砸坏了舱门插锁，来到了另外一个隔舱，没想到也是锁着的。当我把这个隔舱的锁也砸坏时，看管我的水兵沙因用可伸缩事故挡板挡住了舱门，我未能脱身。但是，此时，水兵们开始猜测到底发生了什么。海军中士

★“克里瓦克”级护卫舰

★“克里瓦克”级护卫舰

科佩洛夫和几个水兵推开了沙因，砸烂了挡板，使我获得了自由。我拿起一把手枪，其余的人端着冲锋枪，兵分两路，一路从前甲板方向开始行动，我则经过内部过道，来到驾驶台。一见到萨布林，第一冲动就是当场击毙他，但随即想到：他还应当受到法律审判。我朝他腿上开了一枪。他摔倒在地。我们上了驾驶台，我立即通过广播宣布，舰上秩序已经恢复。”

就这样，被“监禁”的舰长，在海员们的帮助下，亲自镇压了叛乱的副舰长，避免了军舰及全体乘员的灭顶之灾。

但是此时，局势并没有最终彻底解除，还需要对舰上的真实情况进行核实。负责追捕任务的拉苏科瓦内舰长回忆道：“在此极其紧张的时刻，我听到了‘警戒’号上广播讲话：‘我是舰长，请求停火。我掌握了指挥权。’我对此表示怀疑，通过广播问道：‘是谁在讲话？我听不出舰长的声音。’我听到的回答是：‘就是我，波图利内。我的嗓子哑了。’随后我命令‘警戒’号立即停止前进。我随后与全副武装的水兵们一起登上了‘警戒’号，走进了驾驶台。波图利内在那里迎接我们，角落里躺着已经打上绷带的萨布林。”

至此，因萨布林叛乱率舰出逃而导致的海空联合拦截行动正式结束。

1975年萨布林暴乱事件后，乘员被全部解散，由大型反潜舰更型为护卫舰，名称未变，经大西洋、印度洋、太平洋，于1976年初转航至太平洋舰队服役，成为堪察加区舰队第173大型反潜舰支队旗舰，表现优异。“警戒”号护卫舰参加了太平洋舰队所有的出海训练和实弹演习，从未在鱼雷、水雷、火炮实弹射击中失靶，成为太平洋舰队最优秀的军舰之一。

1987年7月，“警戒”号在符拉迪沃斯托克进行了维修，之后继续在堪察加服役，名称未变。“警戒”号曾是1135型舰艇中最辉煌的一艘军舰，总航程达21万海里，七次参与战斗值勤，曾参与1983年在萨拉纳湾救助沉没的K-429号潜艇乘员的任务。2002年10月13日正式退役。

战事回响

喋血印度洋：印巴海战之中的护卫舰

1971年底，印度因东巴基斯坦闹独立而出兵，与巴基斯坦在克什米尔再起冲突，第三次印巴战争爆发。印度海军“库卡里”号护卫舰被巴基斯坦潜艇击沉，成为二战后印度第一艘被潜艇击沉的水面战舰，也是二战后世界第一艘被潜艇击沉的护卫舰。“库卡里”号是英国制造的14型反潜护卫舰，1961年进入印度海军服役。

1971年12月7日，印度海军无线电测向系统发现巴基斯坦潜艇在印度西海岸第乌港西南大约60千米的海域不时向卡拉奇发送密电。之前，印度海军战舰和侦察机曾在海面发现潜望镜，认为这是一艘巴军潜艇在秘密活动。

第乌是印度海军攻击巴基斯坦卡拉奇港的集结地。印度海军西部舰队认为，巴军潜艇钻到印度海军家门口潜伏活动，事态很严重，容易造成印度海军战舰损失。

当时，印度海军西部舰队没有大型反潜作战飞机可用，第14中队不得不动用老式反潜护卫舰“库卡里”号和“基尔潘”号追杀潜艇。同时，西部舰队也没派空中大型反潜机，只是要求“海王”反潜直升机出航搜索作战。

作为老式反潜战舰，“库卡里”号护卫舰行驶速度是所有护卫舰中最慢的，只有12节，其老式声呐只能探测几千米。该舰新装的声呐正在测试，但只有战舰慢速行驶时才能增加探测范围。虽然这样，新的声呐探测范围只有巴基斯坦潜伏潜艇的一半。不仅如此，该舰反潜武器只能攻击几百米范围内的潜艇，护卫舰必须驶到潜艇很近的位置才能发动攻击。

★印度“库卡里”号护卫舰

潜伏的潜艇是巴基斯坦海军的“汉果”号，由法国制造，是当时世界上最现代化的常规潜艇，传感器和武器不仅强于印度海军潜艇，还强于印度海军反潜护卫舰。其中，潜艇配备的最新型的鱼雷攻击范围超过了印度海军护卫舰探测系统和武器系统发挥作用的最大范围。“汉果”号一旦潜伏，印度海军护卫舰使用被动式声呐很难探测。

★巴基斯坦“汉果”号潜艇

海上搜索行动开始后，数架“海王”直升机负责在靠近孟买的搜索区南部寻找潜艇，两艘护卫舰负责在搜索区北部探测潜艇，巴军潜艇攻击行动于1972年12月8日19时57分开始。当时，潜艇声呐系统突然发现了两艘护卫舰的到来。探测系统落后的“库卡里”号护卫舰居然还没探测到潜伏水下40米深的潜艇。

潜艇是在第乌港沿海大约74千米处发射第一枚L-60型鱼雷的，没有命中目标。随后，潜艇发射鱼雷攻击“库卡里”号，总共发射了三枚鱼雷，其中一枚正好击中护卫舰弹药库下面，引起爆炸。不到两分钟，“库卡里”号就沉没了。这样，印度海军反潜护卫舰不但没追杀到潜艇，反而被潜艇击沉。

“基尔潘”号躲过潜艇第一枚鱼雷攻击后，立即机动行驶，以规避潜艇可能发射的其他鱼雷攻击。同时，该舰试图发起攻击，但缺乏先进的反潜武器，只得向潜艇大概位置投掷深水炸弹。然而，那些深水炸弹并没有伤及潜艇。

“基尔潘”号护卫舰担心潜艇发动新的袭击，就主动撤离。后来，护卫舰返回营救，但只救出67名水兵。

“库卡里”号是印度第一艘被巴基斯坦潜艇击沉的水面战舰，共有18名军官和176名水兵阵亡。《印度快报》2007年3月2日载文说，这是印度海军战舰最大一次伤亡事件。印度海军认为，当天是有史以来最悲伤的一天。

“库卡里”号居然在自己国家海域里被巴基斯坦潜艇击沉，震动了整个印度。印度海军展开了全力追杀。于是，印度海军驱逐舰、护卫舰以及反潜飞机四处搜寻潜艇。各种反潜武器不时在潜艇周围爆炸。印度海军连续进行了三天的追杀，总共投掷了156枚深水炸弹，但多数是在潜艇很远的地方爆炸。潜艇每次上浮充电，印度海军巡逻机就很快会发现。然而，随后赶来的印度海军战舰很难找到潜艇。潜艇逃脱了印度海军层层追杀，安全返航。

“汉果”号潜艇回国后，受到英雄般的欢迎。其中，艇长塔斯尼姆后来升为中将。

1971年12月17日，在联合国的干预下，印巴双方实现停火，东巴基斯坦从巴基斯坦独立出去成为今天的孟加拉国。

第四章

驱逐舰

乘风破浪的海上多面手

兵典
THE CLASSIC
WEAPONS

沙场点兵：多种作战能力的中型军舰

驱逐舰是以导弹、鱼雷、舰炮等为主要武器，具有多种作战能力的中型军舰。它是海军舰队中突击力较强的舰种之一，用于攻击潜艇和水面舰船、舰队防空以及护航、侦察、巡逻、警戒、布雷、袭击岸上目标等。

现代海军舰艇中，用途最广泛、数量最多的舰艇便是驱逐舰，驱逐舰装备有对空、对海、对潜等多种武器。驱逐舰的排水量在2 000吨～8 500吨之间，航速在30～38节之间。

驱逐舰能执行防空、反潜、反舰、对地攻击、护航、侦察、巡逻、警戒、布雷、火力支援以及攻击岸上目标等作战任务，有“海上多面手”称号。

现代驱逐舰分级可谓是五花八门，以美国为首的北约是一个标准，以俄罗斯为代表的又是一个标准。但是现在国际公认的大多数是以美国为标准的，具体分有两种：专用型的和通用型的。

通用型驱逐舰是既兼顾防空又要反潜和反舰包括对地支援的军舰，著名的通用型驱逐舰有：美国“伯克Ⅱ”型、日本“村雨”级、俄罗斯“现代”级。美国的驱逐舰就是多以通用标准来建造的，从世界驱逐舰的发展来看，以后的驱逐舰大多数会是通用型的。

★日本“爱宕”级驱逐舰

★日本“金刚”级防空型驱逐舰

专用型驱逐舰主要有：反潜驱逐舰，防空驱逐舰等。著名的防空驱逐舰有：“伯克Ⅰ”型、英国45型、日本“金刚”级和“爱宕”级；著名的反潜驱逐舰如：俄罗斯“无畏Ⅰ”型和“无畏Ⅱ”型、日本“白根”级。

兵器传奇：驱逐舰的海上历程

19世纪70年代，出现了能在水中航行攻击敌舰的鱼雷和以鱼雷为武器的快速小艇——鱼雷艇。一般只有几十吨的鱼雷艇可以击沉上千吨、火力强大的装甲舰，这对作为各国海军主力的装甲舰构成了严重威胁。于是人们便建造了比鱼雷艇稍大，装有舰炮的舰艇。用它来阻击和追歼鱼雷艇，掩护己方的大舰，并给它也装上鱼雷，具有攻击敌方大舰的能力。这种具有“双重性格”舰艇便是诞生于19世纪80年代的鱼雷炮舰，它是驱逐舰的前身，也叫“雷击舰”。但是由于当时技术条件限制，鱼雷炮舰的航速只有约37千米/时，而当时鱼雷艇的艇速已达40千米/时以上。这就使鱼雷炮舰难以追歼鱼雷艇。

19世纪90年代，蒸汽动力装置有了新的进步，英国海军根据亚罗公司的建议，建造一种战斗力强、航速快、能有效对付鱼雷艇的军舰。1893年，“哈沃克”和“霍内特”号鱼雷艇驱逐舰下水了，它们的排水量为240吨，艇速50千米/时，装有四门舰炮和三具鱼雷发射管，它们是世界上最早的驱逐舰，也是当时最快的军舰。此后，各国海军纷纷建造驱逐舰，并加大吨位，增强火力，提高续航能力，使其具有更强的作战能力。

在第一次世界大战中，驱逐舰携带鱼雷和水雷，频繁进行舰队警戒、布雷以及保护补给线的行动，并装备扫雷工具作为扫雷舰艇使用，甚至直接支援两栖登陆作战。驱逐舰首次在大规模战斗中发挥主要作用是1914年英、德两国海军发生的赫尔戈兰湾海战，此时，驱逐舰已由执行单一任务的小型舰艇演变成舰队不可缺少的力量。

在20世纪20年代，各国海军的驱逐舰尺度不断增加，标准排水量为1 500吨以上，而且装备了120毫米～130毫米口径火炮、533毫米～610毫米口径鱼雷发射管。驱逐舰的武器搭配和战法日益完善。英国按字母顺序命名的9级驱逐舰——A级至I级；日本的特型驱逐舰——“吹雪”级驱逐舰及其改进型号是这一阶段驱逐舰的典型代表。法国的“美洲虎”级驱逐舰以及后续建造的“空想”级驱逐舰，标准排水量超过2 000吨，甚至达到2 500吨，通常被称为“反驱逐舰驱逐舰”。1930年签订的《伦敦海军条约》一度对缔约国——美国、英国、日本的驱逐舰排水量作出限制，1936年《条约》到期，各国海军开始建造比以前更大、武备更强的驱逐舰，排水量接近或超过2 000吨。英国“部族”级驱逐舰、美国的“本森”级驱逐舰、日本的“阳炎”级驱逐舰，德国Z型驱逐舰，是这一时期驱逐舰的典型代表。虽然驱逐舰担负的任务日益广泛，但是集群攻击仍然是这些以鱼雷、火炮为主要武器的驱逐舰的主要任务。

★ 英国“部族”级驱逐舰

★ 美国“弗莱彻”级驱逐舰

第二次世界大战中没有任何一种海军战斗舰艇用途比驱逐舰更加广泛。战争期间的严重损耗使驱逐舰又一次被大批建造，英国利用J级驱逐舰的基本设计不断改进建造了14批驱逐舰，美国建造了113艘“弗莱彻”级驱逐舰。同时在战争期间，驱逐舰成为名副其实的“海上多面手”。由于飞机已经成为重要的海上突击力量，驱逐舰装备了大量小口径高炮担当舰队防空警戒和雷达哨舰的任务，加强防空火力的驱逐舰出现了，例如日本的“秋月”级驱逐舰、英国的“战斗”级驱逐舰。针对潜艇的威胁，旧的驱逐舰经过改造投入到反潜和护航作战当中，并建造出大批以英国“狩猎”级护航驱逐舰为代表的，以反潜为主要任务的护航驱逐舰。

第二次世界大战结束后，驱逐舰发生了巨大的变化，驱逐舰因其具备多功能性而备受各国海军重视。以鱼雷攻击来对付敌人水面舰队的作战方式已经不再是驱逐舰的首要任务。反潜作战上升为其主要任务，鱼雷武器主要被用于反潜作战，防空专用的火炮逐渐成为驱逐舰的标准装备，而且驱逐舰的排水量不断加大。20世纪50年代美国建造的“薛尔曼”级驱逐舰以及超大型的“诺福克”级驱逐舰（被称为“驱逐领舰”）就体现了这种趋势。

20世纪60年代以来，随着飞机与潜艇性能提升以及导弹逐渐被应用，对空导弹、反潜导弹逐步被安装到驱逐舰上，舰载火炮不断减少并且更加轻巧。燃气轮机开始取代蒸汽轮机作为驱逐舰的动力装置。为搭载反潜直升机而设置的机库和飞行甲板也被安装到驱逐舰上。为控制导弹武器以及无线电对抗的需要，驱逐舰安装了越来越多的电子设备。例如美国的“亚当斯”级驱逐舰，英国的“郡”级驱逐舰，苏联的“卡辛”级驱逐舰，已经演变成较大而又耗费颇多的多用途导弹驱逐舰。

★“亚当斯”级驱逐舰

20世纪70年代后，作战信息控制以及指挥自动化系统，灵活配置的导弹垂直发射装置，用来防御反舰导弹驱逐舰的小口径速射炮，开始出现在驱逐舰上，驱逐舰越发复杂而昂贵了。英国的“谢菲尔德”级驱逐舰（42型驱逐舰）试图降低驱逐舰越来越大的排水量以及造价。（在后来的战争中担当舰队防空雷达哨舰的任务遭到重大损失，五艘同级舰参与战事，两艘被击沉。）而美国的“斯普鲁恩斯”级驱逐舰、苏联的“现代”级驱逐舰和“无畏”级驱逐舰继续向大型化发展，驱逐舰舰体逐渐增宽，其稳定性大大提高，它们的标准排水量达到6 000吨以上，这已经接近第二次世界大战中的轻巡洋舰。

现代驱逐舰装备有防空、反潜、对海等多种武器，既能在海军舰艇编队担任进攻性的突击任务，又能担任作战编队的防空、反潜护卫任务，还可在登陆、抗登陆作战中担任支援兵力，以及担任巡逻、警戒、侦察、海上封锁和海上救援等任务。舰体空间增大，舰上条件逐步改善，现代驱逐舰的舰员们也不再像其前辈那样，在简陋而狭窄、颠簸剧烈的舱室中用他们的英勇和胆量经历艰苦的磨难，而是在舒适的封闭的舱室中值勤，利用自动化技术操纵他们的战舰。“驱逐舰从过去一个力量单薄的小型舰艇，已经成为一种多用途的中型军舰。除了名称留下一点痕迹之外，驱逐舰已经失去了它原来短小灵活的特点。”

慧眼鉴兵：神通广大的驱逐舰

第二次世界大战后，随着巡洋舰的没落，驱逐舰获得了生机。其作用与地位大大提高，在海战中起到了越发重要的作用。

驱逐舰在现代海战中主要有两个作用，一个是对陆地作战。第二个就是对海上封锁作战，封锁作战又分为两个方面：一是主动寻歼作战，主要是打击敌方的舰船；二是海上封锁，包括执行护航、反潜等任务，此外还可参加本国的防空。

从作战使用来讲，主要是突出它的对岸、对海作战这两大作用。随着装备不断发展更新，对岸的攻击力会增强，对海的攻击力在现在的基础上也可能会增强。在现代高科技条件下，导弹射程将大大增加，制导系统的精确度也会有明显提高，以后的海战，水面舰艇对海、对岸的攻击可能会成为主要的作战样式。

驱逐舰为什么在海战中能起到这么大的作用呢？

一是驱逐舰的吨位已经达到了6 000 ~ 8 000吨。可以承受12级以下的风力，它可以昼夜担任作战任务。随着吨位的增加，气候对它的影响越来越小。

二是它的机动性高，隐形性能好，它的导航设施、观通设备更加先进，具备远洋作战的能力，而且在以后的发展中会更加突出。

三是它的打击力大，火力配置充足。从目前来看，驱逐舰的武器装备可以说是一个“弹药库”。一艘新型驱逐舰，比过去的一个编队的导弹数量还多。第二代驱逐舰一般都装了8～16枚导弹，可以打击2～3个目标。第三、第四代驱逐舰的武备系统就更惊人了，它装配的对海导弹和对空导弹是互通的，可以装载40～90枚导弹，一艘舰就可以执行战争任务，并且可以打击一个城市，甚至几个城市。像日本的“金钢”级导弹驱逐舰，舰上装备对海、对空导弹达到90枚，对海、对空导弹又可以通用，两艘驱逐舰足够打赢一个小国家。

四是它的性价比高，而且可以说是性价比最高的战舰，有利于大量建造。一艘驱逐舰可以独立作战，能够执行多项任务，而且要比航母与巡洋舰造价低廉得多。很多国家不能拥有航母，也建造不起太多的巡洋舰，而驱逐舰便成为了最好选择。此外即便是拥有航母与巡洋舰的国家也大量配置了驱逐舰。

二战潜艇杀手——“英格兰”号驱逐舰

一个感人的故事：“英格兰”号的诞生

在第二次世界大战中，海战起主导地位的是航空母舰、巡洋舰、战列舰。在那个时代里，一艘小小的驱逐舰的服役本来就是一件很平常的事情，也不会引起人们的注意。但是有这么一艘驱逐舰却与众不同，它是以一名普通的海军少尉的名字命名的。

二战的战场上有数十万美军在奋战，其中有一名叫约翰·查尔斯·英格兰的海军少尉，他出生于1920年12月11日，1940年9月6日加入美国海军后备役。1941年6月6日成为现役海军军官，军衔少尉。9月3日，到“俄克拉何马”号战列舰上执勤，驻扎在夏威夷珍珠港。1941年12月8日，日本向珍珠港内的美国太平洋舰队发起突袭，“俄克拉何马”号身中两枚鱼雷和数枚炸弹，不久后沉没。英格兰少尉不幸成为了舰上几十名遇难者之一。

英格兰少尉阵亡后，他的母亲满怀悲伤之情，在国内发起了一个捐资造舰的行动。她积极地在民间募捐，她的目标是用这笔资金为美国海军建造一艘新的战舰。最后她本人也捐助了一笔不小的款项。

1942年，美国海军当局决定用这笔募捐来的资金建造一艘新的护航驱逐舰。1943年9月26日，舰体建成，在旧金山下水；1943年年底军舰全部建成，装备给了英格兰少尉生前所在的太平洋舰队。舰队用英格兰少尉的名字命名了这艘新的护航驱逐舰，该舰正式的舷号是DE635。

海面杀手：武器系统强悍

★ “巴克利”级“英格兰”号驱逐舰性能参数 ★

标准排水量： 1 400吨
舰长： 93.27米
舰宽： 11.20米
吃水： 2.90米
最大航速： 24节
主炮： 3门76毫米口径舰炮
防空兵器： 1座双联40毫米博福斯机关炮
1座四联1.1英寸防空炮
4座单管40毫米博福斯机关炮
6～10门单管20毫米厄利孔机关炮
反潜兵器： 2座深水炸弹投掷槽
8座深水炸弹投掷器
1座刺猬弹发射炮
编制： 186人

“英格兰”号属于“巴克利” 级驱逐舰，是“埃瓦茨”级舰的改进型，除了加长舰体外，该级舰改用涡轮发电机做动力并加装鱼雷发射管。与“埃瓦茨”级舰一样，“巴克利”级舰也有很大一部分租借给英国皇家海军使用，连同“埃瓦茨”级舰，这些护航驱逐舰在英国被统称为“海军上将”级护卫舰，皆以英国历史上的海军统帅的名字命名。

★“英格兰”号驱逐舰

"英格兰"号武器系统非常强大，装备有3座76毫米口径火炮，1门四联装25毫米口径机关炮，8门20毫米口径炮，2具533毫米口径鱼雷发射管。1具多管助推深水炸弹发射器——刺猬弹，8具深水炸弹投掷器，1具深水炸弹跟踪仪。

"英格兰"号的动力系统是两台通用电力公司的TE型锅炉，单台功率1 200马力，可以存储油料378吨。

血战太平洋：永远的"英格兰"号

1944年3月，"英格兰"号在首任舰长帕德莱顿少校的指挥下，来到了硝烟正浓的南太平洋战场，1944年5月14日，美军情报机构截获了一份日军电文，经破译得知，E-16潜艇正从加罗林群岛特鲁克港出发，南下开赴所罗门群岛最北面的大岛布干维尔岛，向被困守在该岛布因镇的日军运送食品。

1944年5月19日13时，"英格兰"号驶向大岛布干维尔岛，进入攻击阵位。13时37分，"英格兰"号连续攻击了四次，都被E-16逃过。不过，"英格兰"号舰上的声呐始终缠住E-16潜艇。14时23分，"英格兰"号发起了第五次攻击。一排"刺猬弹"齐刷刷地落到目标区的海面中。几秒钟后，一连串爆炸声在水中响起，这是舰员们期待已久的声音，它意味着击中了目标。两分钟后，从50米深处传来一声闪雷似的巨响，"英格兰"号颤抖起来，舰尾竟被抬高了数英寸，然后又重重地跌进水里。20分钟后，海面上浮出了潜艇残骸、E-16潜艇在"刺猬式"深水炸弹的打击下发生大爆炸，葬身于大海深处。

"英格兰"号的首演精彩绝伦，但它没来得及休整，马上又迎来了新的战斗。

1944年5月20日，日本海军联合舰队司令部制订了A-GO作战计划，内容是派出潜艇在美舰通过的航线上设伏，偷袭美舰。51潜艇分队派出了RO-104、RO-105、RO-106、RO-108、RO-109、RO-112、RO-116等七艘潜艇。

第51潜艇分队的行踪又一次被美军情报侦察部门掌握。1944年5月20日下午，西南太平洋舰队司令部给第39护卫分舰队下达了作战指令，要舰队找到并攻击建立巡逻线的七艘日本潜艇。

1944年5月22日3时51分，"乔治"号雷达发现一水上目标，像是一艘浮出水面的潜艇。汉斯遂令"乔治"号和"雷拜"号巡敌，"英格兰"号从侧翼包抄。日本潜艇RO-106见被发觉，紧急下潜，逃脱了"乔治"号的搜索圈，却一头扎进了"英格兰"号的攻击范围。5时10分，"英格兰"号投出"刺猬弹"，在82米水下，至少有三颗炸弹击中了RO-106艇。五分钟过后，"英格兰"号上的官兵又听到了那种熟悉的沉雷。

在接下来的几天中，"英格兰"号大显神威，一发而不可收拾，第39护卫分舰队沿着NA巡逻警戒线南下，"英格兰"号一路痛打，几乎每攻必中，连战皆捷。1944年5月23

★“英格兰”号驱逐舰在二战中大显神威

日上午，击沉RO-104艇。1944年5月24日下午，击沉RO-116艇。1944年5月26日夜，击沉RO-108艇。

NA巡逻警戒线完全成了日本潜艇的“死亡线”，剿灭防区中剩下的最后一个敌人——RO-105艇。RO-105艇反应十分机敏，每次被美舰捕捉到以后，它总能根据声呐探测到美舰的位置、航向，巧妙地运动到美舰的航迹里躲藏起来。

1944年5月31日凌晨，RO-105艇已在水下潜航了25个小时，急需补充新鲜空气。RO-105艇不偏不倚，正好在“乔治”号和“雷拜”号之间出水。猎物自己撞到了枪口上，美国人大喜过望。可两艘驱逐舰距离太近，弄不好就得打中自家人，等两舰分别进入到有利射击阵位，RO-105艇已吸足了五分钟的新鲜空气，转眼间消失得无影无踪。

汉斯考虑让别的舰只多少也捞点战功，挣点面子，特意安排“英格兰”号在5 000码外游弋待命，令“乔治”号首先进入攻击阵位。“乔治”号攻击不中。“雷拜”号上阵攻击，仍不中。汉斯命令“斯彭利尔”号出马，结果“斯彭利尔”号使出浑身解数，仍是徒劳一场。汉斯已被日本潜艇折腾得头昏脑涨，这一局面让他难堪万分。他也顾不上别的舰艇的面子了，抓起无线电话筒命令“英格兰”号开始攻击。

“英格兰”号驶进了攻击区，舰上声呐迅速捕捉到了RO–105艇，距离2 000码。它巧妙地尾随，插进了潜艇的航路中。7时30分“英格兰”号发起了攻击。几秒钟后，6至10枚深水炸弹在60米深处爆炸。海面下传来了猛烈的爆炸声，这艘与“英格兰”号周旋了30多小时、躲过了21次攻击的RO–105艇终于一命呜呼。

“英格兰”号在为期八天的作战中，一举击沉日军潜艇五艘，包揽了美舰战果的全部，彻底摧毁了日军的NA巡逻警戒线，居功至伟。捷报迅速发往万里之外的华盛顿，海军作战部长奥内斯特·金将军当即回电表示：“英格兰”号驱逐舰战绩卓著，并美国海军期望涌现更多这样的军舰。他还保证，在美国海军舰艇序列中，将永远保留“英格兰”号的英名。“英格兰”号因此殊功，荣获总统奖章。

太平洋战争中，“英格兰”号除了获得总统奖章外，还获得10枚作战勋章，为盟国战胜日军立下大功。

1945年10月15日，“英格兰”号退出现役。次年11月26日，“英格兰”号被拍卖。

1960年10月6日，美国海军一艘新的驱逐领舰DLG–22号下水服役，按照金将军的诺言，该舰被命名为“英格兰”号。

美国二战中最著名的驱逐舰——“弗莱彻”级驱逐舰

美国名舰：美国二战中最著名的驱逐舰

“弗莱彻”级驱逐舰是二战中后期美国海军驱逐舰队的主力。据统计，1942 ~ 1943年，美国海军一共建造了175艘的“弗莱彻”级驱逐舰，这些战舰参加了二战中后期的各次重要海上战役。

“弗莱彻”级是美国海军第一种标准排水量超过2 000吨的驱逐舰，1941年开始设计时还想采用1 500吨级来确保艘数，但经过十多个方案的论证，最后选中水线长112.5米，标准排水量2 082吨的设计。值得注意的是美国驱逐舰的设计从“弗莱彻”级开始又回到了平甲板型的套路上来。

二战后，美军对幸存的“弗莱彻”级进行了改装，部分舰只重新定级为DDE和DDR，20世纪70年代全部退役，有一部分移交其他国家海军。

火力强：能执行多种作战任务

★ “弗莱彻”级驱逐舰性能参数 ★

排水量： 2 082吨（标准）
2 500吨（满载）
舰长： 114.76米
舰宽： 12.04米
吃水： 3.81米
航速： 37节
功率： 60 000马力
主炮： 5座单管127毫米高平两用炮
鱼雷： 1～2具五联装533毫米发射管
防空： 3座双联40毫米博福斯机关炮
7～10座单管20毫米厄利孔机关炮
编制： 353人

“弗莱彻”级驱逐舰经改进，火力较强，能执行多种作战任务。其识别特征是：该舰采用四脚格状式桅杆两座，两座护盖式烟囱。

在二战不同时期，“弗莱彻”级驱逐舰有多个改型，从舰桥及主要武器配置来区分，大致可分为早期舰桥型、早期舰桥改造型、后期舰桥型、防空加强型，还有一些特殊用途的改型。

海战英雄：“弗莱彻”级驱逐舰血战所罗门群岛

1942年，美日太平洋战争开始。美国海军陆战队控制瓜岛之后，陆、海、空三军协同作战，发动了一个接一个的战役，占领了所罗门群岛的其余一系列岛屿。在这些战斗中，驱逐舰起着非常重要的作用。由于日本的驱逐舰速度较快，而且又有先进的鱼雷武器，这使日本能与美国进行顽强的对抗。以驱逐舰进行作战而应列入光荣册的，有库拉海湾、科隆班加拉岛、维拉湾、维拉拉维拉岛、埃普莱斯·奥古斯塔湾和圣乔治角等战斗，另外在1943年的各次战斗中，美日双方的驱逐舰在太平洋上展开大会战，战况空前惨烈。

美军在所罗门群岛战役中所取得的辉煌胜利，与刚从船厂完工的“弗莱彻”级驱逐舰的光辉名称联系在一起。1942年6月30日，“弗莱彻”级驱逐舰开始服役，在瓜岛战斗中，未遭任何损伤。到1942年年底，美军已有26艘“弗莱彻”级驱逐舰相继服役，到1943年已超过上百艘。为了避免“弗莱彻”级驱逐舰的大量损失，美军的一批较老的“布里斯托尔”级仍继续生产。建造的数目以及在设计上的一些重大进展，盟国对轴心国进行严格的保密，这对驱逐舰来说是特别重要的。战争爆发后，美国海军一共批准建造486艘驱逐舰，仅69艘没有完工。

★“弗莱彻”级驱逐舰

在瓜岛战争中，一批有战功的将领被提升。首先晋升的是颇有声望的艾斯沃思少将，1942年6月他被任命为太平洋驱逐舰队司令。原来他是一个有卓越才能的驱逐舰舰长，1941年在大西洋战争中，他指挥一个驱逐舰中队。哈尔西上将委任他指挥第67特遣编队，在塔萨佛罗加战斗中，这支编队与日本海军将领田中的驱逐舰队进行作战。

1943年7月5日晚，艾斯沃思的第36特遣队在库拉海湾意外地和日舰遭遇，发生了一场混战。在那个月黑之夜，能见度只有1.74海里，由于突然的雨云使能见度很快减低到0.87海里以下。日舰是在秋山少将指挥下的一支拥有10艘驱逐舰的编队，正在向斯坦莫尔镇运送供应物资。而美国舰队除了拥有少量老式的“布里斯托尔”级驱逐舰外，大部分战舰都是新列装的“弗莱彻”级驱逐舰，这包括“火奴鲁鲁”号、“海伦娜”号和“圣·路易斯”号，以及第21驱逐舰中队的“尼古拉斯”号、“詹金斯”号、“奥邦农”号和“雷德福”号。虽然美舰的实力超过了日舰，但日本的四艘驱逐舰却是新式而又精锐的“秋月”级驱逐舰，其旗舰“新月”号装备有新式的22型雷达。10艘驱逐舰都具有可重复装填的610毫米（24英寸）“长矛”式鱼雷，而美国的火力优势并不像在纸面上见到的那样强大。

虽然日舰瞭望员在6 400米距离上发现了美军舰艇编队，但美舰炮手的射击技术不错，“弗莱彻”级驱逐舰上127毫米火炮的第一次齐射就重创了秋山的旗舰“新月”号。“凉风”号和“谷风”号被显然是失灵的美国鱼雷击中，没有爆炸，两舰自己发射的鱼雷也没有击中目标，它们就转到烟幕后面去进行鱼雷的再次装填。这时一组齐射的鱼雷直奔而来，三枚“长矛”式鱼雷穿入巡洋舰“海伦娜”号的舰体内，它遭受严重破坏。

此时战斗十分激烈，致使艾斯沃思将军和他的舰长们没有注意到所发生的一切，直到受损舰只不能回答他的信号时，才知道“海伦娜”号已遭破坏。艾斯沃思保持他的队形，并越过敌人的“T”字形位置，再次发起鱼雷攻击，“初雪”号被三枚失灵的鱼雷击中。在第一个回合中，美国人的战术是正确的，但日本人依靠性能优越的“长矛”式鱼雷免受了重大损失。

在第二个回合中，美国“弗莱彻”级驱逐舰再次发起攻击，击伤了两艘日本驱逐舰。日舰“长月”号损伤十分严重，后来不得不冲上维拉附近的海滩，在那里仍被美舰炮火所击毁。

★所罗门群岛战役中的“弗莱彻”级驱逐舰

美国“弗莱彻”级驱逐舰“尼古拉斯”号和“雷德福”号参与了营救“海伦娜”号的幸存者，舰长们发现日本“天雾”号也在营救“长月”号上的幸存者，于是两舰即去赶走“天雾”号，返回后继续进行营救工作。这时“望月”号再次来进行干扰，希尔少校率“尼古拉斯”号全速前去，“雷德福”号紧跟在后，留下其余舰只继续营救，两舰又赶走了“望月”号，返航中集合了其余舰只，一起与艾斯沃思的编队汇合。

虽然战斗的结果令人失望，但通过这次战斗表明：日本人在战场上不能再为所欲为了。一周之后，在科隆班加拉岛的战斗中，美国继续使用“弗莱彻”级驱逐舰来对付日本的驱逐舰，战况仍然空前惨烈，美军“利安德”

号、“火奴鲁鲁”号和“圣·路易斯”号被击中。日本轻巡洋舰“神通”号则被击沉。

★“檀香山”号巡洋舰

在所罗门群岛战役中第二位提高声望的人则是弗雷德利克·穆斯布鲁格中校。1943年8月初，当蒙达陷落时，他接到命令去拦截航行在吉佐海峡、由战斗机支援和鱼雷艇掩护的另一支“东京快车”的运输队。穆斯布鲁格的旗舰是“弗莱彻”级驱逐舰的“邓拉普”号，其他几艘“弗莱彻”级驱逐舰“克雷文”号、“莫里”号以及第15驱逐舰中队的“岚”号、“斯达克”号和“斯特雷特”号也在他的指挥下。

1943年8月5日夜，两支驱逐舰分队航行到维拉拉维拉岛和科隆班加拉岛之间的维拉海湾北部。23时33分，“邓拉普”号的雷达首先捕捉到目标，三分钟之后，穆斯布鲁格通过编队内部的无线电报话机下达“准备发射鱼雷”的命令。当接近到3 658米时，日本舰只几乎完全落网，在几分钟内，“斯达克”号发射四枚鱼雷，“川风”号驱逐舰被击沉。然后“岚”号和“荻风”号也被炸毁，仅仅剩下“时雨”号以高速逃回布干维尔。这次维拉海湾的战斗是美国海军唯一没有受损失的一次战斗，这是异乎寻常的。但这也并非偶然，因为穆斯布鲁格已坚持在他的“弗莱彻”级驱逐舰的鱼雷弹头上不安装性能不可靠的磁性雷管，而宁可使用虽然老式但可靠的触发装置。另一个改进是在鱼雷发射管口部加装闪光遮挡装置，使发射鱼雷时避免火药闪光被日舰瞭望员发现。

所罗门群岛的战斗过去了，“弗莱彻”级驱逐舰为这场战役的胜利作出了巨大的贡献。由于战争初期日本驱逐舰和巡洋舰掌握着主动权，盟国的驱逐舰屡遭挫折。“弗莱彻”级驱逐舰经受了最艰苦的战斗考验，而且付出了沉痛的代价。正如一位曾身临其境的驱逐舰舰员所说：“在所罗门群岛的每个人都深深感到，每一分钟都付出了沉重的代价。”与此同时，“弗莱彻”级驱逐舰也在战斗中逐渐形成了特有的战略战术去打击日军，使作战技能变得更加熟练。

日本海军的名舰——“阳炎”级驱逐舰

“理想型”驱逐舰：专为对抗美军而造

第一次世界大战后，日本的假想敌就是美国。《华盛顿海军条约》和《伦敦海军条约》中均规定，日、美主力舰吨位的比例是3：5，日本在两国海军主力舰数量上的劣势已是事实。日本海军要以战舰数量劣势取得胜利，那么首先要让轻型水面舰艇大大削弱美国舰队实力。

在作战方式上，如果是美方处于进攻态势，那么日本海军必须在双方主力舰队交战之前使用小型舰艇对美军舰队进行逐次削弱，因此有较好的航程、适航性以及强大的鱼雷攻击能力的舰队型驱逐舰很适合担当此任务。故而，日本海军水雷战队的驱逐舰和轻巡洋舰，特别是数量众多的驱逐舰将担当这个任务。

因此，日本有了在《华盛顿海军条约》时代相当成功的“吹雪”级、《伦敦海军条约》时代失败的“初春”级和性能不佳的“白露”级以及后来部分因受《条约》限制同

★日本“阳炎”级驱逐舰

样有缺憾的“朝潮”级。但日本海军对这些老型号驱逐舰一直不满意，主要是航程、稳定性以及武备“太弱”。而当《华盛顿海军条约》到期后，日本海军无条约限制的时代来临了。

于是，日本海军提出了新的“理想型”舰队驱逐舰计划：与特型驱逐舰的尺寸、吨位大致相同，武备超过以往的所有驱逐舰，最主要是航程和最高航速，续航力达到18节/5 000海里，特别强调鱼雷攻击的成功率，于是，“阳炎”级驱逐舰出现了。

“阳炎”级驱逐舰是日本摆脱条约约束后完全按照日本海军建设思路设计生产的一种舰队驱逐舰。

典型的舰队驱逐舰——“阳炎”级

★ “阳炎”级驱逐舰性能参数 ★

排水量： 2 000吨（标准）
2 500吨（满载）
舰长： 118.49米
舰宽： 10.82米
吃水： 3.76米
最大航速： 35节
续航能力： 18节/5 000海里（计划）
18节/6 000海里（实测）
动力装置： 3台重油锅炉
2座舰本式齿轮减速蒸汽轮机
武器装备： 3座C型双联装127毫米/50倍口径炮
2座双联装25毫米高射炮
1个深水炸弹发射架
1组92式四联装610毫米口径鱼雷发射管
4挺12.7毫米高射机枪
编制： 228人

“阳炎”级是当时典型的舰队驱逐舰之一。“阳炎”级是日本总结数十年驱逐舰建造经验教训的结果，它具有良好的稳定性，各方面比较平衡。

“阳炎”级设计标准排水量为2 000吨。在设计上希望能达到最大航速和巡航航速时能有最小的阻力，以此来节省重量。舰艏轮廓继续采用日本驱逐舰惯有的为高速使用的飞剪式舰艏、高干舷、短艏楼。

“阳炎”级动力系统采用三座燃油锅炉，两座蒸汽轮机，主机输出功率52 000马力，设计最大航速35节。“阳炎”级前10艘舰在试航的时候最高航速平均值是34.6节，没有达到35节的标准，军令部不肯让步，反复强调“一定要35节才行”，并要求立即改进。由于轮机部分一时也无法提高，于是设计部门改进了螺旋桨外形以提高效率——加大了桨叶直径，部分改良了桨叶面的外形，安装了五艘舰进行的试航中得到的最高航速平均是35.4节，之后的14艘更是加大了桨叶的面积，航速提高到约36节。至此，航速问题得到圆满解决，军方正式接收了“阳炎”级。

“阳炎”级驱逐舰强调对舰攻击能力，延续了先前日本海军驱逐舰的设计思想，武备方面，装有新研发的三年式C型双联装127毫米/50倍口径炮三座（前几型舰为A、B型，另外由于对舰攻击能力被提高了优先级，C型炮的最高仰角反而从先前B型的70度改为55度。主炮设计指挥仪是对舰攻击用，高射时候只能使用先测定敌机高度，然后设置炮弹中的定时引信），舰首一座，舰尾呈背负式两座。炮塔重31吨，最大俯仰角为–7度～+55度。射速11发/分（平射）或4发/分（高射），最大射程18 400米。92式四联装610毫米口径鱼雷发射管两座，备鱼雷16枚，有快速再装填设施。是93式氧气鱼雷设计中就计划装备上舰的第一级驱逐舰，之前诸型舰都为改装。另装备双联装25毫米高射炮两座、深水炸弹发射架一座、水雷导轨六条、扫雷具一具、3式声呐以及主炮用94式两米测距仪和鱼雷用91式3型方位测定仪、92式射击指挥仪。1943年陆续开始安装一号3型（13）对空雷达和二号1型（21）对海雷达。

1942年至1943年，大部分“阳炎”级驱逐舰拆除一座后主炮塔，25毫米高射炮增至14座，舰尾的布雷与扫雷具被移除，改为四座深水炸弹投掷器。至1944年25毫米高射炮增至28座，另外加装12.7毫米高射机枪四座。

驱逐先锋：日本太平洋舰队主力战舰

太平洋战争开始时，“阳炎”级驱逐舰成为日本联合舰队驱逐舰队的骨干力量，在太平洋战争中参与了各大主要战役。

“阳炎”级入役后编入各一线的水雷战队，被分别编入第4（野分、岚、舞风、萩风）、第15（黑潮、亲潮、早潮、夏潮）、第16（初风、雪风、时津风、天津风）、第17（谷风、浦风、滨风、矶风）、第18（阳炎、不知火）以及第10（秋云）驱逐舰分队。作为水雷战队的核心力量，日本海军方面对其性能非常满意，评价“阳炎”级为“胜过列强所有的舰队型驱逐舰”。

1941年12月7日，日本海军偷袭珍珠港，太平洋战争爆发。太平洋战争从开始就是制空权的较量，而日本海军反而在不断摇摆中，仍然将战列舰放在首位，执行的战略思想还是主力舰队海上决战，航空兵不过是个提高了地位的配角而已。

中途岛海战后，美军开始取得战争主动权，来自空中的威胁增加，日本海军大量的驱逐舰无法去执行原预想的夜间雷击战。作为航空母舰的护卫舰，对空火力太弱，反潜能力有限。在瓜达尔卡纳尔岛争夺战中扮演运送陆军部队及给养的角色。到了后期美军人员素质不断提高加上雷达的合理使用，在维拉湾夜战的时候出现了对阵美军的日本驱逐舰几乎全军覆灭而对方没有损失的场面。

面对美军潜艇的活跃，直到第二次世界大战结束日本人都没有能在驱逐舰上搞出有效的反潜手段，加上对商船护卫的不重视，使得本已脆弱的经济备受沉重打击。太平洋战争对驱逐舰的要求是强大的对空、对潜作战能力，所以，“阳炎”级也被谑称为“缺乏第二次世界大战必要能力的舰艇”。

太平洋战争最终以日本的无条件投降而宣告结束，19艘“阳炎”级驱逐舰仅仅剩下一艘“雪风”号，其余全部损毁。

“不死鸟”的奇迹：“雪风”号驱逐舰传奇

太平洋战争爆发时日本共有82艘各型驱逐舰，到战争结束后只有“雪风”号一艘幸存。作为一艘航程124 800英里、参加了太平洋战争大部分重要战役的资深军舰，“雪风”号几乎从没受到过严重损伤，每次中弹后都安然无恙。在整场战争中“雪风”号只有不到10名船员死亡，两人失踪，日本海军称“雪风”号为“不死鸟”、“奇迹的驱逐舰”。

日本二战时期名舰如云，“雪风”号靠自己的运气，一举挤入“大和”、“金刚”、“赤城”等名舰行列，不能不说是一段传奇。

1942年11月12日，在第三次所罗门海战中，日军沉驱逐舰两艘，伤战列舰一艘、巡洋舰一艘、驱逐舰三艘；战列舰“比睿”号被重创，次日自沉；“雪风”号却奇迹般地完好无损。

之后，瓜岛作战失败后“雪风”号参加了撤离部队的行动。1943年3月，“雪风”号作为新几内亚输送部队的护航舰进入俾斯麦海，连续数日的空袭，日军损失惨重，但是“雪风”号平安无事。

马里亚纳大海战和莱特湾海战，“雪风”号配属于第十战队。以后“雪风”号护卫“金刚”号战列舰调回本土，在途中“金刚”号战列舰被美国潜艇击沉。

1944年10月28日，“雪风”号护卫“信浓”号航空母舰出航，“信浓”号被美国潜艇击沉。1945年4月7日，“雪风”号加入自杀性特攻舰队（菊水作战），为“大和”号战列舰护航，结果“大和”号被击沉，“雪风”号没有任何损失。

回到佐世保，在美军空袭中，中了一枚哑弹，最后“雪风”号被调回吴港基地待命，直到1945年8月15日，日本投降。战争结束后，“雪风”号成了人员遣返舰，被拆除了所有武备。1945年10月5日，“雪风”号被日本海军除籍。

1947年7月“雪风”号作为赔偿舰移交给中华民国海军，被命名为“丹阳”号（编号DD-12）。

马岛海战的结晶
——英国“谢菲尔德”级驱逐舰

“谢菲尔德”级：多用途导弹驱逐舰

“谢菲尔德”级驱逐舰是英国建造的主要装备防空武器的导弹驱逐舰。首舰“谢菲尔德”号于1975年建成服役。该级舰曾用于局部战争，在1982年5月4日参加马尔维纳斯群岛战争中，首舰“谢菲尔德”号被阿根廷机载反舰导弹击沉。

1966年，英国海军参谋部正式提出了设计新一代驱逐舰的要求，主要用于特混编队的区域防空，同时要求有反潜和对海作战能力，既可作为海军特混编队的成员，又可独立作战。42型首舰“谢菲尔德”号在这种需求下诞生。

★“谢菲尔德”级导弹驱逐舰

“谢菲尔德”级驱逐舰的使命是用于航母编队或其他作战编队的护航，它是一级以防空为主的多用途导弹驱逐舰。

“谢菲尔德”级驱逐舰共分三个批次，分别为Ⅰ、Ⅱ、Ⅲ。“谢菲尔德”级驱逐舰的具体任务如下：担负航母编队的防空和反潜护卫任务；担负其他作战编队的防空和反潜护卫任务；对岸作战中的舰炮火力支援；执行警戒、封锁、救援等任务。

技术一流：胜在总体性能优秀

★ 首舰Ⅰ型“谢菲尔德”号驱逐舰性能参数 ★

排水量： 3 150吨（标准）
4 150吨（满载）
舰长： 125.0米
舰宽： 14.9米
吃水： 4.3米
最高航速： 29节
巡航速度： 18节
续航能力： 4 000海里/18节
武器装备： 1套双联装GWS30“海标枪”舰对空导弹发射装置
1座MK8型单管114毫米舰炮
2或4门“厄利孔”GAM-B0120毫米舰炮
2座“厄利孔”MK7A20毫米舰炮
2套MK15型6管20毫米小口径炮“密集阵”近程武器系统
1架“山猫”反潜直升机
2组STWSMK2型三联装反潜鱼雷发射管
4套6管“海蚊”（Seagnat）干扰火箭
编制： 253人

首舰“谢菲尔德”号驱逐舰为高干舷平甲板型的双桨双舵全燃动力装置驱逐舰。船体线型按在静水和风浪中具有最佳的巡航速度和最高航速设计的。主船体由主横隔壁划分为18个水密舱段，舰内设两层连续甲板，主横隔壁至2号甲板为水密。

马岛海战之后，英国海军吸取马岛海战教训改进了该级舰的防空、防火和作战指挥能力。对空作战能力的改进体现在：Ⅰ、Ⅱ批舰上的965R远程对空警戒雷达由新的1022型雷达替代，性能得到很大的提高，除了自动目标显示以外，增加了频率捷变和脉冲压缩技术；1986年后992Q中程海空警戒目标指示雷达由一部996型中程轻型多功能三坐标雷达替换，996型雷达设计灵活、适应性强，采用了大功率发射、宽波段频率捷变、脉冲压缩、先进的信号处理和模块化结构等技术；加装了2~4座厄利孔20毫米机关炮和2套美国的MK15型6管20毫米“密集阵”近程武器系统；改进电子战系数，采用UUA-2（或UAT-1）电子侦察系统、670型或675（2）型干扰机和“海蚊”干扰火箭组成了综合的快速反应的电子战系统。防火能力的改进体现在：改进损管系统；使用阻燃和无毒的电缆。作战指挥能力的改进体现在1996年在Ⅲ批舰“爱丁堡”号装备了JTIDS联合战术信息分配系统，1998年开始装备其他的Ⅲ批舰和Ⅱ批舰。

马岛海战：“谢菲尔德”号命丧大海

1982年4月到6月间，英国和阿根廷为争夺马岛（阿根廷称马尔维纳斯群岛）的主权而爆发了马岛战争。马岛之战中，英国派出100多艘军舰远渡万里重洋参战，这是二战后最大规模的海战，也是人类战争史上第一场导弹大战。

在战斗中，英军价值1.5亿美元的“谢菲尔德”号，被一颗价值20万美元的“飞鱼”导弹击沉，国际上许多军事专家都称其为一个“新海战时代”的开始。将来的海战，不会再有军舰对军舰的大炮轰击，而是在更远的地方相互用导弹突袭。

1982年4月，英阿马岛战争爆发。5月1日，英国皇家空军和皇家海军的飞机轰炸了阿根廷在马岛上的主要机场和港口。

作为报复行动，阿根廷海军试图对英国皇家海军的航母进行一次联合进攻，但是，那一天所有的攻击机都遇到了问题：海军的天鹰攻击机需要逆风以便从航母上起飞，但奇怪的是那天南大西洋上本来很强的海风突然消失了，整个海域风平浪静，航母无法放出天鹰攻击机；而两架超级军旗攻击机（长机飞行员乔治·科伦坡、僚机飞行员卡洛斯·马切坦

★“谢菲尔德”级导弹驱逐舰

★“谢菲尔德”级驱逐舰

斯）则没有找到本该出现的KC-130H加油机。超级军旗横跨海峡的攻击将会变成一次“单程旅行”。

同一天晚些时候，英国潜艇“征服者”号击沉了阿根廷海军“贝尔格拉诺将军”号巡洋舰，这迫使阿根廷水面舰队返回贝尔格拉诺港海军基地，以避锋芒。

5月4日凌晨5点07分，一架SP-2H海王星侦察机从里奥·格兰德海军航空兵基地起飞。机组成员有三人——机长欧内斯托·普罗尼·莱斯顿、副驾驶和行动指挥官。他们最初的任务是监视英国海军的行动。

5月4日早上7点50分，根据普罗尼向地面发回的报告，海王星与英国海军舰船发生了第一次雷达接触。在随后的8点14分和8点43分，海王星飞机的雷达又两次捕捉到英国军舰。几分钟后，阿根廷海军航空兵指挥部下令海王星立即雷达关机，直到10点。普罗尼猜测超级军旗飞机肯定已经升空，指挥部不想惊动英国人。因此他将飞机飞到“贝尔格拉诺将军”号巡洋舰被击沉的海域上空，伪装成救援部队的一分子。

普罗尼上尉发现目标的消息传到里奥·格兰德海军航空兵基地后，奥古斯都·贝达卡拉兹少校和阿曼多·马乔拉中尉受命立即起飞，执行攻击任务，两架超级军旗在9点45分从里奥·格兰德机场起飞。领队长机飞行员是奥古斯都·贝达卡拉兹（编号为0752/3-A-202，无线电呼号“白羊座”），僚机飞行员马乔拉（无线电呼号“扁帽”）驾驶编号0753/3-A-203的超级军旗。10点整，他们与阿根廷空军的KC-130H加油机（飞行员比塞科莫多雷·佩萨那）会合，完成空中加油。

10点35分，海王星侦察机驾驶员普罗尼作了他的最后一次爬升，当时高度在1 170

米（3 500英尺），雷达开机后即捕捉到两个中等尺寸的海面目标，具体方位在南纬52度33分55秒、西经57度40分55秒。几分钟后他通过无线电将所有情况告知了超级军旗飞机飞行员。随后，普罗尼驾机返航，12点04分降落在里奥·格兰德空军基地。这时距离他起飞执行巡逻任务已经过去了整整七个小时。

但是SUE（这是阿根廷飞行员给超级军旗飞机起的绰号）的任务才刚刚开始。贝达卡拉兹和马乔拉选择了超低空飞行，10点50分左右，他们爬升至160米（525英尺）高度，机载雷达开机对普罗尼提供的目标信息作最后一次确认，但是他们发现，什么也没有。雷达屏幕上一片空白。贝达卡拉兹决定继续前进，飞行40千米（25英里）后他们再度爬升，几秒钟的雷达扫描后，“谢菲尔德”号终于出现在雷达显示屏上。两位飞行员都将目标数据输入了武器火控系统，随即再度降低高度进行最后的突防，完成锁定后发射了AM–39飞鱼反舰导弹。

几秒钟后，导弹命中“谢菲尔德”号，战斗部在发动机舱爆炸，“谢菲尔德”号立即失去电力供应，所有防空系统全部瘫痪。随后，全舰被大火笼罩，22名英国官兵丧身火海。

这是现代战争的讽刺，皇家海军最现代化的战舰仅仅被一枚小小的导弹报销了。一些资料称，导致“谢菲尔德”号起火的不是导弹战斗部，而是导弹未烧完的燃料；但是其他资料，包括“谢菲尔德”号舰长塞谬尔·萨尔特声称，导弹战斗部几乎彻底摧毁了中央控制室和发动机舱。无论实际情况如何，结果是一样的。“谢菲尔德”号被击沉了。这是空射反舰导弹的第一个实战战果。

马岛之战的硝烟很快散去，然而这场发生在20世纪80年代初期的战争，不仅令各国政治家、外交家长期回味，也引起各国军界的深刻反省。马岛战争向世人展示了局部战争正日益呈现高技术趋势，随着武器装备的高技术化，武器的质量显示出比数量更为显著的作用。马岛战争后，西方国家大力发展高技术装备，在后来的几场局部战争中显示出它的威力。

美国最新的“宙斯盾”驱逐舰——“阿利·伯克”级导弹驱逐舰

名舰出世：以防空为主的导弹驱逐舰

“阿利·伯克”级为装备“宙斯盾”武器系统的驱逐舰。首舰舷号为DDG51，DDG51级策划于20世纪70年代中期，一是用于替换从1959～1964年服役的老导弹驱逐

★"阿利·伯克"级导弹驱逐舰

舰；二是新研制的这级驱逐舰能够作为"提康德罗加"（Ticonderoga）级"宙斯盾"巡洋舰的补充力量。

美国审议1980～1984财政年度的造舰计划时，国防部长布朗建议新建一种排水量4 000～6 000吨，航速29节，以对空作战为主的导弹驱逐舰。美海军的一项研究也表明，将来水面舰艇的替换中，最急需的是一种对空作战能力和攻击能力很强的导弹驱逐舰。因此，最终美海军推荐了这样一种以防空为主的导弹驱逐舰，并把DDX计划正式更名为DDGX计划。

1985年度预算中，美海军得到了首舰DDG51的经费，4月2日巴斯钢铁公司获得了建造DDG51首舰的合同。

首舰命名为"阿利·伯克"号，它于1988年12月开工，1989年9月下水，1991年7月完工交付海军。

"阿利·伯克"级驱逐舰的具体任务是：

1. 在高威胁海区担负航母编队的防空、反潜护卫和对海作战任务。

2. 在高威胁海区担负水面作战编队的防空、反潜护卫和对海作战任务。

3. 为两栖作战编队和海上补给编队担负防空、反潜护卫和对海作战任务。

4. 对岸上重要目标用"战斧"巡航导弹进行常现打击和核打击。

"阿利·伯克"级驱逐舰的命名还有这样一段传奇故事：阿利·伯克原来是美国海军的一位功绩卓著、声名赫赫的人物，他在二战中率麾下的驱逐舰中队驰骋太平洋战区，因其舰队常以31节的高速追击敌舰而得名"31节伯克"。美国海军为表示对这位将军的尊敬，十分罕见地在将军在世之时就将美国海军史上最先进的一级驱逐舰命名为“阿利·伯克”级，期望这级军舰能够像“阿利·伯克”将军一样：快速、灵活、勇往直前。

1991年“阿利·伯克”级首舰“阿利·伯克”号服役典礼上，阿利·伯克本人亲自到场鼓励官兵：“战舰是用来战斗的，你们应该知道怎样做好。”事实证明，该级舰没有辜负将军的英名，可谓舰如其人。

性能超群：世界一流的“阿利·伯克”级

★ “阿利·伯克”级导弹驱逐舰性能参数 ★

满载排水量： 8 422吨

舰长： 153.8米

舰宽： 20.4米

水线宽： 18.0米

满载吃水： 6.3米

最大吃水： 9.9米

航速： 32节

续航能力： 4 400海里/20节

编制： 346人（22名军官）

动力： COGAG联合使用全燃动力

4台LM2500燃气轮机

2500kW的“爱利生”501-K34燃气轮机发电机组3台

导弹发射： MK41-0型（首）

MK41-1型（尾）垂直发射系统各1组

导弹： “标准-2”（IV）型舰空导弹

“阿斯洛克”反潜导弹（垂直发射）

舰炮： 1座MK45-2型127毫米/54舰炮

鱼雷： 2座三联MK32型鱼雷发射管

直升飞机： 仅设SH-60B/F“海鹰”直升机降落平台和加油设施

一般认为，“阿利·伯克”级是西方国家中最先进并多方面处于领先地位的一级导弹驱逐舰，是世界上第一级装备“宙斯盾”武器系统的驱逐舰，首次采用了导弹垂直发射技术，装备了“战斧”巡航导弹使驱逐舰的使命已远远超出了护卫防御的范围，具备了远程的核攻击能力和常规攻击能力。

“阿利·伯克”级驱逐舰的最大特点是区域防空能力很强，尤其对空警戒能力，它使用SPY-1D相控阵雷达对空警戒搜索能力为370千米～400千米。

“阿利·伯克”级驱逐舰拦截能力也非常优秀，SPY-1D相控阵雷达、3部SPG-62目标照射雷达与MK41导弹垂直发射系统相结合能够同时拦截12~18个空中目标。I型舰使用的舰空导弹为“标准-2”，射程为73千米；II型舰开始使用“标准-2”增程，射程增至137千米。

点防御能力是“阿利·伯克”级的优势，DDG51级的点防御有三种手段：

★美国“阿利·伯克”级导弹驱逐舰

小口径炮近程武器系统：2座MK156管20毫米“密集阵”近程武器系统是DDG51级的主要末端硬防御武器，其有效拦截距离为1 500米，命中概率为0.75。2座“密集阵”系统一首一尾布置，射界开阔。

中口径舰炮系统：1座MK45-2型127毫米舰炮的对空作战距离为15千米。

电子战软防御手段：配一套SLQ-32（V）2电子战系统，只能用于侦察目标的雷达信号，2座MK366管干扰火箭用在适当的时机干扰来袭的反舰导弹。

“阿利·伯克”级对海对陆作战能力异常突出，对陆攻击能力很强大，DDG51级舰装备了对陆型的“战斧”巡航导弹，可以装备射程为2 500千米，巡航高度为15米～100米，带20万吨TNT当量的核弹头，采用地形匹配导航系统制导，圆概率误差80米。带常规弹头的“战斧”射程为1 300千米，圆概率误差10米，改进型的射程提高到1 853千米。

“阿利·伯克”级驱逐舰反舰攻击能力也很突出，反舰“战斧”巡航导弹的射程为460千米，“战斧”巡航导弹的远程探测和定位靠舰队海洋监视信息中心中继来的信息和空中预警飞机等提供。2座四联装的“鱼叉”反舰导弹是DDG51级舰的第二种对舰攻击导弹，射程为130千米，采用主动雷达寻的。“鱼叉”导弹的超视距探测和目标指示主要靠舰载直升机、警戒巡逻机、电子侦察设备和编队舰艇的数传目标指示等手段。

能者多劳：一舰顶多舰的“阿利·伯克”

“阿利·伯克”级驱逐舰曾是美国海军最重要的导弹驱逐舰，是美军“海上盾牌”的重要组成部分。

首先，“阿利·伯克”级驱逐舰改变了航母战斗群的结构，使编队防空作战能力大幅度提升。以往，美国的航母战斗群基本由航母、“提康德罗加”级巡洋舰、“阿利·伯克”级驱逐舰、“斯普鲁恩斯”级驱逐舰、“佩里”级护卫舰、“洛杉矶”级攻击型核潜艇以及快速支援舰等组成，各型舰都承担不同的作战任务，防空、反潜分工明确。

如今的航母打击大队由于舰种的逐步减少，更加便于指挥、维修，从而降低使用费用。如前所述，“阿利·伯克”级驱逐舰基本是补充“提康德罗加”级执行防空作战，后来，随着空中威胁程度的降低，“阿利·伯克”级又承担了对陆攻击任务。因此航母战斗群基本由航母、“提康德罗加”级巡洋舰、“阿利·伯克”级驱逐舰、“佩里”级护卫舰、“洛杉矶”级攻击型核潜艇以及快速支援舰等组成。编队的反潜作战任务也将由“阿利·伯克”级舰承担。如此编成，既减少了编队中的舰艇数量，又尽可能降低航行中的舰艇所受到的威胁，同时由于ⅡA型舰在兵力结构中所占比重越来越大，整体作战能力不断提高。

其次，“阿利·伯克”级驱逐舰又承担了新的使命任务，它将是美国海军“海上打击”的中坚力量。在新的战略思想指导下，美国海军决定在原有两栖戒备大队的基础上组建两栖打击大队，基本构成是原来的三艘两栖舰再加上巡洋舰、驱逐舰、护卫舰、潜艇各一艘。虽然“阿利·伯克”级的作战任务并没有改变，但是由于水面作战舰和潜艇的加入，使两栖打击大队的综合作战能力全面提升，在对付中小规模危机时，不必出动航母打击大队，它就可独立完成任务。本来，这种编成的作战能力就已经强于其他国家的航母编队。

20世纪90年代，美国加速了国家弹道导弹防御计划的部署，其中海基防御任务主要由“宙斯盾”舰负责。具体做法是由三艘“阿利·伯克”级驱逐舰和“提康德罗加”级巡洋舰组成9个导弹防御／水面打击大队。任务是为战区部署的部队和美国本土以及盟国提供防护，作战时利用“标准-3”导弹完成弹道导弹拦截任务，其中一艘“阿利·伯克”级主要承担编队防空任务、远程监视、跟踪。虽然这两级舰本身就是为防空作战而设计的，具备当今最强的防空作战能力，装备有先进的SPY-1B／DSEI控阵雷达、MK41导弹垂直发射系统和多种防空导弹，但是，在进行弹道导弹探测和拦截作战时，雷达系统资源还是显得不足，此时，一旦遭遇来自飞机或反舰导弹的攻击将自顾不暇，需要其他舰的保护。美国海军的舰艇在装备了“协同作战能力”（CEC）之后，编队中各舰的作战系统可以形成完整的导弹飞行航迹，共享同一的战术态势图。即便本舰探测设备没有捕捉到目标信息，也可根据其他舰传来的有关导弹的数据进行拦截，极大地简化了复杂的作战任务，所以有人将该系统誉为防空作战革命性的装备。必要时，担负区域防空作战任务的驱逐舰也可执行拦截弹道导弹的任务。

当然，美国海军也不是一味地给“阿利·伯克”级驱逐舰增加任务，现在IIA型舰不装备“捕鲸叉”反舰导弹，这意味着它将不承担反舰作战任务。有报道说，这是出于成本和重量的考虑，不过更重要的原因可能是，美国海军的反舰作战多由航母舰载机来承担，因为“捕鲸叉”反舰导弹的射程为130千米，在这种距离上“短兵相接”会增加作战风险，这与“洛杉矶”级攻击型核潜艇不装该型导弹的初衷大概是一样的。另外，就目前的国际环境来看，在海上实施反舰作战的可能也相对较小。

光辉岁月：“阿利·伯克”家族的海上纪事

1991年1月17日至2月24日，堪称二战以来最经典的一场现代局部战争“海湾战争”爆发，当时“阿利·伯克”级首舰尚未服役，因此没能奔赴战场一展身手。

时隔8年，美国为首的北约以所谓制止南联盟对科索沃阿尔巴尼亚族人的屠杀和防止科索沃危机扩散，保证欧洲安全为由，对南联盟发动了大规模空袭行动。

1999年3月24日，首轮攻击中，包括“冈萨雷斯”号（DDG66）在内的北约海军舰艇向南联盟发射了“战斧”巡航导弹。由于南联盟是内陆国家，且战场摆在北约“家门口”，北约国家的空军基地足以满足飞机起降的需要，作战范围也在其陆基飞机的作战半径之内，舰载机不再具有就近出击的优势，因此海军在这次行动中并不占据主导地位。其主要作用是在战区外向南联盟发射巡航导弹攻击，作用十分有限。因此参战的3艘“阿利·伯克”级舰只“冈萨雷斯”号、“罗斯”号和“斯托特”号此役可谓初露锋芒，牛刀小试。

2003年3月20日至5月1日，以美国为首的联军部队继1991年海湾战争之后又一次对伊拉克宣战。而此时，羽翼尚丰的“阿利·伯克”级舰已经成为战争的主力，12艘姊妹舰随美国海军6个航母战斗群参加了战争，它们是“星座”号航母战斗群中的“米利厄斯”号和“希金斯”号；“杜鲁门”号航母战斗群中的“米切尔”号、“唐纳德·库克”号和“奥斯卡·奥斯汀”号；“林肯”号航母战斗群所辖的“保罗·汉密尔顿”号；“罗斯福”号航母战斗群的“阿利·伯克”号、“波特”号和“温斯顿·丘吉尔”号；“小鹰”号航母战斗群的“柯蒂斯·威勃”和“约翰·麦凯恩”号；“尼米兹”号航母战斗群中的“菲茨杰拉德”号。

2003年3月20日，“米利厄斯”号、“唐纳德·库克”号以及两艘“提康德罗加”级

★美国“阿利·伯克”级导弹驱逐舰

巡洋舰和两艘“洛杉矶”级潜艇向伊拉克发射了45枚“战斧”巡航导弹，对伊拉克发起了首轮攻击，正式拉开了战争的序幕，有效地打击了伊拉克的战略和战术目标，为战争的最后胜利奠定了坚实的基础。

“阿利·伯克”级驱逐舰家族在荣誉与辉煌的背后，也有不少辛酸往事。2000年10月12日，对“阿利·伯克”家族而言是一个难忘的日子。当地时间中午时分，隶属于大西洋舰队的“科尔”号奉命赴海湾地区，参加海上拦截行动，正当停泊在亚丁港准备补充燃料时，两名恐怖分子驾驶一艘装满炸药的小型橡皮艇全速冲向“科尔”号，并撞在左舷中部的水线部位，将左舷炸开了一个长12米，宽4米的大洞，大量海水从破口处涌入舰内，致使军舰向左倾斜最大达40度，动力系统无法正常工作。经过抢修后，部分受损系统重新开始工作，军舰也恢复了平衡，但导致舰上17名水兵死亡，30多人受伤，直到2002年4月19日，修整一新的“科尔”号才在诺福克再次服役。

人们对“科尔”号的灾难尚且记忆犹新之际，2005年伯克家族的两名成员又上演了一场险剧。2005年8月22日，“温斯顿·丘吉尔”号和“麦克福尔”号在杰克逊维尔附近沿海进行训练时，发生相撞事故，“麦克福尔”号的船头被撞出了一个小洞，所幸没有人员伤亡。虽然情况并不严重，但兄弟相撞足以让双方虚惊一场，令美国海军颜面扫地。

尽管如此，“阿利·伯克”级驱逐舰仍然被公认为当今世界的驱逐舰之王。当然，其最为世人称道的特点是最早装备“宙斯盾”系统和导弹垂直发射系统，具备抗反舰导弹饱和攻击的能力。在设计上，强调编队协同作战，重视可靠性、可维修性，追求经济性和舰的生存能力。

美国海军跨世纪的名舰——“斯普鲁恩斯”级导弹驱逐舰

名将之舰：“海军上将”级别的驱逐舰

雷蒙德·埃姆斯·斯普鲁恩斯，1886年7月3日生于美国马里兰州巴尔的摩市，1906年毕业于美国海军学院（属于1907届），美国第5舰队第一任司令，改组后的太平洋舰队第三任司令，海军上将。

“斯普鲁恩斯”级驱逐舰是美海军20世纪70年代建造的一级大型导弹驱逐舰，这级军舰以及其首舰“斯普鲁恩斯”号，均是以这位美国海军名将的名字命名的。

“斯普鲁恩斯”级导弹驱逐舰从1967年开始进行概念设计，1972年11月，首舰“斯普鲁恩斯”号开工，1975年9月建成服役。到1983年5月，该级舰共31艘全部完工入役。1982年，美国海军在“梅里尔”号等七艘舰上加装了“战斧”巡航导弹发射装置。

1986年至1995年，美国海军又对其余24艘进行了改装，为每舰加装了一座61单元的MK41垂直发射系统，它们的服役期将超过35年，直至2018年前后，可以说是美国海军跨世纪的一代导弹驱逐舰。

“斯普鲁恩斯”级驱逐舰的主要任务是为航空母舰特混舰队和海上运输船队护航；在两栖战和登陆作战中实施火力支援；对敌水面舰艇和潜艇进行监视警戒跟踪，实施海上封锁和对海岸攻击；承担海上搜索和营救任务。

特征显著：模块化的“斯普鲁恩斯”级

“斯普鲁恩斯”级导弹驱逐舰为长艏楼型，首部具有很大的前倾度，两舷明显外飘。舰首呈V型剖面，舰尾呈很宽的U型剖面，舰中部设有减摇鳍装置。它是美国海军首次采用模块化技术建造的军舰，具有建造速度快、质量好、费用低等优点，也极大地方便了以后的改装工作。

“斯普鲁恩斯”级导弹驱逐舰可分为基本型（即反潜型）、防空型和现代型，其类型根据舰上武器装备系统的不同而定。目前共建31艘，DD936 ~ DD997。

“斯普鲁恩斯”级导弹驱逐舰主要识别特征有：桥楼较长，分为前后两部分，桅杆分别位于桥楼前端和两座烟囱之间，两座烟囱各有数个排烟管向上方伸出，后烟囱从机库上

★ "斯普鲁恩斯"级"斯普鲁恩斯"号驱逐舰性能参数 ★

排水量： 5 770吨（标准）
8 040吨（满载）

舰长： 171.7米

舰宽： 16.8米

吃水： 5.88米

航速： 33节

动力： 4台LM-2500燃气轮机
3台燃气轮机（每台2 000千瓦）
双轴

续航能力： 6 000海里/20节

武器装备： 2座MK45型127毫米/54倍口径舰炮
2座MK15型密集阵近防炮
1套MK29型"海麻雀"舰空导弹发射装置
2套四联装RGM84A"鱼叉"反舰导弹发射装置
1套61单元MK41型导弹垂直发射装置
2组三联装324毫米MK32 Mod14型鱼雷发射管

声呐： SQR-19拖曳阵，SQS-53舰壳主动式

编制： 319~399人（军官20名）

方伸出。前桅首层有球形雷达天线前伸，后桅有弧面形网状天线。由于该舰武备配置使用渐改制，不同时期改装的舰只配备不一，但前后均各有1座127毫米舰炮。后部从机库起分为直升机平台、航空导弹发射装置和舰炮三层，并依次降低。

艇中名将：美国最大的多用途驱逐舰

"斯普鲁恩斯"级导弹驱逐舰是美国海军20世纪70年代中期至20世纪80年代初陆续建成的一代大型驱逐舰。"斯普鲁恩斯"级驱逐舰的原始使命是用于执行航母编队、水面和两栖作战编队、海上补给编队和运输船队的护卫任务，是一级以反潜为主的多用途驱逐舰。

就反潜水平而言，"斯普鲁恩斯"级称得上是一款编队区域反潜能力优秀的驱逐舰，但是从它开始服役起，就因为对空作战能力和对海作战能力低下而备受批评。因此，在1976年中期至1978年中期，对头13艘DD963级舰交付后不久赶快补装了"海麻雀"舰空导弹、加装了2座四联装"鱼叉"反舰导弹，第14~22号舰在船厂时就进行了补装和加装，其余的舰都纳入了开始的建造计划。

1982年，美国海军在"梅里尔"号等7艘舰上加装了"战斧"巡航导弹发射装置，1986年至1995年，美国海军又对其余24艘进行了改装，为每舰加装了一座61单元的MK41垂直发射系统，现代化改装后，其作战能力比初始服役时要大得多，除了执行原来的任务

★“斯普鲁恩斯”级“库欣”号导弹驱逐舰

外，对陆攻击、反舰能力和防空能力大大增强，可以用“战斧”巡航导弹对滨海的重要目标实施常规打击或核打击，也可以用“战斧”对舰攻击型或“鱼叉”导弹攻击敌水面舰艇或运输编队，还可以用“海麻雀”导弹为护航编队提供对空护卫。

改进后的“斯普鲁恩斯”级驱逐舰虽然装有MK41垂直发射系统，但由于没有配备“宙斯盾”相控阵雷达，所以一般情况下不装“标准”防空导弹，而只装“战斧”和“阿斯洛克”两种导弹，所以不具备远程防空能力。因此，“斯普鲁恩斯”级服役后最常见到的是作为作战编队和反潜编队护卫者的角色，偶尔也承担一下对陆攻击任务，在1991年的海湾战争中，该级舰中的“法伊夫”号是向伊拉克发射“战斧”巡航导弹最多的舰艇，共发射了60枚。

从实战中可以看出，“斯普鲁恩斯”级导弹驱逐舰的四大优点。

“斯普鲁恩斯”级性能方面表现非常好，采用模块化建造方法。建造时间大大缩短，改装余地大。稳定性好，储备浮力充足。该级舰能经受51米/秒的横风，可高速回转，在横倾小于10度的30节航速下可以回转。最低水线在距舱壁甲板以下76.2毫米的临界安全线以下，储备浮力非常充足。

“斯普鲁恩斯”级适航性能好，该级舰在4级海况下可使用舰载直升机；在5级海况下可进行航行补给和实施攻击；在6级海况下可连续有效地航行；在7级海况下可有限地航行；在8级和8级以上海况下仍具有航行能力。

“斯普鲁恩斯”级操纵性好，该级舰在16节航速下航向稳定，并具有快速转换能力，从12节增至全速只需53秒。在全速时能保持航向稳定和可控能力。

“斯普鲁恩斯”级噪音小，该级舰广泛地采用降噪技术，是世界上最安静的舰艇之一。水下噪音仅有以前噪音最小的舰只的25%，适合反潜作战。

2006年12月20日，美国海军称，31艘DD963“斯普鲁恩斯”级驱逐舰的首舰，“斯普鲁恩斯”号驱逐舰，在完成最后一次空射鱼叉导弹靶标任务之后，于2006年12月8日沉没。

沉船演习在距弗吉尼亚港300英里的地方进行，当时天气恶劣，来自美国海军航母第8舰载机联队和第5 巡逻与侦察联队的P-3C和F/A-18发射了导弹。

“斯普鲁恩斯”号驱逐舰是该级舰中服役时间最长的舰艇。

俄罗斯海军的海上王牌——“现代”级导弹驱逐舰

名声显赫：堪称“航母杀手”与“万能舰”

★“现代”级导弹驱逐舰

★“现代”级导弹驱逐舰

“现代” 级导弹驱逐舰属前苏联海军第三代驱逐舰。该舰1970年由原苏联北方设计局设计，1976年完成施工设计后首舰“现代”号交由列宁格勒日丹诺夫造船厂（即现在的圣彼得堡北方造船厂）建造，1978年11月下水，1980年12月建成服役。到1995年，总共已有17艘服役，另有数艘正在建造之中。

“现代” 级导弹驱逐舰的前身是1960年建造的61号计划型大型反潜舰。船体基本构造和61号计划型相同，防空导弹发射架和双联装炮塔分别于舰前部和后部配置，为了舰体大型化，直升机库和飞行甲板移到舰中央部，舰桥两旁设置反舰导弹发射筒。标准装备中包含中程反舰导弹；因为在61号计划型大型反潜舰上装备过评价不错，本来“现代”级任务是舰队防空，可是因为装备了显著的反舰导弹而被西方认为是“航母杀手”制海战舰。

“现代”级导弹驱逐舰防空、反舰武器较强而反潜能力有限，设计上是要与同时期建造的1155型大型反潜舰（“无畏”级驱逐舰）搭配使用。防空导弹3K90（SA-N-7）最大射程25千米算是中程舰队防空用，配合拥有远程防空导弹S-300的舰艇（例如“基洛夫”级巡洋舰，“光荣”级巡洋舰）执行区域防空任务，本级舰也可以单独使用当成一种“万能舰”。

性能优良：逆时代潮流的驱逐舰

★ “现代”级驱逐舰性能参数 ★

排水量： 7 940吨（标准）
8 480吨（满载）
舰长： 156.5米
舰宽： 17.2米
吃水： 5.99米
航速： 32.7节
巡航速度： 18节
直升机： 1架卡-25或卡-27
导弹： 2个四联装SS-N-22发射架
2个SA-N-7导弹发射架（备弹44枚）
火炮： 2座双管130毫米舰炮
4座6管30毫米舰炮
反潜武器： 2具双管533毫米鱼雷发射管
2个6管RBU-1000火箭深弹发射架
40枚水雷
编制： 398（军官25人）

从外观上看，“现代”级导弹驱逐舰首尾甲板各有一座双联130毫米舰炮；舰上上层建筑分为艏、艉两部分，艏楼两侧各有1座四联装反舰导弹发射筒，其前方突出部位上配备一座悬臂式舰空导弹发射架。艏楼顶部的球形雷达天线十分明显。三坐标雷达天线呈草帽状歪挂于主桅之上；艉楼为烟囱，其后设有一低桅，后面为直升机平台。

令西方海军观察家大为惊讶的是，“现代”级导弹驱逐舰采用传统的蒸汽锅炉驱动蒸汽轮机为动力。本级就役的20世纪80年代，西方各国海军水上军舰都已经以燃气轮机为主流，很久以前就已经停止建造使用蒸汽轮机的驱逐舰。前苏联曾经造出世界上第一艘燃气轮机军舰即61号计划型大型反潜舰（“卡辛”级），领先西方各国，之后服役的“现代”级却又使用蒸汽锅炉，本舰也被称为“逆时代潮流”的驱逐舰。

“现代”级导弹驱逐舰的普通蒸汽轮机确有不少缺陷，如它重量大、尺寸大，启动加速慢，机动性较差，热效率较低等等；但它也有明显的优点，如单机功率大（“现代”级使用2台蒸汽轮机，而同样功率的舰艇使用燃气轮机需4台），振动噪声较小，可靠性好，操作较容易，维修较方便等。而最突出的是它具有良好的经济性。实际上，“现代”级采用蒸汽动力，在很大程度上就是从经济性方面考虑的。

当然，“现代”级导弹驱逐舰并不是原封不动地将20世纪60年代的蒸汽动力装置搬来使用。为使“现代”级驱逐舰的动力既具有良好的经济性，又更为有效和实用，工程人员根据以往的使用经验，对其采用了多项先进的设计方法。其中他们采用的增压锅炉技术具有生火启动快、炉内火力强、燃烧效率高、可明显减小锅炉的尺寸和重量、增强锅炉使用寿命等特点，其技术性能领先于世界。

"航母杀手"：着重远洋作战能力

★"现代"级导弹驱逐舰

20世纪七八十年代是美国和苏联之间冷战的高峰期。为了争夺海上霸权，双方投入巨资展开了激烈的海上军备竞赛。从水面舰艇方面看，美海军在这一时期先后建成了"尼米兹"级核动力航母、"提康德罗加"级导弹巡洋舰、"基德"级导弹驱逐舰以及"斯普鲁恩斯"级导弹驱逐舰等，并由上述舰艇组建成强大的航空母舰作战编队；为了与美海军相抗衡，几乎在同一时期，苏联也建成了"基辅"级航空母舰、"光荣"级和"基洛夫"级导弹巡洋舰以及"勇敢"级和"现代"级导弹驱逐舰等高性能的水面作战舰艇。

作为一代海军强国，俄罗斯的舰艇设计与建造不可否认地受到世人瞩目。"现代"级导弹驱逐舰（代号956）是20世纪80年代以来陆续建成服役的大型导弹驱逐舰。经过十多年的实际使用和不断检验证明，该级舰总体设计先进、技术性能可靠、武器装备齐全，整舰具有较强的作战能力。

"现代"级导弹驱逐舰实际上是为对抗美海军两种新型驱逐舰而研制的。"现代"级导弹驱逐舰侧重于对海作战，并兼有防空和反潜能力；而同一时期建成的"勇敢"级驱逐舰则侧重于反潜。按照设计要求，一艘"现代"级加一艘"勇敢"级驱逐舰配合作战，作战能力应大于美国的一艘"基德"级加一艘"斯普鲁恩斯"级驱逐舰。

战事回响

纳尔维克海战——德国驱逐舰的灭亡之战

1939年9月，二战全面爆发后，挪威和瑞典这两个北欧国家保持中立。希特勒的西线攻势因为种种原因而不断推迟，西线有了几个月的和平时期。1940年1月末到2月初，交战双方不约而同地将目光转到了中立国挪威身上，决定打破挪威的中立现状。

挪威良港众多，都可以成为舰船的理想锚地。德国海军夺取了挪威，就有了前进基地，摆脱困守北海的逆境，进而拿到出入北大西洋的钥匙。

英军原计划1940年3月20日在纳尔维克登陆。但是由于芬兰在1940年3月13日向苏联投降，再加上其他的一些原因，登陆计划被取消，结果丧失了大好的机会。1940年3月28日，英法在伦敦召开最高军事会议，决定于4月5日在挪威海域实施布雷行动，并以部队在纳尔维克、特隆赫姆、卑尔根、斯塔万格登陆，同时在莱茵河空投水雷，以阻止德军向西推进。但由于法国担心德国报复，反对在莱茵河布雷。两国在一番争论后，将计划推迟了三天，定在1940年4月8日实施。这一推迟导致德军先英军一步登陆。

1940年4月9日凌晨4时，九艘德国驱逐舰沿长长的峡湾迫近纳尔维克，一艘留在峡湾入口处负责警卫，两艘战斗巡洋舰继续向北巡航。

★“厌战”号战列舰

4月9日8时15分，纳尔维克已经被德军占领。

4月10日，随后赶到的英军发动了反击。这就是纳尔维克海湾的第一次海战。

第一次海战双方伤亡大抵相等，以英国皇家海军退出战斗结束。当天海战的结果是，英军两艘“勇敢”级驱逐舰被击沉，三艘驱逐舰被击伤。德军的损失是两艘驱逐舰被击沉，四艘驱逐舰被击伤。

4月13日，英军的一个驱逐舰编队包括九艘驱逐舰，在战列舰“厌战”号的支援下，再次进入乌夫特峡湾来消灭德军剩余的八艘驱逐舰和一艘潜艇U-64（不知何时到来）。这就是第二次海战。

德军军舰缺乏弹药和燃料，它们试图避免灭亡的命运，但是它们无处可藏。结果U-64潜艇被英军战列舰“厌战”号上的水上飞机击沉。这是整个二战中第一次U艇被飞机击沉。随后的海战中，德海军被全歼，一些德军驱逐舰当时就沉了，还有一些则勉强开到岸边搁浅，为避免被俘，德军官兵将其凿沉。

英军方面“哥萨克人”号、“爱斯基摩人”号、“旁遮普人”号三舰被击伤。纳尔维克海战，英军大获全胜，将纳粹的十艘驱逐舰全数歼灭。除了维修中的，德军几乎没有可用的驱逐舰了，海军元气大伤，再也没有翻过身来。但是，德军由于抢先行动，终归还是实现了自己的战略目标，牢牢地控制了挪威海岸的军事重镇。后来，皇家海军陆战队几次登陆都惨遭失败，被德军无情地赶下海来。严峻的局势使丘吉尔只得面对现实：屯重兵于斯卡帕湾，封锁格陵兰岛、冰岛和奥克尼群岛之间的水域，以提防德舰从挪威寒气森森的峡湾中溜出来，冲入北大西洋。

第五章

航空母舰

远洋作战的海上堡垒

兵典
THE CLASSIC
WEAPONS

沙场点兵：海上巨无霸

航空母舰，简称“航母”、“空母”，俄罗斯称之为“载机巡洋舰”，是一种可以提供军用飞机起飞和降落的军舰。中文“航空母舰”一词来自日文汉字。航空母舰是一种以舰载机为主要作战武器的大型水面舰艇。现代航空母舰及舰载机已成为高技术密集的军事系统工程。航空母舰一般总是一支航空母舰舰队中的核心舰船，有时还作为航母舰队的旗舰。舰队中的其他船只为它提供保护和供给。

★多用途的“圣保罗”号航母

航空母舰种类很多，按所担负的任务分，有攻击航空母舰、反潜航空母舰、护航航空母舰和多用途航空母舰。攻击航空母舰主要载有战斗机和攻击机，反潜航空母舰载有反潜直升机。多用途航空母舰既载有直升机，又载有战斗机和攻击机。

按满载排水量大小可分为大型航母（排水量6万吨级以上），中型航母（排水量3万吨~6万吨级）和小型航母（排水量3万吨级以下）。其中排水量9万吨级以上的核动力航母称为超级航空母舰。

按舰载机性能分，有固定翼飞机航空母舰和直升机航空母舰，前者可以搭乘和起降包括传统起降方式的固定翼飞机和直升机在内的各种飞机，而后者则只能起降直升机或是可以垂直起降的固定翼飞机。

按动力装置可分为核动力航空母舰和常规动力航空母舰。核动力航空母舰以核反应堆为动力装置。常规动力航空母舰以蒸汽轮机为基本动力装置。

航空母舰的主要任务是以其舰载机编队，夺取海战区的制空权和制海权。现代航空母舰及舰载机已成为高技术密集的军事系统工程。航空母舰一般总是一支航空母舰舰队中的核心舰船，有时还作为航母舰队的旗舰。

一般来说，除少量自卫武器外，航空母舰的武器就是它所运载的各种军用飞机。航母的战斗逻辑是用飞机直接把敌人消灭在距离航母数百公里之外的领域，没有一种舰载雷达的扫描范围能超过预警机，没有一种舰载反舰导弹的射程能超过飞机的航程，没有任何一种舰载反潜设备的反潜能力能超过反潜飞机或直升机，飞机就是最好的进攻和防御武器，所以无须再安装其他进攻性武器。但是前苏联的航母同时装备有远程舰对舰导弹，从这一点来说前苏联的航母是航母与巡洋舰的混合体。

兵器传奇：二战中崛起的航母

第一艘安装全通式飞行甲板的航空母舰是由一艘客轮改建的英国的“百眼巨人”号航空母舰，它的改造在1918年9月完成。飞行甲板长168米。甲板下是机库，有多部升降机可将飞机升至甲板上。1918年7月19日7架飞机从“暴怒”号航空母舰上起飞，攻击德国的飞艇基地，这是第一次从航空母舰上起飞进行的攻击。

1917年，英国按照航空母舰标准设计建造了全新的“竞技神”号航空母舰（又译作“赫尔姆斯”号），第一次使用了舰桥、桅杆、烟囱等在飞行甲板右舷的岛状上层建筑。从一开始就作为航空母舰设计的第一艘服役的船只是日本的“凤翔”号航空母舰，它于1922年12月开始服役。从此，全通式飞行甲板、上层建筑岛式结构的航空母舰，成为各国航空母舰的样板。

航空母舰在战争中初建功勋是在1940年11月11日，英国海军的“光辉”号航空母舰出

★英国“卓越”号航空母舰战斗群

动鱼雷轰炸机攻击了塔兰托港内的意大利海军并且击沉一艘、击伤三艘战列舰。此举使美国等海上强国意识到航母时代的来临。

在第二次世界大战中，航空母舰在太平洋战场上起了决定性作用，从日本海军航空母舰编队偷袭珍珠港，到双方舰队自始至终没有见面的珊瑚海海战，再到运用航空母舰编队进行海上决战的中途岛海战，从此航空母舰取代战列舰成为现代远洋舰队的主力。美国建造了大批“埃塞克斯”级航空母舰，组成庞大的航空母舰编队，成为海战的主角。战争期间廉价的小型护航航空母舰被大量建造，投入到反潜护航作战中。

航空母舰在第二次世界大战中被广泛运用。它是一座浮动式的小航空站，携带着战斗机以及轰炸机远离国土，来执行攻击敌人目标的任务。这使得航空母舰可以由空中来攻击陆地以及海上的目标，尤其是那些远远超过一般射程之外的目标。由航空母舰上起飞的飞机战斗半径一直不断地在改变海军的战斗理论，敌对的舰队现在必须在看不到对方舰船的情况下，互相进行远距离的战斗。这彻底终结了战列舰为海上最强军舰的优势地位。

第二次世界大战结束后出现的斜角飞行甲板、蒸汽弹射器、助降瞄准镜的设计，提高了舰载重型喷气式飞机的使用效率和安全性。高性能喷气式飞机得以搭载到现代化的航空母舰上，排水量越来越大，美国“福莱斯特”级航空母舰是第一艘专为搭载喷气式飞机而建造的航空母舰。

在波斯湾、阿富汗和太平洋地区美国利用它的航空母舰舰队维持它的利益。在1991年海湾战争和2003年美军占领伊拉克的过程中，美国尽管在中东没有足够的陆上机场，依然能够利用其航空母舰战斗群进行主要攻击。

慧眼鉴兵：航空母舰战斗群

虽然航母能投射大量的空中武力，但是舰母本身的防御能力薄弱。所以需要其他舰艇，包括水面与水下舰艇提供保护。因此，航空母舰从来不单独行动，它总是由其他船只陪同下行动，合称为航母舰队，又称为航空母舰战斗群。

航空母舰战斗群是一支以航空母舰为首的作战舰队。这种舰队主要为美国海军所用，是美国军事投射能力的重要组成部分。航母战斗群的分工可以看成航母执行任务，而其他舰艇保护航母。

航母战斗群的主要用途包括，保护海上运输航道的使用与安全，保护两栖部队的运输与任务执行，协同陆基飞机共同形成与维持特定地区的空中优势，以武力展示的手段满足国家利益需求，进行大规模海空正面对战。

★“斯坦尼斯”号航空母舰战斗群

航母战斗群的编制各有不同，特别是在执行不同任务的时候，会有不同的舰艇组成多种编队。此外不同国家的航母战斗群编制也各不相同。为了对航母战斗群的编制有个大概了解。下面我们以美国海军的航母战斗群为例，对航母战斗群的编制进行简单介绍。

一个美军航母战斗群基本上由十艘左右的舰艇组成，包括：一艘航空母舰、两艘导弹巡洋舰、两三艘导弹驱逐舰、一艘反潜巡防舰、两艘攻击潜艇、一两艘供油船、军火船或战斗支援船和补给船之类的辅助舰船。

航母是舰队的旗舰，由一名海军少将以先进的作战系统与通讯设备指挥。巡洋舰作为航母战斗群的护卫中枢，提供防空，反舰与反潜等多种作战能力。舰上另有战斧巡航导弹，具有远程打击地面目标的能力。驱逐舰协助舰队当中的巡洋舰扩展防卫圈的范围，同时用于防空、反潜与反舰作战。反潜巡防舰和攻击潜艇用于支持舰队对水面或者是水下目标的警戒与作战。补给舰等辅助舰船用于对战斗群进行补给。

现在一个美军航母战斗群的攻击与防卫能力很复杂。大致说来是用航空母舰运载的战斗机、攻击机、预警机、反潜机或直升机来攻击、防卫或搜索距离航母数百公里之外的敌人。其他的作战舰艇则以保护航空母舰的操作安全为第一任务，其次是支持航母的攻击任务，并且负责人员的搜救工作。

这些陪同船只包括巡洋舰、驱逐舰、护卫舰等等，它们为航空母舰提供对空和对其他舰只以及潜艇的保护。此外舰队中还有潜艇担任侦察和反潜任务。供给舰和油轮扩大整个舰队的活动范围。此外这些舰艇本身也可以携带进攻武器，比如巡航导弹。

日本海军第一艘航母——“凤翔”号航空母舰

凤“翔”于海：第一艘非改装航母

自航母诞生以来，日本海军一直关注着海军航空兵和航空母舰的发展。早在1913年，日本海军就着手将一艘商船“若宫丸”号改装为水上飞机母舰。

1920年，日本海军在浅野造船厂又开工建造了本国第一艘航空母舰“凤翔”号，并于1922年12月建成服役，由于该舰在航母发展史中第一次使用了岛状上层建筑，因而被称为第二代航母，以区别于第一代“平原型”航母，它在“外貌”上已经颇像现代航母了。

“凤翔”号是世界上第一艘服役的，专门作为航空母舰来建造的军舰。虽然开工比英美的航空母舰晚，下水却早几个月，因此世界上第一艘真正的航空母舰的桂冠就戴在了它的头上。

可以这么说，“凤翔”号为以后日本海军航空母舰的设计、战术和甲板飞行训练方面积累了宝贵经验。

战术航母：岛式结构的“纯种航母”

★ “凤翔”号航母性能参数 ★

排水量： 7 470吨（标准）
10 000吨（满载）
航速： 26.5节
动力： 30 000马力
续航力： 8 000海里/18节
火炮： 4门5.5英寸舰炮
30门25毫米舰炮
10门13.2毫米舰炮
雷达： 21型13式
舰载机： 26架
编制： 550人

“凤翔”号在甲板前部有大约5度的下倾斜坡，两部升降机沿飞行甲板中线布置。它打破了第一代航母的“平原型”结构，一个小型岛式舰桥被设置在飞行甲板的右舷。三个烟囱可向外侧倾倒，以免影响飞机起降作业。

但是经过试验，日本海军发现“凤翔”号的岛式结构并不是很合适。由于该舰的飞行甲板比较狭窄，岛式建筑在起降时显得非常碍事。为了保证舰载机的安全起降，日本海军于1924年又拆除了岛式建筑，由此，世界上第一艘“纯种航母”又恢复成为一艘典型的“平原型”航母，这从发展上讲是一种倒退。

“凤翔”折翅：毫无荣光的服役历程

“凤翔”号航母服役之后，并没有参加实战，只是作为日本航空兵的训练舰艇。日军经过试航后发现，“凤翔”号的飞行甲板较窄，日军为保证飞行安全，于1924年拆除了“凤翔”号上的岛式舰桥。由于没有装备弹射器，因此之后的新型战机无法在“凤翔”号上起飞。

在太平洋战争爆发前，日军对“凤翔”号进行了现代化改装，为搭载新式战机延长了飞行甲板。

1928年4月，“凤翔”号与“赤城”号航母共同编入第一航空战队。1932年1月，中国

★“凤翔”号航空母舰

“一·二八”上海抗战的战场上，“凤翔”号与“加贺”号航母进入中国海域支援侵华日军。1932年2月6日，“凤翔”号所载“13”式攻击机被中国空军击落（为日本舰载机被击落的第一架飞机）。

1934年，由于各国航母发展迅速，“凤翔”号已经成为二流战舰。

1935年9月26日，“凤翔”号在演习中遭暴风雨袭击，前飞行甲板破损。

1937年8月，卢沟桥事件爆发后，“凤翔”号曾在中国沿海附近巡视。10月，“凤翔”号将飞机移至“龙骧”号航母，母舰被返回日本，作为训练舰。

1941年12月1日，“凤翔”号加入了联合舰队主力部队，参加了太平洋战争。

中途岛海战后，“凤翔”号又再度延长以及加宽飞行甲板，由于飞行甲板过度延长，导致第二次改装后的“凤翔”号航海性能不佳；只能在内海航行作为训练舰。但也因为如此，“凤翔”号是唯一一艘没有受损的日本航空母舰。日本战败投降后“凤翔”号作为运输舰运输海外日本侨民。1946年9月，“凤翔”号被解体。

英国皇家海军主力航母——“皇家方舟”号航空母舰

最先进的航母：英国海军的诺亚方舟

20世纪30年代各国列强为争夺海上霸权，疯狂扩充海军。

英国为保持对其他国家海军的绝对优势，在不断建造大型战列舰的同时，决定专门设计建造新式舰队航空母舰，由于英国是最早开发和研制航空母舰的国家，在这方面积累了丰富的经验，所以决定要设计出当时最先进的航空母舰。

1934年，皇家海军批准拨款建造一艘，起初命名为“木星”号，1935年9月16日开工，1937年4月13日下水时，正式被命名为“皇家方舟”号。1938年11月16日，该舰完工。

“皇家方舟”号的设计非常成功，它是英国皇家海军在二战之前建成的一艘最具现代航母特征的军舰。

“皇家方舟”号采用了全通式飞行甲板、右舷侧岛式上层建筑、飞机弹射装置和拦阻装置以及各种起降设备等先进的设计，使其成为了皇家海军后续建造航空母舰的样板。

★英国“皇家方舟”号航空母舰

封闭式设计：皇家海军的独特设计

★ “皇家方舟”号航母性能参数 ★

排水量： 19 500吨（设计）
27 300吨（满载）
舰长： 243.8米
舰宽： 29米
吃水： 7米
最大航速： 31节
续航能力： 7600海里/20节
动力装置： 6座锅炉
3台Parsons蒸汽涡轮机
功率： 102 000马力
装甲： 侧舷垂直装甲4.5英寸
甲板装甲2.5英寸
机库装甲1.36英寸
武器装备： 16门4.5英寸/45倍口径重型高炮
48门2磅砰砰炮
32挺0.5英寸口径高射机枪
舰载机： 48架剑鱼鱼雷机
12架鱼鹰战斗/轰炸机
或者36架剑鱼鱼雷机和24架鱼鹰战斗/轰炸机
编制： 1 200 ~ 1 650人

由于《华盛顿条约》对航空母舰标准排水量的限制，使“皇家方舟”号在设计工作中有很多顾虑。首先设计时考虑在不增加排水量的条件下，为给航母提供最大面积的飞行甲板，在舰首和舰尾各装了外伸板，并各自向外向下弯，在后来的首次着舰试验时飞行员也报告着舰非常平稳。

“皇家方舟”号舰体长宽比例为7.6：1。考虑到大西洋的恶劣海况，舰体采用高干舷，舰首设计成封闭型，两层封闭式机库包括在舰体结构中，并将飞行甲板(钢质)作为强力甲板，是船体的上桁材。这是英国与同期美、日设计的航空母舰不同之处。这种结构只能配置小型升降机，升降机较窄，运往机库飞机都必须事先把机翼折叠起来。拥有三部升降机，升降机有两个平台在飞行甲板与两层机库之间分别运行，作业比较烦琐。飞行甲板在舰首和舰尾加装了向下倾斜的外伸板，尽量扩大飞行甲板面积。前端安装两台液压式弹射器，舰桥、烟囱一体化的岛式上层建筑位于右舷。设计岛式上层建筑时利用空气动力学因素以减少湍流。侧舷以及下层机库甲板等要害部位铺设有装甲，可抵御500磅炸弹的攻击。建造过程中，舰体大量采用焊接工艺以节省结构重量。

出生入死：“皇家方舟”号的二战岁月

英国海军的“皇家方舟”号航空母舰服役后不久，第二次世界大战欧洲战场的战事爆发。英国海军与德国海军为了争夺制海权在欧洲海域展开了殊死的较量。“皇家方舟”号

★ 英国“皇家方舟”号航空母舰

航空母舰在与德军舰艇的作战中表现神勇，屡创佳绩，在二战海战史上留下了浓墨重彩的一笔。

1939年9月，英国海军的两艘航空母舰“皇家方舟”号和“勇敢”号分别带领一支反潜舰队出海。

1939年9月14日，“皇家方舟”号在赫布里底群岛海域搜寻德军潜艇，派出四架侦察机进行低空反潜搜索，就在此时，一艘德军潜艇正幽灵般地游弋在海里寻找猎物，这是德国海军U-39号潜艇，当潜艇声呐发现目标时，年轻的艇长还以为是一艘大型货船，于是下令上浮，升起潜望镜——镜头里赫然出现的是一艘英国航母。U-39号艇长立即下令作好战斗准备。

只见“皇家方舟”号毫无察觉大摇大摆地驶进潜艇鱼雷的有效攻击范围，U-39号艇首两雷齐射，两枚鱼雷航迹笔直地冲向“皇家方舟”号，直到此时，英舰仍是一无所知。也许是“皇家方舟”号命不该绝，德军鱼雷兵匆忙之中没来得及将引信装好，才使鱼雷提前爆炸，这对英舰来说，真是不幸中的万幸，若是这两枚鱼雷命中航母，后果不堪设想。直到此时，护航的驱逐舰才如梦初醒，四艘驱逐舰冲上前猛投深水炸弹，在极短时间内一口气投下数十枚深弹。水面上不断出现深弹爆炸冲击波所造成的圆形涟漪，深弹水下爆炸所特有的羽毛状水柱接二连三蹿出水面。可以想象水下必定已经炸开了锅，U-39号还来不及逃远，被密集而猛烈爆炸炸伤，艇长眼看潜艇遭到重创，再不上浮就要永远沉在海底，只得下令上浮，全艇官兵都成了英军的俘虏。U-39号因此获得一项殊荣：二战中第一艘被击沉的德军潜艇。

1941年初，德军计划将停泊在波罗的海的“俾斯麦”号战列舰和“欧根亲王”号重巡洋舰调往法国，与“格奈森诺”号和“沙恩霍斯特”号战列巡洋舰会合，组成实力空前强大的舰队杀入大西洋，作战代号“莱茵演习”。1941年5月19日，“俾斯麦”号和“欧根亲王”号从波兰格丁尼亚港悄然出航。英国海军得知情况后决定务必击沉这两舰，随即，英国海军上将萨默维尔指挥包括“皇家方舟”号航母、“声望”号战列巡洋舰的H舰队奉命从直布罗陀海峡兼程北上参战。

1941年5月26日14时50分，14架舰载机冒着大风从“皇家方舟”号上起飞。40分钟后，机群发现了目标，兴奋的飞行员来不及细看就投入鱼雷攻击，8架飞机投下了鱼雷之后才发现原来这是自己的“谢菲尔德”号巡洋舰，好在这些鱼雷不是被军舰规避，就是因磁性引信被海浪引爆，没有对军舰造成损失，避免了一场误击悲剧。一架飞机向“谢菲尔德”号发出信号说，“敬了你一条鳟鱼，真对不住”。最终，14架舰载机无功而返，飞回了“皇家方舟”号。

而此时，德国海军也没闲着，正全力调集附近海域的潜艇前来支援，其中U-556号最先赶到，并成功逼近到距离“皇家方舟”号仅400米处，清楚看到航母正在进行起飞准备，可惜U-556号已在先前的巡航作战中用完了所有鱼雷，只能束手无策地看着这一切发生。

1941年5月26日19时，15架“剑鱼”式舰载机从“皇家方舟”号航母上起飞，此时“俾斯麦”号距离法国海岸越来越近，如果此次攻击再告失手，那就只能眼睁睁看着“俾斯麦”号逃脱围歼了。因此，出战的英军飞行员都清楚，只能成功不能失败，这些英军飞行员还吸取了刚才攻击“谢菲尔德”号时磁性引信被海浪引爆的教训，将全部鱼雷都换成了触发引信。出击的“剑鱼”式舰载机在“谢菲尔德”号巡洋舰的引导下，准确地找到了在暴风雨中航行的“俾斯麦”号，立即冒着德舰猛烈的对空火力，利用云层掩护从左右两舷同时攻击，先后投下13枚鱼雷。

“俾斯麦”号迅速规避英机投下的鱼雷，有两雷命中，一雷命中装甲防护严密的中部，而另一雷则是致命一击——不偏不倚正中最薄弱的舰尾，炸毁了螺旋桨，碎片又卡住了舵机，舵机舱进水。这样一来，“俾斯麦”号只能用一侧轮机增速，一侧轮机减速的方法来制止军舰原地打转，而且由于舵机舱舱壁很薄，出现破口后顺风航行将加剧进水，德舰只能忽左忽右地扭动着逆风向北航行，再无法取最近的航线返回法国。在这场战斗中，“皇家方舟”号成功地击伤并迟滞了德舰，为最后歼灭“俾斯麦”号立下头功。

1941年2月9日，萨默维尔海军上将对热那亚的港口发动了一次勇敢而成功的袭击。从“皇家方舟”号舰上起飞的飞机对里窝那和比萨进行轰炸，并在斯佩西亚海面敷设水雷。

不久为支援北非作战，扼断德国隆美尔非洲军团的海上补给，“皇家方舟”号奉命运输飞机到马耳他。

1941年11月10日，萨默维尔上将指挥由航母2艘、战列舰1艘、巡洋舰1艘和驱逐舰7艘组成的H舰队出海，同时从直布罗陀起飞7架“布伦海姆”轰炸机，为舰队提供空中掩护。11月12日，“皇家方舟”号从本土运载37架“飓风”战斗机到达马耳他。11月13日下午，“皇家方舟”号被德国潜艇U–81发现，德国古根伯格上尉指挥U–81艇向“皇家方舟”号发射4枚鱼雷，其中1枚鱼雷命中航空母舰舰岛下方的右舷，几分钟后，大量入水使“皇家方舟”号主机停止运转。

1941年11月14日凌晨，“皇家方舟”号锅炉爆炸，一小时后沉入海底。温斯顿·丘吉尔写道：“一切挽救这艘船的企图都失败了，于是在我们的许多战事中战绩显赫的这艘有名的老资格的军舰就在离开直布罗陀只有25海里航程的时候沉没了。这是我们在地中海上的舰队所受到的一系列惨重损失的开端，也是在那里的以前从来不为我们所知悉的一个弱点。”

“皇家方舟”号虽然最终被击沉，但它精心的设计和合理的布局使它被誉为“现代航母的原型”。从“暴怒”号到“百眼巨人”号再到“皇家方舟”号，英国海军航母一直走在世界各国的前面。英军后来又参照“皇家方舟”号的设计建造了“光辉”级航空母舰。

美国太平洋战场主力航母——“埃塞克斯”级航空母舰

太平洋上数量最多的一级航母

第二次世界大战爆发前，美国有5艘航空母舰，但当时战列舰仍被视为海上力量的中坚，航空母舰只是一种海上浮动机场，从上面起降侦察机和尚未证明其威力的攻击机。此时，舰载航空兵的战略、战术以及它的作用还依然处于理论性争论之中。

珍珠港事件导致了美国海军战略思想的彻底变化，残留在太平洋上的美国海军力量以航空母舰为核心组成了抗击兵力。这时，美国才感到航空母舰数量的不足。美国深感有加强航空母舰建造的必要，在此情况下，美国国会和政府作出了加速建造航母的决定：优先建造“埃塞克斯”级航空母舰。

美国的战史学家大都同意这样一种观点：在太平洋战争中海军航空兵扮演了重要角色，而其中“埃塞克斯”级航空母舰则起了显著作用。它们给海军航空兵注入了机动性、

★“埃塞克斯”级航空母舰

持久力和攻击力，使盟国海军从日本舰队手中夺取了太平洋的控制权，确保了盟军部队以排山倒海之势直逼日本本土。

“埃塞克斯”级是美国海军历来所建数量最多的一级航母，也是蒸汽时代所建数量最多的一批主力舰。第二次世界大战期间共有17艘建成服役，它们分别是：首舰“埃塞克斯”号（CV－9）、“约克城”号（CV－10）、“勇猛”号（CV–11）、“大黄蜂”号（CV–12）、“富兰克林”号（CV–13）、“提康德罗加”号（CV–14）、“伦道夫”号（CV–15）、“列克星敦”号（CV–16）、“邦克山”号（CV–17）、“黄蜂”号（CV–18）、“汉科克”号（CV–19）、“本宁顿”号（CV–20）、“拳师”号（CV–21）、“好人理查德”号（CV–31）、“安提坦”号（CV–36）、“香格里拉”号（CV–38）和“张伯伦湖”号（CV–39）。战后建成7艘，分别为：“普林斯顿”号（CV–37）、“塔拉瓦”号（CV–40）、“奇沙治”号（CV–33）、“莱特”号（CV–32）、“菲律宾海”号（CV–47）、“福吉谷”号（CV–45）和“奥里斯坎尼”号（CV–34）。

集美军各级航母之所长的“埃塞克斯”级

“埃塞克斯”级的设计方案以“约克城”级航空母舰为蓝本，至1940年已经历了6次改进。“埃塞克斯”级航空母舰的防护较“约克城”级有了改进，水下、水平防护和对空火力都有所加强。

★ “埃塞克斯”级航母“埃塞克斯”号性能参数 ★

排水量： 27 500吨（标准）
34 880吨（满载）

舰长： 265.79米

舰宽： 28.35米

飞行甲板长： 262.13米

飞行甲板宽： 29.26米

平均吃水： 7米

航速： 32.7节

续航能力： 15 000海里/15节

功率： 8台锅炉，4部齿轮传动式蒸汽轮机
主机输出功率15万轴马力

火炮： 12门5英寸火炮
68门40毫米高射炮
55门20毫米高射炮

标准舰载机： 80～90架

燃料载量： 6 300吨

编制： 3 442人（军官382人，士兵3 060人）

“埃塞克斯”级航空母舰吸取了先前各级航母的优点，舰型为“约克城”级的扩大改进型。舰体长宽比为8：1。在飞行甲板前部和中后部设有升降机，另在甲板左侧舷有一部可垂直折叠的升降机，使其可以通过巴拿马运河。拦阻系统在舰尾与舰首各设有一组拦阻索，能阻拦降落重量达5.4吨的舰载机。

1945年夏，典型的“埃塞克斯”级航母的航空大队包括：1个战斗机中队（36~37架）、1个战斗轰炸机中队（36~37架）、1个俯冲轰炸机中队（15架）和1个鱼雷机中队（15架），总计103架飞机。

第二次世界大战后，新一代舰载喷气式飞机诞生。航空母舰要搭载喷气机就需要一整套新的操机系统和方法，特别是飞机弹射器。这就从客观上导致了“埃塞克斯”级航母

★美国“埃塞克斯”号航空母舰

必须进行广泛的现代化改装。美国海军对除战争期间受损严重的“富兰克林”号和“邦克山”号外的22艘“埃塞克斯”级航空母舰进行了分批现代化改装。改装的主要内容是提高航母的操机能力，即具有操作总重量为1.8吨的舰载机。将原先的H4-1式弹射器拆除，代之以H-8式；加固飞行甲板，拆除一些127毫米炮，以减少舰上部重量、增大甲板空间和飞机着舰区的安全度；增大升降机的尺寸和载机能力，安装供喷气机使用的特种设备，如喷焰偏转器、喷气燃油混合器等。

太平洋战场上的“战斗堡垒”

“埃塞克斯”级航空母舰的建造规模充分反映了美国巨大的工业潜力。太平洋战争之初，美国就决定集中力量按照“埃塞克斯”级航空母舰的标准设计方案进行批量生产，从而使造船厂能够采用流水线作业。此外，在诸如钢型和钢板、舰上设备、机械以及武器等各方面也都实行了高度标准化。高射武器的生产几乎全部集中在制造127毫米炮、“博福斯”40毫米炮和“厄利孔”20毫米炮。由此，该级航母的建造周期极大地缩短了，有几艘只用了14~16个月便建成服役。

★美国海军CV-16“列克星敦”号“埃塞克斯”级常规动力航空母舰

在1944年6月的马里亚纳海战和1944年10月的莱特湾海战中，“埃塞克斯”级航空母舰搭载的舰载机先后击沉了日本“飞鹰”号、“千代田”号、“千岁”号、“瑞凤”号、“瑞鹤”号航空母舰和“武藏”号战列舰，1945年，“埃塞克斯”级航空母舰的舰载机击沉了“海鹰”号航母和“榛名”号、“伊势”号、“日向”号、“大和”号战列舰。同时，还击沉了若干其他舰只。

“埃塞克斯”级航空母舰参战的大部分舰只遭到了不同程度的损伤，有的伤势十分严重，共有14艘(次)遭受日本的鱼雷、炸弹和神风自杀飞机的攻击，但它们没有一艘因伤沉没。“富兰克林”号是其中损伤最为严重的一艘舰只，但由于损管措施得力，依靠自身的动力驶回了珍珠港。战争结束时，以“埃塞克斯”号为例，它就荣获“总统单位嘉奖”和13枚战役铜星纪念章。美国海军在战后大幅度缩编，大部分“埃塞克斯”级曾暂时退出现役。后来因局部战争的需要，它们又先后重新服役。在朝鲜战争中，计有10艘该级舰参战；在越南战争期间，有9艘该级舰参战。

20世纪70年代，“埃塞克斯”级航空母舰陆续退出了现役。到1976年10月，只有作为训练舰的“列克星敦”号（AVT-16）在现役。1991年11月8日，“列克星敦”号退出了现役。在24艘“埃塞克斯”级航空母舰中，除“约克城”号（位于加利福尼亚州）、“勇猛”号（位于纽约，也有译为“无畏”号）已作为博物馆舰长久保留外，其余舰只已经从美国海军的舰船名册中消失。另外，还有“列克星敦”号（位于得克萨斯州）、“大黄蜂”号（位于加利福尼亚州）也被保存供博物馆游览观光用。

偷袭珍珠港的旗舰——“赤城”号航空母舰

八八舰队计划：由战列巡洋舰改建的航母

“赤城”号航空母舰是日本海军建造的大型航空母舰。“赤城”号的命名源自关东北部的赤城山，与大部分是使用飞翔的动物作为命名的其他日本海军航空母舰有点不同，这主要是因为“赤城”原来设计应该是一艘战列巡洋舰，但中途改建为航空母舰，却没有再行改名而沿用原来的巡洋战舰命名所致。

根据日本海军制订的“八八舰队计划”，“赤城”号最初是作为“天城”级战列巡洋舰的二号舰于1920年12月6日在吴港海军船厂开工建造，由于1922年《华盛顿海军条约》的签订，1922年2月5日暂停建造。

1923年根据《华盛顿海军条约》的规定，日本将停建的巡洋战舰“赤城”号改建为航空母舰，从战列巡洋舰改为航空母舰时，舰体主甲板以上全部重新建造，设有双层机库。

改头换面：“赤城”号经历现代化改装

★“赤城”号航空母舰性能参数★

排水量： 29 500吨（标准）
36 500吨（满载）
舰长： 261米
舰宽： 30.5米
改装后舰长： 260.67米
上层飞行甲板长： 190米
改装后上层飞行甲板长： 249.2米
吃水： 8.1米
动力： 19台锅炉，蒸汽轮机
主机最大输出功率133 000马力
4轴
最大航速： 31节
续航能力： 8 200海里/16节
武器装备： 6座100毫米舰炮
6座12厘米双联装高射炮
14座25毫米三联装高射炮
舰载机： 共91架
编制： 1 297人，改装后1 630人

“赤城”号安装三段飞行甲板呈阶梯状分为三层，上层是起降两用甲板，全长190米，宽30.5米，中、下两层与双层机库相接，可供飞机直接从机库起飞，中层甲板供小型飞机起飞，长约15米，下层甲板较长供大型飞机起飞，长55米，宽23米。上层飞行甲板前端下面是横跨舰体两舷的舰桥。后来实践证明短距飞行甲板暴露出许多不足之处，而且舰桥位置太低，不利于观察和指挥。为了消除烟囱排烟对飞机着舰造成的不良影响，锅炉的废气从右舷伸向舷外并向下弯曲的烟囱排出。

“赤城”号完工时，安装了10门200毫米口径火炮，用来打击巡洋舰等水面目标，其中两座双联装炮塔并列安装在舰桥之前的甲板上，单装炮廓式炮组分别装在舰体后部两侧。

“赤城”号航空母舰在日本海军服役的前五年进行了一系列的试验，并在右舷安装了一个小型岛式上层建筑。

1935年10月到1938年8月间，“赤城”号在佐世保海军船厂进行了与“加贺”号航空母舰类似的现代化改装。取消不实用的中下两层飞行甲板，拆除中层飞行甲板前面的两座双联装200毫米炮。上层飞行甲板改为全通式，加长加宽并进行结构加强，一直延伸至舰首并用立柱支撑。机库向前延伸，升降机三座。考虑航空母舰编队并行时便于各自的飞机起

飞、降落，岛式舰桥特别安装于舰体左舷，替代了原先的右舷岛式上层建筑，在起飞整理队形或返航准备降落时，“赤城”号的飞机可以向右边盘旋，不会与并行舰的飞机起降发生空中交通冲突。

生死存亡：“赤城”号的战斗生涯

1928年，日本海军名将——山本五十六曾出任“赤城”号舰长。山本以其敏锐的眼光意识到了这种搭载飞机为主要作战武器的战舰对海战将产生的影响。尽管这种思想在当时海军中并不占主要地位，但山本确实将大量的精力投入到“赤城”号之中。

1932年1月的第一次淞沪抗战中，“赤城”号、“加贺”号轰炸上海。1937年“七七事变”爆发，“赤城”号先后在长江流域、华南、海南等地作战。

作为日本海军的第一艘大型航空母舰，“赤城”号上有日本海军最优秀的飞行员。1940年，日、美关系日趋紧张，美国太平洋舰队移师珍珠港。1941年初，日本联合舰队司令山本五十六制订了袭击珍珠港的计划，为此各航空战队进行了严格的训练。山本五十六的政策是训练中的伤亡与实战中的伤亡同样对待，致使“赤城”号以及第一航空战队的飞行员在参战前轰炸的命中率可达到80%。1941年12月，“赤城”号作为旗舰参与偷袭珍珠港。山本五十六的思路在珍珠港得到了充分验证。

1941年12月7日“赤城”号作为日本航空舰队旗舰，参与偷袭珍珠港。随后，美国对日本宣战，太平洋战争爆发。太平洋战争最初6个月内，由“赤城”号作为旗舰的日本第一航空舰队向西对南太平洋至印度洋海域进行了扫荡。

★“赤城”号航空母舰

1942年6月中途岛海战中，“赤城”号是机动部队指挥官南云忠一海军中将的旗舰。在一次战斗中，“赤城”号被美国海军“企业”号航空母舰的舰载俯冲轰炸机命中两颗炸弹，引起甲板上刚加满油的舰载机和摆放在甲板上的鱼雷爆炸。猛烈爆炸重创了“赤城”号，使其最终沉没。

美国海军的中流砥柱——“约克城”级航空母舰

两万吨级航空母舰：生于罗斯福时代的“约克城”

“约克城”级航空母舰是美国在20世纪30年代经济危机后、罗斯福新政实施期间，根据《经济复兴法案》拨款所设计建造的航空母舰。1934年美国海军利用《华盛顿海军条约》规定的额度，计划建造两艘两万吨级航空母舰，并根据一号舰“约克城”号的命名称为“约克城”级。

1936年，日本退出海军裁军谈判开始建造大型航空母舰（“翔鹤”级航空母舰），美国海军因此在1938年通过《海军扩建法案》又追加建造两艘“约克城”级改进型的航空母舰。

“约克城”级航母同型舰共有三艘，分别是：“约克城”号（CV-5）、“企业”号（CV-6）和改进型“大黄蜂”号（CV-8）。

★“约克城”级航空母舰

"约克城"号于1934年5月21日开工，1936年4月下水，1937年9月竣工；"企业"号于1934年7月6日开工，1936年10月下水，1938年5月竣工；"大黄蜂"号于1939年9月25日开工，1940年11月下水，1941年10月竣工。

在太平洋战争初期，"约克城"级是美国海军的中流砥柱，是美国海军对抗日本联合舰队的重要力量。仅从中途岛一役就可以断言，它们对太平洋战争的进程产生了不可估量的作用。此外，"约克城"家族为美军在太平洋战争中所取得的胜利付出了巨大的牺牲。

"约克城"级一共有三艘同型舰。三艘同型舰中只有幸运的"企业"号服役到了战争的结束，而"约克城"号，1942年在中途岛海战中沉没，"大黄蜂"号在随后的圣克鲁斯海战战沉。

一代名舰：美国航母的典型样板

★ "约克城"号航空母舰性能参数 ★

排水量： 19 800吨（标准）
排水量： 25 500吨（满载）
舰长： 246.7米
水线： 232米
舰宽： 25.4米
吃水： 7.9米
飞行甲板长： 245米
飞行甲板宽： 33米
动力装置： 9座锅炉
4座蒸汽轮机
输出功率： 120 000马力
航速： 33节
续航力： 7 900海里/20节
12 500海里/15节
武器装备： 8门127毫米口径高平两用炮
16门28毫米口径高射炮(4座四联装)
舰载机： 18～36架战斗机
36架俯冲轰炸机
18架鱼雷轰炸机
共计80～90架

"约克城"级航母充分吸收了之前美国海军改装、设计、建造航空母舰的经验，该级舰采用开放式机库，拥有三部升降机，飞行甲板前端装有弹射器，紧急情况下舰载机可以通过在机库中设置的弹射器从机库中直接弹射起飞（但后来取消了这项不实用的功能），突出舰载机的出击能力。

"约克城"级航母飞行甲板前后装了两组拦阻索，飞机可以在飞行甲板的任一端降落。木制飞行甲板没有装甲防护，舰桥、桅杆和烟囱一体化的岛式上层建筑位于右舷。和之前建造的"突击者"号相比，"约克城"级增大了舰体和航速，同时加强了水平和水下防护。

“约克城”级航母的装甲较弱，水线以下舰体对鱼雷的防护能力存在着很大程度的缺陷。就是从“约克城”级开始，美国航空母舰的岛式上层建筑和烟囱连为一体，从而形成了美国航空母舰的基本形式。

首舰“约克城”号：血拼日本第五舰队的功勋之舰

CV-5是第三艘以“约克城”命名的舰只，于1934年5月开工，1936年4月下水，1937年9月开始服役。服役后至1938年间，“约克城”号与其舰载机在东海岸和加勒比海进行着各种服役之初的训练。1939年2月，“约克城”号与其姊妹舰“企业”号在加勒比海进行了第一次演习，演习的目标是控制海岸，驱除假想中从加勒比海登陆的敌人。罗斯福总统曾在“休斯敦”号巡洋舰上观看了部分演习。

1940年4月，“约克城”号参加了在太平洋进行的另一次演习，演习中对航空母舰可能在未来战争中产生的影响有了充分认识。由于太平洋局势的紧张，演习之后，参加演习的大部分舰只留在了珍珠港。

1941年初，由于德国的潜艇对大西洋的运输线产生了重大威胁，“约克城”号与“华盛顿”号巡洋舰等护卫舰被派往大西洋加强大西洋的护航力量。1941年4月到12月间，“约克城”号在东海岸和英国之间共往返了四次，并与德国潜艇有少量接触。

1941年12月7日，太平洋战争爆发时，“约克城”号刚好完成一次护航而在诺福克(Norfolk)港补给。太平洋舰队战列舰几乎全部报销，航母还有“企业”号、“列克星敦”号和“萨拉托加”号。为补充太平洋舰队，“约克城”号于1941年12月16日调往太平洋，并成为新的第17特混舰队的旗舰，由弗莱彻(Fletcher)指挥。

1942年1月，第17特混舰队从圣迭戈出发驶往珍珠港；在珍珠港短暂休整后，1月25日，以“企业”号为中心的第8特混舰队以及以“约克城”号为中心的第17特混舰队驶离珍珠港；2月1日，两支舰队成功完成了美国海军在太平洋的首次攻击任务：袭击马绍尔－吉尔伯特群岛。尽管作为争取战略平衡的任务，这些袭击对日军造成的损失不大，但无疑为1942年初暗淡的太平洋注入了一些生气，在珍珠港许多水兵挥舞着包着绷带的胳膊迎接两支特混舰队的归来。

1942年2月14日，“约克城”号再次离开珍珠港，并于3月6日与以“列克星敦”号为中心的第11特混舰队在珊瑚海汇合，准备抑制日本联合舰队在新几内亚岛的行动；当时拉包尔、莱城和萨拉莫阿已被日军占领；3月10日，从“约克城”号和“列克星敦”号上起飞的共104架飞机轰炸了莱城和萨拉莫阿的设施和舰只。这些攻击使日军被迫推迟了在南太平洋的行动，直至联合舰队第5航空战队返回特鲁克，日军才继续执行莫尔兹比港的登陆行动。

美国海军已决心阻止日军在南太平洋的进攻，这一任务又落在第17特混舰队和第11特混舰队上。由弗莱彻指挥的“约克城”号和“列克星敦”号于1942年5月1日进入珊瑚海。1942年5月7日，两舰起飞的93架飞机击沉了轻型护航航母“祥凤”号。1942年5月8日，在势均力敌的情况下，“约克城”号和“列克星敦”号与联合舰队第5航空战队的“翔鹤”号和“瑞鹤”号进行了决斗。“列克星敦”遭到袭击后由于燃油爆炸而沉没，“约克城”号也受到了损伤。同时“翔鹤”号也遭到重创，“瑞鹤”号严重减员。珊瑚海是日美之间也是人类历史上的第一次航母之间的战斗。日本取得了战术上的胜利，但美国取得了战略上的胜利，因为这阻止了日本在南太平洋的行动并使第5航空战队不能参加中途岛行动。

1942年5月27日，“约克城”号拖着10英里长的油膜返回珍珠港，经过三天不间断修理，1942年5月30日“约克城”号再次驶离珍珠港，与“企业”号、“大黄蜂”号一起执行成为太平洋战争转折点的中途岛任务。1942年6月4日，8时30分，17架无畏俯冲轰炸机、12架鱼雷机和6架野猫战斗机组成攻击队从“约克城”号上起飞。由于缺乏配合12架速度较慢的鱼雷机中只有两架返航，但17架俯冲轰炸机迅速结果了日军的“苍龙”号。1942年6月5日上午，一架日本巡洋舰上的水上侦察机发现了“约克城”号。1942年6月6日下午，负责警戒的日本伊168号潜艇终于发现了“约克城”号，其发射的鱼雷再次击中“约克城”号并击沉了护航的“哈曼”号。随夜晚的降临，拯救“约克城”号行动被迫终止，而“约克城”号没能坚持到第二天天明，于1942年6月7日5时30分倾覆沉没，它的沉没为中途岛战役留下了些许遗憾，但它在珊瑚海和中途岛日美前两次的航母交手中，发挥了不可替代的作用。“约克城”号(CV–5)共获得过三枚战队之星勋章。

二舰“企业”号：太平洋战场上的幸运儿

“企业”号（CV–6）航母是“约克城”级航母中的第二艘，于1934年7月动工建造，1936年10月下水，1938年5月在东海岸开始服役，1939年4月转入太平洋服役。

“企业”号绰号“大企”，几乎参加了太平洋的所有重要战役。“企业”号是个幸运儿，在对手是崇尚武士道的日本人的情况下，“大企”能够看到战争的结束，本身就说明了这一点。

1941年12月2日，美国海军司令哈尔西率领“企业”号向威克岛运送海军陆战队的飞机。1941年12月7日，日本偷袭珍珠港之时，刚好是“企业”号按原计划到达之日，只因航途中突然遇到狂风巨浪，只好改变航向，结果耽误一天，逃过了厄运。在随后截击日海军攻击舰队过程中，又与支援威克岛登陆的日本第二航空战队(“苍龙”号、“飞龙”号)擦肩而过，如果相遇，结果可想而知。

★“企业”号航空母舰

随后，“企业”号参与一系列的寻求战略平衡的袭击任务。1942年2月1日，哈尔西率领“企业”号和“约克城”号袭击中太平洋日基地马绍尔群岛和吉尔伯特群岛。当时日本海军大将南云忠一的第1、第5航空战队4艘航母正在支援拉包尔登陆，得知马绍尔群岛遭袭击后，立即高速向东追击。追了一整天后，听到美国广播“袭击马绍尔群岛成功，舰队返航”的消息后，才知追不上了。1942年2月14日，“企业”号又袭击日本占领的威克岛。1942年4月中旬，“企业”号为“大黄蜂”号护航，成功空袭东京。

1942年6月2日，美国海军上将斯普鲁恩斯率领“企业”号和“大黄蜂”号在中途岛东北埋伏。1942年6月4日晨，33架轰炸机、14架鱼雷机和10架战斗机于“企业”号起飞。到达预定目标上空后，日本舰队已北撤。“企业”号进攻编队均向北搜索，但以缺乏配合的方式发动了进攻：战斗机在高空一直没有下来；14架鱼雷机在低空大部分被击落，无一雷命中；但“企业”号的俯冲轰炸机却得到了最好的机会：33架分4编队向最大的两个目标“赤城”号和“加贺”号俯冲，这两艘航母的甲板上摆满了正待起飞的战机。“赤城”号和“加贺”号的沉没均应记在“企业”号的账上。

1942年7月，“企业”号又参加了瓜岛的一系列海空战，支援美军两栖登陆。1942年8月24日，它跟“萨拉托加”号航母一起，击沉了日本轻型航母“龙骧”号以及两艘运输船，重创了巡洋舰和驱逐舰各一艘。但“企业”号自己被命中7颗炸弹，使它受了重伤，舰员74人被炸死，95人受伤。由于抢险方式得当，及时控制住大火，“企业”号艰难地返回珍珠港修理。

1942年10月26日，“企业”号与“大黄蜂”号又参加了瓜岛的圣克鲁斯海战。“企业”号最初躲在暴雨下免受了第一轮的攻击，同时其舰载机会同“大黄蜂”号的舰载机多次对日本舰队发起攻击，击伤日本第5航空战队的两艘航母，击沉一艘巡洋舰，击毁日本飞机100多架。但在日舰随后的进攻中，“企业”号也受重伤，死44人，伤75人。“大黄蜂”号被日机击沉。“企业”号带伤收回“大黄蜂”号上的舰载机后撤离战区。

可是局势不允许“企业”号返回美国修理，美国已经有三艘航母被日方击沉，主兵力当时只有“企业”号，附近就有一支日本舰队随时都会发起新的攻击。“企业”号只好一边航行，一边抢修。

1942年11月11日，“企业”号带伤风风火火赶到战场，舰载机发起对日舰队的攻击，击伤了一艘日本战列舰。14日“企业”号的舰载机又击沉日本战列巡洋舰，直到1942年11月16日它才返回美国修理。

1943年1月，“企业”号又重返前线参战，在所罗门群岛海域，为美国舰队提供空中保护，时间长达3个月。1943年5月27日，“企业”号获得“总统嘉奖”，这是美国航空母舰首次获得这项荣誉。

1944年1月至2月间，“企业”号与其他航母又参加了一系列战斗，击沉敌舰船达60万吨。1944年3月至6月间，“企业”号又参加了一系列海岛和支援登陆战。它在马里亚纳与日本航母展开了大战，日本3艘航母被击沉，426架飞机被摧毁，从此日本海军大伤元气。在这次大战中，“企业”号又立下新功。

1944年10月，“企业”号又参加了莱特湾海战，致使日本联合舰队损失航母4艘、战列舰3艘、巡洋舰10艘、驱逐舰9艘。1945年2月，“企业”号又支援美军在硫黄岛的登陆作战，“企业”号的舰载机曾不间断地在岛上为美军担任空中警戒巡逻。

1945年3月以后，“企业”号参加了对日本本土作战，这时的威胁主要来自神风特攻队的进攻。1945年5月14日晨，一架日军的神风飞机突然撞击“企业”号，前部升降机被击毁，美军死14人，伤34人，这是它在二战中最后一次受损伤。1945年6月，“企业”号返回美国修理。

“企业”号在二战中共获20枚战役之星勋章，它于1947年退出现役。之后，为了向“企业”号致敬，美海军1958年服役的第一艘核动力航母也以“企业”号为名，“企业”号的战斗精神与其名字一样将一直延续下去。

三舰“大黄蜂”号：复仇的“香格里拉”

“大黄蜂”号（CV-8）是美军第7艘以“大黄蜂”号命名的舰只，也是“约克城”级航母的第三艘。与“约克城”级航母首舰相比，“大黄蜂”号的舰体和航速稍有增大，同时加大了水面和水下防护。它有3部升降机，首部是开放式机库，岛式上层建筑和烟囱连为一体，形成了美国航母的基本型。1940年11月下水，1941年10月正式服役，珍珠港事件爆发时，“大黄蜂”号正在诺福克港外进行训练。

作为当时最大最新的航母，“大黄蜂”号被选中参加空袭东京的任务，经过短期的特殊改装后，1942年4月2日，“大黄蜂”号载着16架B-25轰炸机在“企业”号的护航下突入日本近海。1942年4月18日清晨，特混舰队在离日本东京还有600多海里时，杜立特中校率领16架B-25轰炸机从“大黄蜂”号起飞，成功地空袭了东京和附近的城市。这一行动对美国和日本都产生了巨大的震动，罗斯福总统开玩笑说，飞机是从“香格里拉”起飞的，这个“香格里拉”也就是“大黄蜂”号航母。

1942年4月30日，“大黄蜂”号从珍珠港赶赴珊瑚海，但在它到达前，珊瑚海海战已经结束了。

★正在行驶的“大黄蜂”号航空母舰

★“大黄蜂”号航空母舰

1942年6月初，“约克城”号、“企业”号和“大黄蜂”号在中途岛东北350海里处会合，准备伏击日本大舰队。1942年6月4日晨，斯普鲁恩斯在估计空袭中途岛的日机返航时，决定出击。“大黄蜂”号上有35架无畏式俯冲轰炸机、10架野猫战斗机和15架鱼雷机出动，并在不同的高度上扑向日本航空母舰舰队。编队到达预定的目标海区后，日舰队已向西北撤离躲避，而后编队失散。35架俯冲轰炸机向中途岛方向搜索，最后21架返航到母舰，其余在中途岛降落。由15架鱼雷机组成的第8中队在低空向北搜索，发现了日本舰队，在没有战斗机护航、没有俯冲轰炸机配合情况下，速度较慢的第8中队仍然决定发动进攻，结果全被零式战机和防空炮火击落，并且一雷未中，飞行员也只有盖伊少尉一人幸存。但各机队的牺牲精神终于为“企业”号的俯冲轰炸机创造了一个最好的时机，日舰队的4艘航母先后被击沉。“大黄蜂”号的俯冲轰炸机再次起飞时，也只有驱逐舰可以攻击了。

随后，“大黄蜂”号安装了新式雷达并继续其训练。1942年在8月下旬，瓜达卡纳尔岛的争夺战中，美航母舰队与日本第5航空战队在东所罗门群岛对垒，“企业”号、“萨拉托加”号先后受伤返港，随后的近一个月间，“大黄蜂”号是可以运行的唯一航母，为支援登陆战立下了功勋。

1942年10月26日晨，在瓜岛附近的圣克鲁斯海域，“大黄蜂”号和刚刚维修完毕的“企业”号与日航母再次对垒，日方是第5航空战队航母“翔鹤”号、“瑞鹤”号和“瑞凤”号。双方的实力和机会均很接近。但“企业”号躲避在暴雨下，结果全部日机集中突击“大黄蜂”号，而“大黄蜂”号的护卫战斗机配置得太近，没能起到有效保护。“大黄蜂”号至少中了两枚鱼雷和三颗炸弹，又有一架燃烧的日机撞在舰上。受伤后的“大黄蜂”号只能由驱逐舰拖带以8节的速度前进。下午，“大黄蜂”号又受到4次日机袭击，舰体倾斜14度，梅森舰长下令弃舰。17时许，随日舰队的临近，护卫的驱逐舰“麦斯挺”号和“安德森”号向“大黄蜂”号发射了9枚鱼雷和400多发炮弹后撤离，但顽强的“大黄蜂”号还是拒绝由战友的炮火结束自己的命运。20时，日战列舰队驶近“大黄蜂”号，后者还不断发出爆炸声。日军见无法拖带，又向“大黄蜂”号发射了4枚鱼雷，“大黄蜂”号终于在第二天沉没。在突击日舰过程中，“大黄蜂”号的轰炸机重创了“翔鹤”号和其护卫舰只。

“大黄蜂”号从服役到战沉只有一年的时间，它没有其兄弟舰“企业”号那么幸运，它在太平洋的黎明即将来临时消失在海面上，但它在美国海军最艰难的时刻表现出了非凡的战斗精神，这一点就足以令它骄傲。正像梅森舰长在最后一个离舰时所说的，“新的‘大黄蜂’号上见”。

1943年8月，“大黄蜂”这只火凤凰在第4艘“埃塞克斯”级航母(CV-12)上得到了新生，CV-12成为第8艘以“大黄蜂”命名的舰只。

世界上第一艘核动力航母——“企业”号航空母舰

一枝独秀的核动力航母

继1954年第一艘核动力潜艇“鹦鹉螺”号服役后，美国海军又把目光投向了功率更大的核反应堆上，打算用它来供大型水面舰只使用。核动力不仅使航空母舰具有无限的续航力，它还有别的长处：第一，由汽轮机驱动的航空母舰要使蒸汽保持实足压力，在飞行作业时可为弹射器提供用之不竭的蒸汽。第二，没有烟囱，不再有从烟囱冒出的烟气，飞机降落更容易了。而常规动力航空母舰从烟囱里排出很热的烟气，吹到飞行甲板后端，造成很大的湍流。第三，上层建筑的设计更适于飞行作业和舰员工作，雷达天线阵能装在最合适的地点，不必再担心烟气的腐蚀。

1958财政年度，美国订购了一艘核动力攻击航空母舰。为了纪念美军二战中的著名功勋航母“企业号”，在美军中传承并发扬“企业号”的战斗精神，这艘新航母也被命名为“企业”号。“企业”号航母是世界上第一艘核动力母舰。该舰于1958年2月动工建造，龙骨正式铺设于美国纽波特纽斯造船公司，1960年9月下水，1961年服役，正式加入美国海军太平洋舰队，直到21世纪的今天，“企业”号核动力航母仍是美国海军的主力战舰之一。

由于造价太高，美国海军并未继续建造“企业”号同型舰，代之以采用传统动力而便宜得多的“小鹰”级航空母舰，以填补“企业”号与下一代核动力航空母舰（即后来的“尼米兹”级）的空隙，后者的造价只比“企业”号的一半多一点儿，“企业”号因此成了本级航母中的唯一。

历经改装的“企业”号

★“企业”号航空母舰性能参数★

排水量：85 600吨
舰长：342米
舰宽：40米
飞行甲板长：331.6米
飞行甲板宽：76.8米
吃水：11.9米
航速：33.6节
动力：8座威斯汀豪斯（Westing-house）A2W压水堆
2台威斯汀豪斯蒸汽轮机，209 000KW
4台应急柴油机，8 000KW，4轴
武器装备：3个RIM-7八联装海麻雀导弹发射器
3套20毫米密集阵近距离防御武器系统
舰载机：85架
编制：3 215人

“企业”号的出世使得美国航母特混舰队全速航行问题得到解决，同时，核动力变速快，有利于飞机起飞；它无须烟囱和排除烟气，这就有利于飞机着舰。核动力省下来的锅炉、燃油空间，可使航空燃油的装载量从普通动力航空母舰的6 000吨增加到11 000吨，航空炸弹约可增加50%。其航空燃油储备量以每架飞机每日起飞两次计算，约可供两周之需。其“岛式”上层建筑减少后，受攻击的可能性也减少，也能使雷达天线得到更合理的配置，并提高舰上防化、防细菌和防辐射的能力。

“企业”号航空母舰有一个突出的缺点：造价高得惊人，高达四亿五千一百万美元，是第一艘“福莱斯特”级航空母舰造价的两倍。这艘航空母舰虽然不用经常维修，但需要配备更多的舰员，对舰员的专业水平要求较高。

核动力航空母舰还有一个问题，即护航舰只必须是核动力的，才能一起行动。

“企业”号服役以来，先后进行过多项改装和大修，其中，主要改进为武备和电子部分。这些改装使其反舰、反潜、防空乃至战术协调方面都有了明显改善。

1973年“企业”号进行了在越战中的最后一次空袭行动后，开始更换舰载机，以F-14A、S-3等取代原有的F-4等机。

★“企业”号航空母舰

1992年“企业”号再度进行改良，追加一座MK-29，SPS-48C升级为SPS-48E，并加装MK-23TAS、NTDS、ASCAC以及TFCC。

劳苦功高的战舰元老

最初“企业”号被归类为攻击型核动力航空母舰(CVAN)，但20世纪70年代初期美国海军取消了CVS(反潜型航空母舰)与CVA的区分，航空母舰一律统一为CV，因此该舰编号前面的CVAN就此被改成CVN。服役35年来，“企业”号为美国海军立下了“汗马功劳”，多次被派往敏感地区和冲突地区，应付突发事件。

1962年8月古巴导弹危机时，“企业”号曾参与美国海军封锁古巴的行动。1963年5月“企业”号便与核动力巡洋舰“班布里奇”号、核动力导弹巡洋舰“长堤”号在欧洲地中海组成“全核武力”舰队，展开了名为“海轨行动”的环游全球巡航任务，途中无须加油和再补给，历时64天，总航程3万多海里，充分显示了核动力的巨大续航力，“企业”号的设计和建造由此对美国第二代核动力航空母舰“尼米兹”级产生了重要影响。

1966年3月15日，应美国太平洋舰队司令官小格兰特·夏普的邀请，蒋介石率领其长子蒋经国以及随从人员一行14人访问了停泊在台湾水域的“企业”号航空母舰，在大约四个小时的访问中，蒋介石参观了军舰上的机库和修理库，包括生存设备及自动通信设备演示，还观看了舰队的飞行表演和火力展示。

1969年1月14日是“企业”号的灾难日，它的飞行甲板突然发生意外火灾并引爆九枚五百磅炸弹，飞行甲板被炸出3个大洞，内部也受创不轻，幸好在数小时抢救后扑灭火势并自力返航，之后的修复作业耗时3个月。

此后，“企业”号还曾参与越战的空袭行动，并参与1975年的西贡撤退。原先“企业”号总在西太平洋与印度洋活动，不过在20世纪90年代便调至大西洋舰队。2001年9月11日美国本土遭到恐怖分子猛烈攻击时，“企业”号正准备结束在中东的巡航返国，不过立刻被留在当地，并参与了其后阿富汗战争的“持久自由”作战行动。这艘颠簸半生的“企业”号预定在2013年除役，被新时代核动力航空母舰CVNX的第一艘取代，届时“企业”号已在海上奔驰了52年。

世界最大的常规动力航母——“小鹰”级航空母舰

绝代名舰：美国最后一级常规动力航母

20世纪50年代，美国建造的“福莱斯特”级航空母舰被称为“超级航空母舰”，但在服役过程中仍发现了一些不足，在1956年建造第5艘时，美国海军对其进行了大幅度改进并连续建造了3艘，称之为“小鹰”级，它是美国建造的最后一级常规动力航空母舰，也是世界上最大的一级常规动力航母。

第1艘“小鹰”号，舷号CV-63，由纽约造船厂建造，1956年12月27日开工，1960年5月21日下水，1961年4月29日服役；

第2艘“星座”号，舷号CV-64，由纽约海军船厂建造，1957年9月14日开工，1960年10月8日下水，1961年10月27日服役；

★“小鹰”号航母是美国海军“小鹰”级航母的首舰

第3艘“美国”号，舷号CV-66，由纽波特纽斯船厂建造，1961年1月9日开工，1964年2月1日下水，1965年1月23日服役。

需要说明的是，美国海军的最后一艘常规动力航空母舰是“肯尼迪”号（CV-67），它是“小鹰”级的第4艘，但由于变化稍大一些，所以国外也将其单列为一级——“肯尼迪”级，其实它与“小鹰”级是相差无几的。

“小鹰”级每隔一两年便要进海军船厂维修，每次维修时间为3个月左右。大修及改装依设备和技术发展情况而定，大部分该级舰均接受了4次较大规模的大修或改装。

最后一次也是规模最大的一次改装工程是自1987年开始对该级舰实施的延长服役期计划，每艘航空母舰除接受与“福莱斯特”级类似的全面大修外，还加装了抗导弹攻击的弹库保护系统，使这一技术首次应用于常规动力航空母舰。

“小鹰”号、“星座”号以及“肯尼迪”号分别于1991年2月、1992年12月和1995年9月完成每艘为期约三年的改装，都服役至2000年以后，而“美国”号则于1998年便退役了。

海上王者：强大的“小鹰”

“小鹰”级采用的基本上是“福莱斯特”级的舰型，甚至尺寸和排水量也大致相同，因此它实际上属改进型“福莱斯特”级航母。它采用封闭式舰首，微凸式艉尾，舰体从舰

★“小鹰”号航母性能参数★

排水量： 61 174吨（标准）
81 780吨（满载）
舰长： 323.6米
舰宽： 39.6米
吃水： 11.4米
飞行甲板长： 318.8米
宽： 76.8米
载航空燃油： 5 882吨
动力： 4台蒸汽锅炉，总功率28万马力
最大航速： 30节
续航能力： 2 000海里/20节
舰载机： 14架F-14D“雄猫”战斗机
36架F/A-18“大黄蜂”战斗攻击机
6架S-3B“海盗”反潜机
2架ES-3A“幻影”反潜机
4架EA-6B“徘徊者”电子直升机
4架SH-60F“海鹰”直升机
2架HH-60H“海鹰”直升机
导弹： 3座八联装GMLSMK-29型“北约海麻雀”舰空导弹
舰炮： 3座MK-15型20毫米6管“密集阵”近防武器系统
火控系统： 3部MK-91型导弹火控系统指挥仪
飞机： 4架E-2C“鹰眼”预警机
编制： 5 480人

底至飞行甲板形成整体式的箱形结构，加强了舰体强度。该级舰的特点是上层建筑较小且集中，位于右舷，其位置则更靠近尾部，动力装置后移。这使全舰的整体结构更为合理，并可为机库和飞机维修车间提供更多空间。

“小鹰”级航母采用了封闭式加强飞行甲板，舰体从舰底至飞行甲板形成整体的箱形结构。飞行甲板以下分为十层，以上分为七层。从舰底至飞行甲板分别为燃料、淡水和武器弹药舱，食品、办公和人员住舱、食堂、飞机修理车间、机库和作战值班室。飞行甲板以上各层则主要为舰长及参谋人员住舱、部分仓库和工作间。全舱内部舱室共1 501个，生活娱乐设施较完备。

“小鹰”级航母航空支援能力强大。对升降机布局进行了调整，将“福莱斯特”级航母左舷升降机移至飞行甲板后部，使各项作业互不干扰。舰上可贮备6 000吨航空燃油和1 800吨航空武器弹药。

“小鹰”级航母电子设施非常完善，它安装了小猎犬舰空导弹，配有各种雷达发射机约80部，接收机150部，雷达天线近70部，还有上百部无线电台。同时，舰上具有极强的发电能力，发电总量为两万千瓦，可供整个纽约市的照明用电。

“小鹰”级的防空武器为3座八联装“北约海麻雀”舰空导弹发射装置和3座“密集阵”近防系统。

横行四海：大洋之上的危险战舰

1968年、1970年和1973年，“小鹰”级航母的“美国”号曾三次部署于越南北部海域，参加越战，以舰载机打击越军纵深目标。1980年，七次活动于地中海，1981年曾部署于红海和印度洋。

1986年，美利冲突期间，“美国”号于3月24日出动A-6E，击沉利比亚一艘导弹艇，4月15日，其舰载机袭击了班加西两个目标。

1991年1月，海湾战争爆发后，“美国”号航母编队同“肯尼迪”号、“萨拉托加”号在红海方向对伊拉克发动袭击。1991年1月17日1点20分，“肯尼迪”号起飞了41架飞机，在随后的空袭行动中，其舰载机出动架次较多。

1994年10月，当时的美国针对朝鲜的核计划即将进入实战部署，而朝鲜拒绝了美日提出的核查并改换清水反应堆的建议，随后“小鹰”号航空母舰战斗群开进黄海以封锁朝鲜西海岸。当时的中美关系，因美售台F16战机以及后来的“银河”号搜查事件而陷入低谷，双方停止了一切的军事交流，黄海有一部分属于国际公海，按照《联合国海洋公约》，当一国要在国际公海执行针对他国的封锁行动时，应事先向临近该海域的周边国家通报，以避免误伤事件的发生。

★“小鹰”级航空母舰

★“小鹰”级航空母舰

当时美国海军在未向中国事先通报的情况下，派遣航母沿中国领海边界巡航，遭遇到一艘刚刚完成远海作训正在水面返航中的中国海军“汉”级核攻击潜艇。

美军不但没有避让，反而起飞北欧海盗反潜机投掷反潜声呐浮漂对中国潜艇方位进行三角计算。

这对一艘潜艇是非常危险的，因为这意味着下一步就是反潜攻击。中国潜艇一边进行下潜规避，一边用长波电台和青岛基地联系，请求支援。美军“小鹰”号不但没有中止这一危险行动，反而全队跟进，驶入中国领海，死缠住“汉”级潜艇不放。北海舰队青岛基地接到电报后，命令海航紧急出动两架歼8带弹出航并派两架Su-27战机护航支援中国潜艇。

在黄海上空，中国飞行员先用英语警告美方，请其立即退出中国领海。“小鹰”号不但装聋作哑，反而起飞了两架F14“雄猫”战斗机进行警戒飞行。这时局面陷入僵持，中国的两架歼8只好保持在内圈，另外两架Su-27则在外圈与F14作平行飞行监视对方。

美国的行为最终激怒了中国飞行员，中国的一架Su-27突然拉高，然后猛地向右翼的F14斜切下去。美国飞行员吓得赶紧向右加力猛拉，逃离接触空域。

同时，中国的歼8战机打开火控雷达锁定美军航母编队，双方剑拔弩张，海上冲突一触即发。美军的F14降落后，“小鹰”号全队驶离中国领海。在向横须贺司令部通报情况后，为避免和中国海军再次危险接触，奉命返回母港。

这一事件，引起了双方高层的重视，美国海军对该事件的描述是“二战后美国海军在西太平洋区域最具爆炸性海上接触”。

1994年11月，时任美国国防部长的切尼访问北京，和中国商量建立“中美海军海上航行双边通报制度”，以避免类似事件的再次发生。

2004年，“小鹰”号航空母舰在太平洋上与中国核潜艇再次相遇，双方试探性地较量了几个回合之后，“小鹰”号航空母舰撤出战斗。2009年，“小鹰”号航母退役。

“海上斗牛士”——“阿斯图里亚斯亲王”号航空母舰

轻型航母：以“海上控制舰”为蓝本

20世纪70年代，西班牙决定建造一艘新型航母代替老旧的“迷宫”号航母。

尽管400年前的西班牙海军曾雄霸海洋，但400年后的今天，就连它最大的船厂——国营巴赞造船公司，也从没有设计建造过航空母舰。为此，西班牙决定向国外招标寻找合作者，借此为巴赞造船公司提供设计和建造中的技术指导。

在美国政府积极支持下，吉布斯·考布斯公司一举中标，成为西班牙新航母工程的设计者。1979年，命名为“阿斯图里亚斯亲王”号的西班牙新航母正式开工建造，10年以后，这艘以美国“海上控制舰”为蓝本的轻型航母加入西班牙海军服役。

“阿斯图里亚斯亲王”号的服役，无论对西班牙还是对美国都是一个巨大的成功。就西班牙海军而论，以反潜护航为主要作战任务的“海上控制舰”方案，较好地符合了西班牙海军的作战需求，使西班牙海军的作战能力有了大幅度提高；同时，通过双方的合作，西班牙掌握了现代航空母舰的设计建造技术，成为当今世界具有这一技术的为数不多的几个国家之一。

对美国来说，“阿斯图里亚斯亲王”号的服役，成为美国与其盟友在海军技术上合作成功的典型范例。尽管“海上控制舰”方案遭到了美国海军的否决，但是作为在未来战争中具有重要意义的设计方案，美国海军有关人士对此一直念念不忘。

设计大胆的“阿斯图里亚斯亲王”号：敢于取舍，突出重点

“阿斯图里亚斯亲王”号轻型航母有几个独特之处：一是飞行甲板在主甲板之上，从而形成敞开式机库，这在二战后的航母中是绝无仅有的；其他航母都是飞行甲板与主甲板在同一水平面上，机库是封闭的。二是动力系统只采用两台燃气轮机，并且是单轴单桨，这在现代航母中同样是独一无二的。为了弥补两台主机可靠性低的弱点，“阿斯图里亚斯亲王”号在舰中部安装了两台可收放的应急动力装置，由两台588千瓦电机驱动，可提供4～5节的航速。三是机库面积较大，达2 300平方米，比其他同型航母多出70%，接近法国中型航母的水平。

★ “阿斯图里亚斯亲王”号性能参数 ★

排水量： 17 188吨（满载）
舰长： 195.9米
舰宽： 24.3米
吃水： 9.4米
动力装置： 常规动力，2座燃气轮机，单轴推进。
功率： 34.1兆瓦（4.64万马力）
航速： 26节
续航力： 6 500海里/20节
武器装备： 4套20毫米近战武器系统
搭载飞机： 垂直/短距起降飞机12架，直升机16架
编制： 555人

作为航空母舰，“阿斯图里亚斯亲王”号的战斗力突出体现在它的舰载机上。“阿斯图里亚斯亲王”号正是抓住这一重点，大做文章。为了提高载机数量，“阿斯图里亚斯亲王”号设计了同型舰中首屈一指的大型机库，机库面积达2 300平方米。载机总数达20架，常用装载方案为：8架AV8B垂直短距起降飞机、8架“海王”反潜直升机、4架AB212通用直升机。紧急情况下，部分飞行甲板搭载飞机，载机总数可达37架。

在提高航空作战能力上，“阿斯图里亚斯亲王”号的设计无疑是成功的。当然，这种作战能力的提高必须在体积、重量和费用上付出代价。这一代价在设计上的体现，是为了保证突出重点，大胆舍弃了一些相对次要的性能。这一点同样形成了“阿斯图里亚斯亲王”号的突出特点。

在总体设计的平衡之中，作出牺牲的主要是动力系统、舰载武器和部分电子设备。尽管在现代舰艇设计理论中，最大航速的要求已大大降低，但是人们普遍认为主力舰艇的航速似乎不应低于28节，而“阿斯图里亚斯亲王”号的最大航速仅26节，不能不说是一个大胆之举。

“阿斯图里亚斯亲王”号的设计思想中，更多的是强调编队护航舰艇提供火力掩护和支援。

“阿斯图里亚斯亲王”号的舰载武器仅为4座12管20毫米“梅罗卡”近程防空火炮。

纵观“阿斯图里亚斯亲王”号总体设计，在突出航空母舰作战特点的前提下，敢取敢舍，简单明快，可以说是一个大胆的设计，也是一个成功的设计。

为什么成功的是“阿斯图里亚斯亲王”号

尽管“阿斯图里亚斯亲王”号的造价达5亿美元，但这主要是由长达十年的建造周期造成的，而西班牙巴赞造船公司为泰国建造同级别的“皇家公主”号的合同金额只有2.85

★西班牙“阿斯图里亚斯亲王”号航空母舰

亿美元，它与同类航母5亿美元左右的造价形成了鲜明的对比。

在巴赞造船公司取得了“皇家公主”号的建造合同，围绕着泰国新航母建造工程的争夺告一段落之后，一个值得反思的问题是：“阿斯图里亚斯亲王”号成功的关键在哪里？

是什么因素促使这个被海军强国认为是二流的轻型航母成了“最优选的”军舰？答案只有一个：这就是顺应潮流，需求与可行性之间达到了最佳结合。

随着苏联的解体，困扰世界达40年之久的冷战宣告结束，围绕着维护国家、民族自身权益的海上斗争成了当今世界海洋矛盾的主题。一些经济发展较快的第三世界国家迫切需要建立一支新型的海军，以维护本国的海洋权益和主权。

对于这些国家来说，一支轻型航空母舰编队所提供的能力，远远超过了其他任何形式的水面编队，同时这种能力可以通过更新舰载机得到不断提高。但是，这些国家的总体经济、技术实力毕竟还显得薄弱，难以承受较高的价格，并且它们的海洋利益主要集中在近海海域，不需要那种性能先进、功能完善的航空母舰。而“阿斯图里亚斯亲王”号恰好出现在这种需要和可能的最佳结合点上，这是它取得成功的基本因素。从另一方面来看，各国海军的作战需求千差万别，设计出一艘适合所有需求的“万能”军舰是不可能的。

★西班牙“阿斯图里亚斯亲王”号航空母舰

事实上，“皇家公主”号并没有照搬“阿斯图里亚斯亲王”号的设计，根据泰国海军的要求，“皇家公主”号的排水量减为11 485吨，推进装置改为双轴双桨，并增设两台巡航柴油机（11 780马力），使动力系统变为燃–柴联合动力；在舰载武器方面，将加装8单元点防御导弹系统、4座近程反导火炮系统，总体武器配置得到全面更新和提高。从“皇家公主”号的改进设计来看，“阿斯图里亚斯亲王”号的原始设计具有较大的灵活性，对于服役时间较长的大型军舰来说，改进设计的灵活性，也是设计取得成功的一个重要因素。

从“阿斯图里亚斯亲王”号的成功，至“皇家公主”号的辉煌，带给人们一个重要的启示：作为一个舰艇设计者，不仅要熟练掌握和运用设计中的各种技术手段，而且必须全面地把握每一型舰艇设计的大背景和大环境。现代舰船的设计是一项复杂的系统工程，只有在全面分析和准确掌握用户需求的基础上，大胆取舍，做出最实用、最灵活的方案，才能真正设计出“最现实的”军舰。这就是为什么“阿斯图里亚斯亲王”号在当今国际形势下备受青睐的原因。

现代航母至尊——“尼米兹”级航空母舰

大器晚成：当代航母家族中的魁首

“尼米兹”级航空母舰是美国第二代核动力航空母舰，是当今世界海军威力最大的“海上巨无霸”，是美国海军独家拥有的大型核动力航空母舰，它的巨大威力令任何海上对手望尘莫及。可以说，“尼米兹”级航母是当代航空母舰家族中最具代表性的一员。

20世纪60年代，美国军方展开了“中途岛”航空母舰的代替计划，由于“企业”号核动力航空母舰的发展成功，海军方面几乎一致赞同以新建核动力航空母舰来取代“中途

★美国“尼米兹”号航空母舰

岛”级航空母舰——其建造经费十分惊人，对于像美国这样的富裕国家来说也是一项沉重的负担。

在经过一连串的讨论后，“尼米兹”号（CVN68）核动力航舰终于在1966年7月1日获得建造经费，但是这项计划却因某些因素而再三地被拖延，问题最后虽然被克服，“尼米兹”级各舰亦顺利完工，却已较最初的计划慢了几年。

“尼米兹”级共有10艘航母：“尼米兹”号于1975年5月3日服役；“艾森豪威尔”号于1977年10月18日服役；“卡尔·文森”号于1982年3月13日服役；“罗斯福”号于1986年10月25日服役；“林肯”号于1989年11月11日服役。“华盛顿”号、“斯坦尼斯”号、“杜鲁门”号、“里根”号、“布什”号分别在1993年、1995年、1998年、2000年、2006年完成，并服役。

其中，首舰“尼米兹”号至少将服役至2020年，其余各舰则可能服役至更长的时间。

“海上巨兽”：创造多项世界纪录的“尼米兹”

★ “尼米兹”级“斯坦尼斯”号航母性能参数 ★

排水量：79 973吨（标准）
100 550吨（满载）

舰长：317米

舰宽：40.8米

吃水：11.9米

飞行甲板长：332.9米

宽：77.8米

最高航速：30节

载航空燃油：9 000吨

动力装置：2座A4W/A1G压水堆
4台蒸汽轮机
功率高达26万马力

续航能力：80万～100万海里

自持力：90天

武器装备：C-13-2型弹射器

标准舰载机：80架

编制：5 984人

“尼米兹”级航母是美国海军中最大的核动力航空母舰，是一座浮动的机场和海上城市。它舰上的甲板面积相当于三个足球场，舰身高达30层楼。舰上还有广播站、电影厅和邮电所、百货商店、服装店、理发店、冷饮店，仅照明灯就有29 184盏。参观过这艘军舰的人，都用“海上巨兽”来形容它。

“尼米兹”级航母也是目前世界上排水量最大、载机最多、现代化程度最高的一级航空母舰，“尼米兹”号于1975年服役。该级舰的舰体和甲板采用高强度钢，可抵御半穿甲弹的攻击，弹药库和机舱装有63.5毫米厚的“凯夫拉”装甲。舰内设有23道水密横舱隔和

★美国“尼米兹”级航空母舰“华盛顿”号

10道防火隔壁，消防和抗冲击等防护措施完备。是目前世界上生命力最强的军舰。它能够进行远洋作战、夺取制空和制海权、攻击敌海上或陆上目标、支援登陆作战和反潜等。该级舰现有七艘在役，一艘在建，一艘列入计划，是美国海军跨世纪航空母舰的中坚。

“尼米兹”级航母的舰载机所能控制的空域和海域可达上千千米，其自身一昼夜机动也有500海里。它的舰载机可以24小时不停顿地进行战斗巡逻，每天可出动200多架次的飞机，其载机比例还可以根据实际情况随时进行调整，以适应不同作战任务的需要。

由于“尼米兹”级建造时间长达数十年，所以各舰之间有一些差别，仅排水量一项，前三艘“尼米兹”标准排水量为81 600吨，满载排水量为91 487吨，第四艘“罗斯福”号满载排水量则达到了96 386吨，而其后的“林肯”号、“华盛顿”号、“斯坦尼斯”号、“杜鲁门”号、“里根”号满载排水量均已超过100 000吨。此外随着科技的进步，舰上设备也有很大改变。像“杜鲁门”号就融入了信息技术的最新成果，如大面积使用光纤电缆以提高数据传输速率；布设了IT-21非保密型局域网，将计算机、打印机、复印机、作战兵力战术训练系统、舰艇图片再处理装置、数字化综合印刷及综合数据库等连接为一体，实现了无纸化办公。舰员还配备了数字身份卡，舰载机的起降设备也增设了电视监视系统。

巨舰之家："尼米兹"级家族的十大航母

"尼米兹"级航母是一个拥有"十兄弟"的航母大家族，每一艘航母都有着自己的故事。

"尼米兹"号是"尼米兹"级核动力航母家族中的"老大"，之所以得此命名，是为了纪念二战时期战功显赫的美国太平洋舰队司令切斯特·尼米兹海军五星上将。美国还把按照该舰排水量和武器装备建造的同一种航母称为"尼米兹"级航母。

1966年7月，美国政府宣布要建造世界上排水量最大、舰载机最多的航母——"尼米兹"号。但直到1968年6月，该舰才开始动工兴建，下水时已是1972年5月。

1979年11月，美国驻伊朗使馆的66人被伊朗扣为人质。经历几个月的幕后谈判，双方未能达成协议。最终，美国决定用武力解救人质。于是就将这个重任交给了"尼米兹"号航母。1980年4月25日晚，8架RH-53大型直升机借着夜色的掩护，悄悄地从"尼米兹"号上起飞，直奔伊朗首都德黑兰附近的沙漠。在那里，它们要与从埃及苏伊士起飞的6架B-130运输机会合，携载运输机上的90名"蓝光"突击队队员去解救人质。由于"尼米兹"号平时对舰载直升机的维护不当，8架直升机在飞行途中竟然坏了3架，一架还与运输

★美国最大的核动力航空母舰"尼米兹"号

★“艾森豪威尔”号航空母舰

机相撞坠毁。由于人质无法用剩下的4架直升机运出，营救行动不得不宣告流产。“尼米兹”号航母第一次参加实战就这样以富有戏剧性的失败而告终。

“艾森豪威尔”号航母是“尼米兹”家族中的“老二”，是以美国第34任总统德怀特·D.艾森豪威尔的名字命名的。

“艾森豪威尔”号航空母舰自从服役后担负战略值班任务，至今没有什么辉煌战绩。1984年4月11日，“艾森豪威尔”号航母在“弗吉尼亚”号和“南卡罗来纳”号两艘核动力导弹巡洋舰的护卫下去印度洋与“尼米兹”号换岗。但返回母港休整的“尼米兹”号一去不返，数月不归。“艾森豪威尔”号只好在茫茫大海中坚守待命。凭借舰上可以持续使用13年的核燃料和一万吨航空燃料，“艾森豪威尔”号终于坚持到年底。从1984年4月11

★“卡尔·文森”号航空母舰

日离家到1984年12月22日回到母港，“艾森豪威尔”号被迫创下了二战后航空母舰在海外部署时间的最长纪录——251天。

“卡尔·文森”号航母是“尼米兹”家族中的老三。这艘航母是以在国会任职达50年之久的卡尔·文森议员名字命名的航母，实际上是核动力多用途航母的首舰。因为“尼米兹”号和“艾森豪威尔”号最初均为核动力攻击航母，后来才改装成核动力多用途航母。

“卡尔·文森”号在太平洋舰队里兢兢业业地执行着各种战备值班和演习任务，基本上扮演着“幕后英雄”的角色。它唯一一次精彩的表演是在1986年8月。当时，正在北太平洋海域值勤的“卡尔·文森”号航母，带领13艘战舰突然进入白令海峡，在那里游弋了两天，给苏联以很大的震动。这次行动令“卡尔·文森”号一举成为敢在阿留申群岛以北

★“卡尔·文森”号航空母舰

海域活动的为数不多的几位“英雄”航母之一。不过，在此后诸如海湾战争、入侵海地以及科索沃战争中，“卡尔·文森”号都没有走上前线。

“罗斯福”号航母在“尼米兹”家族排行老四，这是一艘以美国第26任总统西奥多·罗斯福命名的航母，1986年10月进入大西洋舰队服役。

“罗斯福”号虽然是以“尼米兹”级航空母舰的身份起造的，但由于从它开始的六艘后期型“尼米兹”级与之前已经存在的三艘，在性能规格上有大幅度变动，因此常常也有人称呼这六艘新舰为“罗斯福”级核动力航空母舰，但这并不是美国官方的分级方式。

相比与之前的“尼米兹”级航空母舰，“罗斯福”号航母作了较大的改进，排水量有所增加。该舰由纽波特纽斯船厂建造，1981年10月31日开工，1984年10月27日下水，1986年10月25日服役。计划2010~2012年在纽波特纽斯船厂进行大修和补给燃料。

“罗斯福”号航空母舰上有自己的电视台、大洗衣房、设备先进的医院、牙科诊室、若干个大厨房、快餐店、健身房，还有一家银行。有自己的消防队、警察局和禁闭室，有图书馆、邮局、理发店、超市和非常先进的核电站。

★“罗斯福”号航母

1991年1月12日，“罗斯福”号远渡重洋，到达红海阵位。海湾战争中，该舰上的飞机频繁起降，携各种导弹和激光制导炸弹对伊拉克进行了疯狂轰炸。1999年3月下旬，亚得里亚海湾内的宁静被打破，“罗斯福”号率领50多艘战舰蜂拥而上。1999年3月25日凌晨，“罗斯福”号航母上的EA-6B电子干扰飞机，连同从意大利基地起飞的ES－3A电子侦察机，对南联盟的指挥通信系统进行了电子战。随后，“罗斯福”号航母麾下的13艘巡洋舰、驱逐舰和核潜艇万弹齐发，几百枚“战斧”巡航导弹飞向了南联盟。两周后的1999年4月7日，从“罗斯福”号上起飞的24架“大黄蜂”又疯狂地向南联盟扑去，多次向其民用目标投掷被《国际法》禁止的集束炸弹，造成了南联盟平民的大批量伤亡。

“林肯”号航母是“尼米兹”家族中的老五，1984年11月开工建造，1988年2月下水，1989年11月编入太平洋舰队服役。美国人为纪念第16任总统亚伯拉罕·林肯而给该航母冠以“林肯”的名号。

“林肯”号是世界上第一艘排水量超过10万吨的军舰，是美国1995年组建的第5舰队的主力舰。临近印度洋北岸的中亚，是美国非常看重的“欧亚大陆岛”的核心地区。根

★“林肯”号航母

据美国人的观点，谁控制了这一地带谁就控制了欧亚大陆，控制了欧亚大陆就控制了世界。“林肯”号的任务就是控制这一地区。1998年8月20日晚，“林肯”号率领几艘战舰，在不到一小时的时间内，向阿富汗和苏丹两国境内发射了近百枚巡航导弹。此次行动是美国第5舰队在国际重大事务中的首次亮相。虽然这次行动声势浩大，却收效不大。阿富汗塔利班基地组织领导人本·拉登更是毫发无损。之后，“林肯”号一直作为第5舰队的核心舰。

“华盛顿”号航空母舰是美国海军的第六艘“尼米兹”级航空母舰。该舰以美国“国父”乔治·华盛顿的名字命名。

“华盛顿”号是世界上吨位最大的航母之一，建造于20世纪80年代，排水量达9.8万吨。该航母的甲板面积是足球场的三倍，包括舰桥在内的高度接近20层楼，达81米。船舱有3 300多间，可容纳6 250名船员。舰上搭载90多架F-18“大黄蜂”战斗机、超级“大黄蜂”战斗机、E-2C早期预警机以及直升机。

1992年7月4日是该舰举行下水仪式的日子。来自美国各地的2 000多位达官显贵纷纷驱车奔向诺福克海军基地，欲先睹“华盛顿”号的风采为快。时为美国第一夫人的芭芭拉·布什也特地赶来祝贺，还亲手把一瓶陈年香槟泼洒在“华盛顿”号舰首。实际上，

1990年该舰的命名仪式就是芭芭拉同小布什总统一起主持的。万众瞩目之下，“华盛顿”号缓缓驶向浩瀚的大西洋，带着时为国防部长的切尼的祝福。

“斯坦尼斯”号航母在“尼米兹”家族排行第七，它的命名是纪念为美国海军发展作出过重大贡献的参议员约翰·斯坦尼斯。该舰于1991年3月开工建造，1993年11月正式下水，1995年6月开始服役于美太平洋舰队。

★CVN-75“杜鲁门”号航空母舰

★CVN-73“华盛顿”号航空母舰

★CVN-71“罗斯福”号航空母舰

“斯坦尼斯”号航母是目前世界上最大的和“生命力最强”的水面舰艇，堪称“尼米兹”家族中的佼佼者，能执行攻击和反潜等多项任务，在20世纪末美军的一系列军事活动中显得异常活跃。不过，由于“斯坦尼斯”号的维修费用巨大，也遭到不少非议。“斯坦尼斯”号航母战斗群的全部采购费高达150亿美元，从其开始建造到最后退役，共需经费约330亿美元，其中还不包括航空母舰的现代化改装和报废等花费，即使对美国这样的世界首富，也是不小的负担。

“杜鲁门”号是“尼米兹”航母家族中的老八，为纪念美国第33任总统杜鲁门而得此名。该舰于1998年7月编入美大西洋舰队服役。

“杜鲁门”号的服役典礼非常风光。时为美国总统的克林顿亲自到场主持。这是自1975年福特主持“尼米兹”号航母服役典礼后，又一次总统主持大型战舰的服役庆典，确实给足了美国海军与“杜鲁门”号面子。

“杜鲁门”号与同级其他航母相比，进行了一些技术改进，主要是采用了一些信息技术革命的成果，如大面积使用光纤电缆，提高了数据传输速率；布设了IT–21非保密型局域网，将计算机、打印机、复印机、作战兵力战术训练系统，舰艇图片再处理装置、数字化综合印刷厂及综合数据库等连为一体，实现了无纸化办公，提高了信息处理能力；增设了保密战术简报室，舰员配备了数字式身份卡，还为舰载机起降配备了综合电视监控系统。此外，舰艇总体也进行了部分改进，如提高了干舷的安全性能，采用了固体废品和有

★CVN-72“亚伯拉罕”号航空母舰

★CVN-76“里根”号航空母舰

★VN-74“斯坦尼斯”号航空母舰战斗群

害废品处理装置，舰员使用的床铺全部采用轻型模块化设备，还专门为女舰员配备了海上专用生活设施。

“里根”号航母在“尼米兹”家族中排行老九。美国为纪念第40任总统罗纳德·里根而将其命名为“里根”号。该舰于1998年2月开工建造，2000年下水。经过两年的试航后，“里根”号将正式服役，接替常规动力航母“小鹰”号执行任务。

“里根”号是美国第一艘以在世前总统名字命名的航母。该航母于1998年年开始在纽

波特纽斯船厂建造，2000年下水，2001年命名。航母排水量为9.7万吨，水线以上有20层楼高，其飞行甲板面积为4.5英亩(约18 000平方米)，可载80架舰载飞机和6 000名舰员，服役期50年。航母上的两个核反应堆可以连续工作20年而不用加燃料。

该舰仍是一艘传统军舰。从外观看，“里根”号确实难以与其他“尼米兹”级航母区别开来。但是，据美国海军媒体报道，“里根”号在设计上有1 300多项重大变化。例如，该舰舰首水下部分采用了球鼻艏形设计，与商业油轮相似，以提高航速并增加稳定性；飞行甲板的角度有所调整，使更多舰载飞机可以同时起降；岛型建筑经全新设计，其上层甲板上的舰员可以有更宽阔的飞行甲板视野；拦阻索从4条减为3条，从而腾出了大量空间。

“尼米兹”级航母均装备有独立搜索雷达的近程防空武器系统。在此基础上，“里根”号上增加了新型的“滚动机架导弹”系统，其配备的21枚“发射后不用管”导弹能摧毁高速接近目标。

“布什”号是美军最新一艘“尼米兹”级航母，该舰于2006年10月7日在纽波特纽斯船厂下水，美国第43任总统小布什出席了以其父亲——第41任总统老布什姓名命名的航母下水仪式。

“布什”号航母成为了美国海军第77艘航母，也是“尼米兹”级第十艘航母，于2008年正式服役。

与其他同级的兄弟舰相比，“布什”号航母的“模样”看上去没有什么显著差别，但它作为“向新一代航母过渡的试验品”，其整体技术已经发生了很大改变，因此可以说它是一艘引领未来的航母。

在建造技术方面，以往的航母均是整体打造出来的，而“布什”号则是第一艘采用先进的模块化技术建造的航母。“布什”号航母共有161个大块，具体做法是：将较小的组成部分焊接成“超级分段”的大块，然后用起重能力达900吨的巨型起重机吊起这些“超级分段”，再把它们焊接起来。

★美国最大核动力航空母舰“尼米兹”号

★CVN-77“布什”号航空母舰

在外形设计方面，“布什”号航母除了保留“尼米兹”级航母的基本设计与构造外，还采用了未来航母所应用的最新科技，注重了隐身化。首先，“布什”号采用了小型化的舰岛，舰体大量使用复合材料。与“里根”号（CVN-76）相比，高度大体相同，但减少了一层甲板，而且主桅采用渐缩方状桅杆，取代了圆形桅杆。其次，舰岛顶部很多雷达与通信天线都由主动式相控阵多功能天线取代，全部实现内置化，使得建筑物外表整洁光滑。此外，“布什”号在机库、升降机以及甲板尖角设计方面也都尽量考虑了隐身设计。这些将大大降低航母的雷达信号特征，使“布什”号的雷达载面大幅减少，从而使它具有“准隐匿性”。

与同属“尼米兹”级的上一艘航母“里根”号相比，“布什”号航母进行了实质性设计改进并采用了若干新技术，诸如：采用了新的真空海上卫生系统、新的航空燃油分配系统，还有大量新的控制系统和管道材料，这些改进将减少该航母的寿命周期费用。值得一提的是，“布什”号是继“里根”号之后第二艘在舰首采用新式球鼻艏形设计的航母，其突出部分形似一艘小型潜艇，内装中频声呐系统，不仅提高了舰首的浮力，而且影响水流从舰体两侧通过的方式，从而提高了航速。“布什”号航母作为有着承先启后地位的一艘航母，为未来美国海军的航母建造积累经验，并提供一个可供实验的平台。在全新一代航母问世前，“布什”号航母将成为21世纪美军最先进的航母。

法兰西的大国象征——“戴高乐”号航空母舰

艰难出世：“戴高乐”号曾几经延误

★R91“戴高乐”号核动力航空母舰

“戴高乐”号航空母舰是一艘隶属于法国海军的核动力航空母舰，是法国目前正在服役中的唯一一艘航空母舰，也是法国海军的旗舰。

为了取代20世纪60年代时建造的传统动力航空母舰“福熙”号与其姊妹舰“克莱蒙梭”号，法国早在20世纪70年代中期时就已开始规划下一代航空母舰的建造计划，但“戴高乐”号的龙骨实际上却是在1989年4月才在法国船舶建造局位于布雷斯特的海军造船厂中安放起建。

由于冷战时代的结束，再加上经济不景气导致的国家财政困难，原计划1996年服役的“戴高乐”号工期一再延误，直到1994年5月时才完工下水，以致服役日程也往后延至1999年。

“戴高乐”号正式服役于2001年5月18日，“戴高乐”号是法国史上拥有的第十艘航空母舰。“戴高乐”号不只是法国第一艘核动力航空母舰，事实上，它是有史以来第一也是唯一一艘不属于美国海军的核动力航空母舰。

先进的“戴高乐”号：仅次于美国航母

★ “戴高乐”号航母性能参数 ★

排水量： 25 000吨（标准）
38 000吨（满载）

舰长： 261.5米

舰宽： 31.4米

吃水： 8.5米

飞行甲板长： 261.5米

飞行甲板宽： 64.3米

动力： 2座K-15加压水冷却反应堆300兆瓦
2台奥斯瑟姆汽轮机
83 000马力，双轴

续航能力： 5年

航速： 27节

武器装备： 8套“吉安特”20F-22型20毫米对空武器系统
2套十六联装蜂窝式导弹垂直发射装置
1套w/32“阿斯特尔”舰对空反导弹导弹发射装置
2套“萨德拉尔”防空导弹发射系统
4套10管AMBL-2A诱饵发射器
2座ARBB-33干扰发射台
1套“汤姆森”CSF-ARBR-21预警雷达

舰载飞机： “阵风”式战斗机
改进型“超级军旗”战斗机
E-2C“鹰眼”预警机
565“黑豹”直升机

编制： 1 750人

“戴高乐”号航空母舰采用单一舰岛，位于上层甲板的右舷。两部升降机在舰岛后侧。舰岛采用隐身设计，外观上呈现出的是斜面和圆角，减小了雷达反射截面。轴向飞行

★R91“戴高乐”号核动力航空母舰

甲板上的弹射器位置偏向左舷，右舷有可停放20架飞机的停机区。甲板下有飞机修理库和航空器材库。上层建筑共分4层，自下而上依次为休息室和气象室、电传室、指挥室、飞行指挥部。全舰共有15层甲板，由纵横舱壁分为20个水密舱段，约有2 200个舱室。舰上除作战指挥舱室外，还设有餐厅、娱乐休闲场所和医疗舱等生活必需设施，所有舱室都从安全、方便等方面综合考虑，作出了合理安排。

机库是航母的重要部位，“戴高乐”号航母的机库位于主甲板上，机库长138.5米、宽29.4米、高6.1米。在机库甲板和飞行甲板之间有一层吊舱甲板(也称高炮甲板)。这里多为办公室。医院布置在机库前。医院升降机和弹药升降机共用。在机库的周围设有飞机维修工作间和备件库。

在这样一艘装载近2 000人的舰上，把生活区布置得好不是一件容易的事。但要遵循方便生活这条基本原则，使生活区尽量地靠近战位。全部食品仓库和配膳间均垂直布置在舰后部的一个断面上。餐厅没有布置在飞行甲板下面，是为了防噪音。

该舰结构设计中充分考虑了抗核爆炸能力。结构上加强和布设装甲防护等。除机库和动力装置外，全舰形成一个堡垒式结构，舱内保持正压并具有三防能力。结构能承受“北约组织”规定的核爆炸压力场标准。而且，考虑了防导弹、鱼雷和水雷的攻击。舰体水下部分采用双层或多层结构，增强船底板强度，从而具有抗水下爆炸的能力。

机舱和弹药舱是重点防护区，四周均布设装甲，形成一个装甲箱。弹药舱在全舰上是最危险区域，为防止引起连锁式爆炸反应，这些弹药舱需前后分散布置。相邻舱之间用装甲隔壁隔开。在一般情况下，备用弹均放在水线以下的弹药舱中，防止受攻击时引起爆炸。在舰的其他重要部位，如“岛”、主要的战舱室和大多数的传感器设备舱室均用钢或“克夫拉”装甲进行防护。

防火是提高航母生命力的又一个重要要素。这一点，对于装有大量航空燃料和弹药的航空母舰来说，不管是平时还是战时均特别重要。在飞行甲板和机库等大多数区域都设有遥控消防操作系统、高喷射量的泡沫炮和充有乳化剂的喷淋系统。另外，在飞机升降机、弹药升降机和垂直通道处也都采取了必要的消防措施。

“戴高乐”号航母的飞行甲板在长度上与“克莱蒙梭”号相似，但宽度明显增加，所以面积由原来的8 800平方米增加到12 000平方米，在飞行甲板上可同时停驻20架“阵风”式飞机。该舰的斜角甲板比“克莱蒙梭”号加长了。2座C-13型蒸汽弹射器，长75米，分别位于首部左舷和斜角甲板上。岛比较靠前，2台飞机升降机位于其后。升降平台尺寸为21米～12米，承载能力为36吨。该舰装有米K7-3型阻拦装置，能使23吨重以130千牛的力进场的飞机在100米内安全停下来。该舰装有光学助降系统和自动着舰辅助系统，大大提高了着舰的安全性。

“戴高乐”号是史上第一艘在设计时加入了隐身性能考虑的航空母舰。然而由于吨位只有美国的同类舰只一半，因此“戴高乐”号只配备了两具舰首弹射器（美军航空母舰通常为四具），而舰载机的上限也只有一半约为40架，主要包括海基版本的阵风式战斗机（Rafale即阵风M型）与超级军旗攻击机两款法制战机，以及美制的E-2C鹰眼式空中预警机。

“戴高乐”号配备有非常先进的电子设备和法国最新锐的紫苑15型防空飞弹与萨德拉尔轻型短程防空飞弹系统，使得整体的攻击能力远远超过法国拥有过的几艘航空母舰。

“戴高乐”号以其先进性与优良的作战能力成为仅次于美国核航母的大型核航母，在世界海军中排在第二个档次。

隐身的航母：“戴高乐”号造成法国财政黑洞

2001年5月18日“戴高乐”号正式就役，比原本预计的就役时间足足晚了5年，进度延误所造成的损失成为法国财政上的一个巨大黑洞。

2001年发生了“9·11”事件，为了协助美军进行永久自由行动扫荡阿富汗塔利班政权，“戴高乐”号与随行的护卫舰队首度穿过苏伊士运河进入印度洋，于2001年12月9日到达巴基斯坦大城喀拉蚩南方的海域上。在美军主导的攻击行动中，“戴高乐”号上的舰载机至少进行了140次以上的侦察与轰炸任务，是该舰服役以来第一次参与作战任务。“戴高乐”号于2002年3月曾进入新加坡港进行休息补给，并于7月1日返回母港土伦。

法国海军向来采取同时拥有两艘航空母舰的编制，以确保其中一艘进厂维修时，还有一艘可以值勤的配置方式。因此，除了目前拥有的“戴高乐”号外，法国海军仍然需要建造另一艘航空母舰，才能完成理想的编制。

由于“戴高乐”号的建造过分昂贵，法国政府并没有打算建造另一艘同级舰，再加上近年来欧洲在政治、经济、军事等方面趋向统合，因此与其他国家采取相同标准以节省建造成本已是主流趋势。

在这样的背景下，下一艘法国航空母舰极有可能是采用与英国合作开发的方式建造。虽然法国方面较偏好使用核动力来驱动船只，但考虑到英国皇家海军的低建造成本要求，2004年时任法国总统希拉克曾正式公布，法国下一艘航空母舰将会用传统动力系统，考虑搭载燃气涡轮引擎作为动力。

英国袖珍航母——“无敌”级航空母舰

袖珍航母：被称做巡洋舰的航母

20世纪60年代，英国海军取消了建造CVA-01号攻击航母的计划，这给英国的航母事业造成了沉重打击，因为意味着固定翼舰载航空兵将从英海军舰队中消失，但是，海军并没有放弃使用反潜直升机的打算。由于航母在舰队中的消亡，需要有一种代替其指挥舰功能的新舰，并且把运用反潜直升机的功能结合起来，这就引出了指挥巡洋舰的概念。

1967年，英国《海军参谋部需求书》中规定了该指挥舰能提供指挥控制一个由舰船、飞机和潜艇组成的大的反潜部队的设施，并且有能装载和运用重要的反潜直升机和辅助舰队防空的设备。为了满足这些要求，英国海军设计了一个装有“海标枪”舰空导弹系统和载6架“海王”反潜直升机及1 000名舰员的巡洋舰。该舰从侧影上看很像意大利的直升机巡洋舰，其特征是首部装有导弹、中部是上层建筑和机库，尾部是飞行甲板。

英国海军经过进一步研究发现，如果直升机增加到9架，那么作战效率将有很大提高，但这必须把机库移到下甲板占整个船长，同时机库甲板和飞行甲板之间要装升降机。为了给出最大的飞行甲板作业面积，将上层建筑移到右舷，飞行甲板成为全通的甲板。在这点上，当时设计师们演出了一场重新建造航母的滑稽戏。由于那时政府已决定不再建造航母，所以设计师们必须编出种种理由来迷惑一般的社会政治家，这些人虽然总的倾向是反对建造航母的，但实际上并不了解航母的详情。因此，把飞行甲板称为全通甲板，而把该舰称为全通甲板指挥巡洋舰。

★ 英国“无敌”级航空母舰

经过一番努力后，该级舰的首舰在1973年终于被批准建造了，被命名为“无敌”级航母。

“无敌”级航母共建3艘：R05“无敌”号，1973年7月开工，1980年7月服役；R06“卓越”号，1976年10月开工，1982年6月服役；R07“皇家方舟”号，1978年12月开工，1985年11月服役。其中，第一艘在维克斯船厂建造，后两艘在斯旺·亨特船厂建造。

独到之处：应用了“滑跃”跑道

★ “无敌”级航母性能参数 ★

排水量： 16 000吨（标准）
20 600吨（满载）

舰总长： 209.1米

水线长： 192.6米

舰总宽： 36米

水线宽： 27.5米

吃水： 8米

飞行甲板长： 168米

飞行甲板宽： 13.5米

航速： 28节

续航力： 7 000海里/19节

动力： 4台罗–罗公司的“奥林普斯”TM3B燃气轮机

功率： 97 200马力，双轴

导弹： 1座双联装“海标枪”舰对空导弹

舰炮： 3座MK15“密集阵”速射炮
3座“守门员”速射炮
2门20毫米GAM–B01速射炮

舰载机： 8架“海鹞”式垂直起降战斗机
12架“海王”直升机

编制： 685人

“无敌”级与常规航母一样，其上层建筑集中于右舷侧，里面布置有飞行控制室、各种雷达天线、封闭式主桅和前后两个烟囱。其飞行甲板长168米，飞行甲板下面设有7层甲板，中部设有机库和4个机舱。机库高7.6米，占有3层甲板，长度约为舰长的75%，可容纳20架飞机，机库两端各有一部升降机。防空武器为舰首的1座双联装“海标枪”中程舰对空导弹发射架。“无敌”级的电子设备有1部1022型对空搜索雷达、1部992或996R对海搜索雷达、2部1006或1007导航雷达、2部909火控雷达（用于“海标枪”）和1部2016舰壳声呐。

“无敌”级最大的特点是应用了“滑跃”跑道，这是皇家海军中校道格拉斯·泰勒的创造。所谓滑跃起飞，就是将飞行跑道前端约27米长的一段做成平缓曲面，向舰首上翘，“无敌”号和“卓越”号的上翘角度为7度，“皇家方舟”号为12度。“海鹞”舰载机通过滑跃甲板起飞，在滑跑距离不变的情况下可使飞机载重增加20%；载重量不变的情况下可使滑跑距离减少60%。这一起飞方式后来被各国的轻型航母普遍采用。

“无敌”三舰：直升机航母的典范

“无敌”级航母的作用，除了提供指挥、控制和通信设施这些主要任务外，就是完成直升机和垂直/短距起降飞机的搭载和起降作业。需要地面攻击飞机时，可搭载空军的“鹞”式战斗机。为了能容纳这两种飞机的下一代机型，舰上升降机和机库留有足够的储备。

“无敌”级航母的首要任务是作为编队指挥舰执行反潜战任务。完成这一任务，主要责任落在“海王”反潜直升机的身上执行区域防空任务。完成这一任务的主要装备，是具有战斗和侦察能力的“海鹞”垂直短距起降飞机。

“无敌”级航母在服役之后参加了多次实战行动。

1982年，“无敌”级的首舰“无敌”号参加了英阿马岛之战，暴露出预警能力不足的缺陷。战后皇家海军为每艘航母配备了3架“海王”AEW预警直升机，每架直升机配备一部“搜水”雷达，当飞行高度为1 500米时，警戒半径为160千米。

之后，“无敌”号又率先加装了3座美制“密集阵”6管20毫米近防系统，但仍感近防能力不足，在此后的大改装中又加装了3座荷兰的“守门员”7管30毫米近防炮，并装上了“海蚊”诱饵发射系统和新型的966对海警戒雷达和2016舰壳声呐。

1994年2月，“无敌”级航母的第二艘“卓越”号完成了相同的改装。1997年，第三艘航母“皇家方舟”号在进行改装时，又将滑跃跑道上翘角提高到13度。

为了应付冷战后形势的需要，皇家海军正式组建了三军联合快速部署部队，并决定在航母上部署空军的“鹞”式攻击机和陆军直升机。1997年底，皇家空军的“鹞”GR7攻击机正式上舰。1998年1月18日，“无敌”号搭载7架“鹞”GR7攻击机和12架“海鹞”FA2战斗机出航，开始执行混合配置后的首次作战使命——配合美军对伊拉克实行空中打击。

1998年夏，皇家海军两艘航母参加了北约“坚定决心”联合演习。这一次，“卓越”号搭载一个由“鹞”式攻击机和“海鹞”式战斗机组成的混编大队，“无敌”号则搭载一个海陆军混合直升机大队和700名海军陆战队员，从而全面实现了“由海向陆”的作战概念，“无敌”级航母又承担起新的作战使命。

20世纪90年代末，“无敌”级航母进行了新一轮改装。1998年，“卓越”号进行了为期7个月的前甲板延伸工程，其“海标枪”防空导弹被拆去，增加了一块400余平方米的甲板，原“海标枪”的弹药库被改装成“鹞”GR7的军械舱，这样，“鹞”式飞机上舰就更加方便了。

苏联“全武行”航母——“基辅”级航空母舰

“基辅”出海：苏联第一级航母

冷战时期，苏联曾经拥有过全球第二的强大海军，但与美国海军相比，苏联在航母发展上可以说是起步晚、发展慢、水平低。直到1967年才出现了“莫斯科”级直升机母舰，但它还是无法称为航母。

★“基辅”级别“戈尔什科夫”号航空母舰

又经过几年努力，苏联在20世纪70年代中期终于拥有了使用垂直起降飞机的“基辅”级“战术航空巡洋舰或载机重型巡洋舰”（前苏联自称），这才算是初步走上了发展航空母舰的正路。

“基辅”级航母是苏海军在总结了“莫斯科”级直升机航母之后，于1970年正式动工兴建的。1972年，“基辅”号开始下水，1975年装备苏海军，部署在北方舰队。

之后，苏联海军以2～3年的时间建造一艘的速度，又于1972年建造了“明斯克”号、于1975年建造了“诺沃罗西斯克”号、于1978年建造了“巴库”号，前后共建成并服役4艘。

特点突出：反舰、反潜和防空能力强

★ “基辅”级航空母舰性能参数 ★

排水量： 36 000吨(标准)
43 500吨（满载）

舰长： 273米

水线长： 249.5米

舰宽： 47.2米

水线宽： 32.7米

航速： 32节

吃水： 10米

动力： 4台蒸汽轮机

总功率： 200 000马力

续航能力： 13 500海里/18节

标准舰载机： 33架

编制： 1 600人

“基辅”级上装载有大量武器装备，除了舰载机，仅凭其本舰的强大火力，“基辅”级仍能发挥一定作用。

航空母舰本身并不具备主战和进攻能力，但是“基辅”级航母的武器系统，即使不携带飞机，也具有很强的反舰、反潜和防空能力，因为它除了密集众多的雷达预警系统外，还拥有强大的武备系统，完全可以凭借自身独立奋战。尤其是导弹系统，可以自动将导弹一颗颗送到位置，来实施它的作战计划。

“基辅”级航母有一最大特点：舰上武备较强。装有4座双联装SS-N-12Ⅱ舰对舰导弹、2座双联装SA-N-3舰对空导弹、2座双联装SA-N-4舰对空导弹、1座双联装SUW-N-1反潜导弹；此外，还有2座76毫米双联装两用全自动火炮，8座30毫米6管全自动速射炮；2座RBU600012管反潜火箭发射器、2座五联装533毫米鱼雷发射管。西方专家对其评价是：“基辅”级航母的舰载武器攻击能力相当于甚至超过于巡洋舰的水平。这种将攻击、防卫武器集于一体的做法，减少了航空母舰对护卫舰艇的依赖。不过，应当承认，苏“基辅”级航母由于舰载机数量小、载机种类少、作战能力无法与美国海军的大型航母战斗群相比。

★设备齐全的“戈尔什科夫”号航空母舰

“基辅”级航母电子设备齐全完备，装有1部“顶帆”3坐标远程对空雷达、1部“顶舵”3坐标远程对空雷达、1部“顿河”K导航雷达、2部“棕榈阵”导航雷达、1部“发辫”卫星导航雷达、2部“击球”卫星导航雷达、1部“顶结”战术空中导航雷达、1部“活板门”导弹制导雷达、2部“前灯”导弹制导雷达、2部“排枪”导弹制导雷达、2部“枭鸣”炮瞄雷达、4部“低音鼓”炮瞄雷达、8部“侧球”电子对抗仪、4部“顶帽”A型电子对抗仪、4部“顶帽”B型电子对抗仪、12部“钟”系列电子对抗仪、2副V形栅无线电通信天线、2部T形柱红外测视仪、2部高杆B敌我识别器，以及4座双联装干扰火箭发射器。不仅如此，“基辅”级还装有1部拖曳式变深声呐、1部球鼻艏声呐。

“基辅”级航母集航空母舰、巡洋舰于一身，其威胁力相当于一支特混舰队，体现了苏联航空母舰的独特风格，因此被人赞喻为“海上雄狮”。由于苏联解体，俄罗斯国内形势恶化，俄海军无力负担“基辅”级航母的维护使用费用。1994年“基辅”号航母正式退役，这艘在苏联时期的“海上杀手”陨落了。

岁月无情：英雄老去的“基辅”级

1995年，财政最紧张的俄罗斯太平洋舰队做出惊人之举——将该舰队吨位最大的两艘“基辅”级航空母舰“明斯克”号与“诺沃罗西斯克”号当废铁卖给韩国大宇重工集团，

★“基辅”级“明斯克”号航空母舰

代价为1 300万美元，而这两艘主力舰的服役期还没到一半。这桩交易的前提是韩国必须把它们拆解成两平方米左右的钢板并且不能用于军事目的。

“明斯克”号航空母舰是苏联“基辅”级中型航母的第二艘，1978年服役并于1979年被调到太平洋舰队。当时“明斯克”号相当风光，它的到来使苏联结束了在远东没有大型主力舰的历史。尤其是“明斯克”号的母港设在海参崴，离日本只有200多海里，在冷战大背景下的20世纪80年代，日本对“明斯克”号如芒在背。

“明斯克”号航母排水量为40 500吨，采用4台汽轮机，航速32节，续航力达4 000～13 500海里，全舰成员超过2 000人。舰上携带12架雅克38垂直起降战斗机和19架卡-27反潜直升机，前者可以夺取局部制空权，能够配挂AA-8、AS-17等空战和对地／海攻击武器，性能与我们常说的英国海鹞飞机相当；后者则全力打击美国的核潜艇，以保障航母及舰队的安全。“明斯克”号是世界上有特色的航母，因为它的构造一半像航母，一半又像巡洋舰。在西方航空母舰拼命为舰载机空出甲板的时候，“明斯克”号却占用40%的甲板空间，安装诸如SS-N-12巡航导弹、SA-N-4防空导弹、SS-N-14反潜导弹、双联装76毫米舰炮等本该由其他舰艇配备的武器。

苏联解体后，“明斯克”号没有了后勤保障基地，因为生产它的乌克兰已经独立，而航母却在俄罗斯手里，要修可以，但要给美元，同样揭不开锅的俄罗斯海军只好任其自生自灭。

1995年10月22日，“明斯克”号与“诺沃罗西斯克”号被几条拖船牵出海参崴港湾，许多俄罗斯水兵流下伤心的眼泪。韩国国防部门以及美国情报官员仔细地分析其奥秘，尽管俄军方在交付之初便将武器和电子系统拆除“基辅”级航空母舰或者炸毁，但遗留的技术思路仍让韩美双方惊喜异常。在俄罗斯的一再催促下，“诺沃罗西斯克”号航母在韩国人的焊枪下变成废铁；但韩国却试图让“明斯克”号起死回生，提前实现自己的航母梦。

天有不测风云，1997年亚洲金融风暴袭击韩国，“明斯克”号也顿时变成累赘。听说中国有家公司想购买，韩国便马上同意以530万美元廉价脱手。

1998年9月，“明斯克”号来到中国广东东莞沙田港，1999年8月拖至广州文冲船厂，进行封闭式大规模修整与改造。而后，“明斯克”号整修一新，2000年5月9日驶向深圳，成为目前世界上唯一的由40 000吨级航母改造而成的大型军事主题公园。

中途岛海战：日本航母的覆灭之战

中途岛海战于1942年6月4日展开，是第二次世界大战的一场重要战役。美国海军不仅在此战役中成功地击退了日本海军对中途岛环礁的攻击，还因此得到了太平洋战区的主动权，所以这场仗可说是太平洋战区的转折点。

日本自1941年12月7日偷袭珍珠港开始，发动了太平洋战争，以后在三个多月的时间里便占领了东自威克岛、马绍尔群岛，西至马来半岛、安达曼和尼科巴各岛，南至俾斯麦群岛地区，几乎完全控制了整个西太平洋。

珍珠港事件后，切斯特·尼米兹临危受命，很快组织了只有四艘航空母舰及其护航舰的舰队。这支舰队袭击了在中太平洋岛屿上的日军，紧接着实施一项令人震惊的作战计划——轰炸东京。

东京空袭震动了日本朝野，也刺激了山本，使他更加坚定了要进攻中途岛的决心。正当山本谋划此次行动时，珊瑚海战斗爆发，美国击沉了日本航空母舰“祥凤”号，严重损伤“翔鹤”号，珊瑚海战斗对于阻止日本入侵澳大利亚起到了决定性作用，也增强了山本征服中途岛的决心，但美国截获了日本高级指挥官之间的通信信息，发现了山本的计划，因此，尼米兹决定将三艘航空母舰“企业”号、“大黄蜂”号以及因为参与珊瑚海海战而正在珍珠港进行重大维修的“约克城”号，再加上约五十艘支持舰艇埋伏在中途岛东北方向，攻击前往中途岛的日本舰队。

如果日本海军没有大意，以为美军只会派遣“企业”号及“大黄蜂”号迎击“苍龙”号，“飞龙”号，“赤城”号以及“加贺”号的话，那么中途岛海战，将可能会有迥然不同的结局。

1942年6月4日凌晨，日本第一攻击波机群从四艘航空母舰上同时起飞，第二攻击波飞机提到飞行甲板上，准备迎击美国舰队。但是重巡洋舰“利根”号的两架侦察机因为弹射器故障，起飞时间耽误了半个小时，“筑摩”号的一架侦察机引擎又发生故障中途返航，给日本舰队埋下祸根。

四十余架从中途岛起飞的美军B-17轰炸机和俯冲轰炸机扑向南云忠一的舰队。由于美军的轰炸机没有战斗机护航，结果很快就被南云忠一派出的零式战斗机击退。

1942年6月4日8时30分，空袭中途岛的第一攻击波机群返航飞抵日本舰队的上空。还有

★二战时期的日本“飞龙”号航空母舰

那些保护航空母舰的战斗机也需要降落加油。南云忠一处于进退维谷的境地。决定把攻击时间推迟，首先收回空袭中途岛和拦截美军轰炸机的飞机。

从“企业”号、“约克城”号起飞的28架美军战机陆续尾随而来，正当日军战斗机在低空忙着驱赶美军鱼雷机时，南云忠一舰队的上空出现了33架从“企业”号起飞的“无畏”式俯冲轰炸机。分成两个中队分别攻击“赤城”号航空母舰和“加贺”号航空母舰，接踵而来的是17架从“约克城”号航空母舰上起飞的“无畏”式俯冲轰炸机则专门攻击“苍龙”号航空母舰。

此时，日舰正在掉头转到迎风的方向，处于极易受攻击的境地，甲板上到处是鱼雷、炸弹及刚加好油的飞机。日军的三艘航空母舰刹那间变成了三团火球，堆放在甲板上等待起飞的飞机以及燃料和弹药引起大爆炸，火光直冲云霄，短短的五分钟，日本三艘航空母舰被彻底炸毁了。

1942年6月4日10时40分，日第二航空战队司令官山口多闻少将发动反击，悄悄地尾随返航的美军轰炸机。找到了“约克城”号，三颗炸弹命中“约克城”号，虽然遭到破坏，但是在美军船员的极力抢修下，恢复了航行功能。

1942年6月4日13时40分，十架日军97式鱼雷攻击机和六架“零”式战斗机又从“飞龙”号飞来，对受伤的“约克城”号发起了第二次攻击。“约克城”号被两枚鱼雷击中，左舷附近掀开两个大洞，并把舰舵给轧住了。“约克城”号的舰长巴克马斯特被迫下令弃舰。

1942年6月4日16时45分，美军“企业”号航空母舰的俯冲轰炸机成功地攻击了日军剩下的“飞龙”号。“飞龙”号当即命中四弹，船上一片火海。山口司令官和舰长加来止男随舰葬身大海。

1942年6月5日2时55分，日本联合舰队司令山本五十六大将下令："取消中途岛的占领行动。"

中途岛战役美军只损失一艘航空母舰、一艘驱逐舰和147架飞机，阵亡307人；而日本却损失了四艘大型航空母舰、一艘巡洋舰、330架飞机，还有几百名经验丰富的飞行员和3 700名舰员。日本海军从此走向了衰落。此战还给日军高层造成了难以愈合的创伤，这一痛苦的回忆直到二战结束一直挥之不去，使他们再也无法对战局作出清晰的判断。

日本海军的断指之痛：短命的"大凤"号

"大凤"号是日本海军最后一艘大型的正宗航空母舰。当时日本海军急需扩充航母力量，以对抗太平洋上的美国海军力量。日本海军认为，美国已拥有五艘大型航母并还将建造两艘，日本则只有六艘一线航空母舰，所以要再建造一艘"大凤"号与之抗衡。

该舰在设计中吸收了从实战中获得的经验教训，但也产生了新的问题。例如，考虑到飞机出动后对空防御能力薄弱，因此强调加强防护装甲，由于装甲的重量增加而只好减少飞机的搭载数量，原设计的排水量是33 900吨，但为了增加消防设备和高射机枪座而增加到34 200吨；又因为飞行甲板的装甲加厚、重量增加而导致舰体重心提高，不得不拆除一层停机库，却因此降低了干舷的高度，所以采用舰首与飞行甲板合并的封闭式舰首，这在日本航空母舰设计上是空前的。

"大凤"号于1943年4月下水，1944年3月完工，配属在第1机动舰队，第1机动舰队共有航母九艘、飞机450架。当时"大凤"号上搭载有27架"零"式战斗机、18架"天山"攻击机、27架"彗星"及99式俯冲轰炸机、三架侦察机，合计75架。

1944年6月，"大凤"号第一次出击，19日出现在马里亚纳海战中，发出第一波飞机后即被美军潜艇发射的鱼雷命中舰岛下方，导致航空燃料库龟裂，挥发的油气充满整个停机库，不得不暂停第二波飞机的起飞作业，用运送飞机的升降机搬运木材以填补燃料库的裂缝。

中弹五小时后，"大凤"号上的损管人员犯了个致命的错误：他们启动舰上的通风系统以排除弥漫在舰内的油气，结果电力系统产生的火花瞬间引燃了油气，爆炸的冲击波无法炸穿飞行甲板的装甲，而是在舰内部造成"闷炸"。惊人的爆炸摧毁了舰内所有较薄弱的结构，但"大凤"号仍在海面上漂浮了一个多小时才沉没。该舰由于"闷炸"而使人员伤亡惨重，阵亡官兵在1 000人以上。

日本在损失"大凤"号后立即改善所有航空母舰的通风设备，但"大凤"号的沉没对战斗力和士气的打击却永远无法弥补。"大凤"号从完工到沉没，只有短短的3个月零12天。

珊瑚海海战：航母大对决

1942年春，日军占领东南亚地区后，决定向西南太平洋推进，夺取新几内亚岛的莫尔兹比港和所罗门群岛的图拉吉岛，以掌握该地区制海制空权，切断美利坚合众国通往澳大利亚联邦的海上交通线。

1942年5月初，日本第4舰队司令井上成美海军中将派高木武雄海军中将率第5航空战队航空母舰“翔鹤”号和“瑞鹤”号（舰载机共125架）及重巡洋舰三艘、驱逐舰六艘从特鲁克出发，伺机消灭盟军水面舰只。原忠一少将率轻型航空母舰“祥凤”号和重巡洋舰四艘、驱逐舰一艘从拉包尔起航，掩护登陆船队驶向目标。

美军截获日军行动情报后，太平洋战区盟军总司令尼米兹海军上将命令弗莱彻海军少将率第17特混舰队（“约克城”号和“列克星敦”号航空母舰，舰载机140余架，巡洋舰五艘、驱逐舰九艘）在珊瑚海阻击日军登陆莫尔兹比港的行动。

1942年5月3日，日军占领图拉吉岛。次日上午，“约克城”号舰载机袭击图拉吉岛外海日本舰队，击沉驱逐舰一艘和小型舰艇数艘。

1942年5月7日，日本“翔鹤”号和“瑞鹤”号派出舰载机搜索敌人。舰载机发现并击沉油船(“尼奥肖”号)和驱逐舰各一艘。同时，美舰载机攻击日军登陆船队和护航编队，击沉“祥凤”号航空母舰。美日双方舰队刚好处于相互攻击范围，但双方都没有发现对方。下午日本再次派出舰载机搜索敌人，在暮色中，几架迷失方向的日本飞机甚至错误地试图在“约克城”号上降落，被高射炮手驱散。

1942年5月8日8时双方侦察机几乎同时发现目标，随后双方航母编队在200海里距离上出动舰载机群展开激战。“约克城”号和“列克星敦”号共起飞82架飞机进攻日本舰队。“瑞鹤”号逃进雷雨区，免遭袭击；“翔鹤”号被两颗炸弹击中，失去作战能力。日本出动69架舰载机攻击美国舰队。“列克星敦”号中弹，两枚鱼雷击中该舰左舷，又被两颗炸弹击中，后因燃油气体泄漏发生爆炸而沉没，“约克城”号被一颗炸弹击中受伤。美国损失飞机66架，日本损失飞机77架。

此次海战是战争史上航空母舰编队在目视距离之外的远距离以舰载机首次交锋，也是日本海军在太平洋战争中第一次受挫。日本海军由于损失的飞机和飞行员无法立即得到补充，日军的武力扩张第一次遭到遏制，被迫中止对莫尔兹比港的进攻。日本海军第5航空战队的这两艘航母原本要参加中途岛计划，由于“翔鹤”号受损、“瑞鹤”号严重减员而搁浅，从而削弱了日军在即将举行的中途岛海战中的实力。

第六章

登陆舰艇

两栖作战的机动平台

兵典
THE CLASSIC
WEAPONS

沙场点兵：渡海急先锋

★俄罗斯“Yamal”号大型登陆舰

登陆舰艇，指的是能运送登陆部队、坦克、车辆及火炮等武器装备远洋航行，并在敌岸滩头直接登陆的中型舰艇。登陆舰艇又称两栖舰艇，它是为输送登陆兵、补给品及其武器装备而专门制造的舰艇。一般认为，登陆舰艇包括登陆舰和登陆艇两种。

登陆舰艇的最初形态是俄国黑海舰队1916年使用的称做“埃尔皮迪福尔”（希腊文，意为“希望使者”）的船只。这是一种平底货船，吃水很浅，排水量100吨～1 300吨，适于运送部队抵达海滩实施登陆作战。在第一次世界大战后期，英国和美国曾改装和建造了一批与其类似的登陆艇，排水量在10吨～500吨，艇上装备机枪或小口径舰炮，艇首开有舱门，便于人员和车辆下船登陆，这就是最早的登陆艇。

登陆艇的航速都在20千米/时以下，续航能力仅200千米～1 000千米。在登陆作战中登陆兵一般需乘运输船或军舰至登陆艇附近的海域，再换乘登陆艇突击上陆。

登陆舰，它的排水量为600吨～10 000吨，可载坦克几辆至几十辆和士兵数百名。它的续航能力一般为200千米～6 000千米，航速20～40千米/小时，这就使登陆部队可从出发地直抵登陆点滩头，无须中途换乘，大大简化和加快了登陆过程，其登陆作战能力比登陆艇大为增强。世界上第一艘登陆舰是英国在第二次世界大战初期用油船改装而成的。1940年，英国建造了首批LST1级大型登陆舰。此后一些国家也相继建造了大量登陆舰。战后，登陆舰提高航速，增设直升机平台，装备防空导弹，采用侧台推进器和新型登陆装置，使战术性能有较大提高。

兵器传奇：血光弥漫的岛屿

在专用的登陆舰艇出现之前，登陆作战是靠使用舰上的舢板和征用的民船进行的。古希腊、罗马的舰队就曾多次运送重甲步兵在地中海沿岸登陆作战。

公元前15世纪，埃及法老也曾多次率战船在叙利亚登陆。那时用于运送将士的船只，称得上是古老的“登陆舰”，是现代登陆舰的雏形。20世纪初，海军的发展突飞猛进，为适应日趋激烈的战争需要，人们开始研制专门运输和遣送登陆人员及装备上岸执行战斗任务的登陆舰船。

然而，直到第一次世界大战开始，大多数国家仍然没有专门用的登陆舰，只有少数国家开始改装和建造专用的登陆舰艇，如某些驳船和摩托登陆艇等。

没有专门建造登陆舰给登陆作战带来了困难，甚至是失败，这是第一次世界大战给人们的经验和教训。例如1916年，英、法舰队在达达尼尔登陆时，因使用舰上舢板登陆而遭受一连串的失败后，又改用驳船和渔船，但终因没有专门登陆用的登陆舰艇，几次登陆作战均遭受惨重的损失。

鉴于第一次世界大战期间的教训，各国海军在战后都很重视登陆舰艇的发展。1938年，登陆舰艇不仅种类多、数量大，而且战术性能也有了较大的提高，出现了步兵登陆艇、车辆登陆艇、坦克登陆艇和火力支援艇等登陆舰艇。第二次世界大战期间，由于大规模两栖作战的需要，如在欧洲，盟军要在德国占领地区登陆，如在太平洋，美军要远渡重洋去夺取日军占领的太平洋中的诸岛屿，因此加速了登陆舰艇的发展，出现了船坞登陆舰、两栖战指挥舰、两栖运输舰以及各种坦克登陆舰等。

在第二次世界大战期间，登陆舰艇不仅种类增多，数量更是大得惊人，从1939年至1945年中期，仅美国就建造了各类专用登陆舰艇46 580艘。而战争中两栖战舰艇的使用数量也是大得惊人，盟国军队在法国北部的诺曼底登陆战役中，共动用了4 126艘登陆舰船，仅第一天就将13 200多名登陆兵、800多辆坦克和战车、7 000多吨弹药及物资等送上陆地。第二次世界大战之后，现代登陆舰已趋完善，并形成了自己的特点：备有供技术兵器和登陆人员上下舰船用的装置、航海仪器、通信工具、导弹和火炮。通常一艘现代登陆舰能运送一个或几个分队的人员及其武器、技术兵器和加强器材，航速20～25节，带足备用油料时续航力可达10 000海里。舰上有供登陆人员使用的住舱和生活舱，轮式和履带式技术装备可经跳板直接开上登陆舰。坦克、装甲输送车、汽车、导弹发射装置、火炮和其他技术装备均放在登陆舰舱中，并按航行要求用专门绳索固定。登陆舰上配有20毫米～127毫米口径的火炮、大口径机枪、舰对地和舰对空导弹等。根据战斗情况、岸滩特点和航海条件的不同，登陆舰可将登陆兵直接送到岸上或者在海上进行换乘。换乘时，能航行的技术装备自行接岸，其他技术装备则由登陆上陆工具或直升机运送上岸。

慧眼鉴兵：各有千秋的登陆舰

如果说航空母舰、潜艇、巡洋舰等舰艇都是由多种多样各具特色的舰艇组成的话，那么登陆舰的每一个分支更是千姿百态。因为其他船艇的外形毕竟相近，而登陆舰艇的每一个分支却模样迥异，它们之所以拥有一个共同的名字，是由于它们都是用于登陆作战。

人员登陆舰艇是所有登陆舰艇中历史最悠久的一种，是用来运送登陆部队和技术兵器上陆的。其大小不等，小的只有几十吨，称为人员登陆艇；大的几百吨，称为人员登陆舰。然而，种类数量最多的人员登陆舰艇的排水量一般在250吨～750吨，航速12～15节，每次可装载一个步兵连或一个步兵营，舰上装备高射炮和大口径机关枪。舰首部开有供人员上下的大门，有些人员登陆舰还可停放少量坦克。

坦克登陆舰是以运送坦克为主的登陆舰艇，其排水量大，尺寸大，装载量也大，是第二次世界大战之中及战后较为注重发展的一种登陆舰艇。坦克登陆舰最明显的一个特征就是拥有巨大的、用来停放坦克和其他战斗装备的坦克舱。坦克登陆舰有大型和中型两种，大型登陆舰装载排水量2 000吨～10 000吨，续航能力3 000海里以上，能装载10～20辆坦克以及数百名登陆兵。中型坦克登陆舰满载排水量600吨～1 000吨，续航力1 000海里以上，能

★俄罗斯“新切尔卡斯克”号大型登陆舰

★“灵岩山”号坦克登陆舰

装载坦克数辆和200名左右的登陆兵。坦克登陆舰航速为12~20节，装备舱炮数门，易于在近海滩和浅水区航行。人类历史上第一艘坦克登陆舰是第二次世界大战期间由油轮改装而成的。战后，坦克登陆舰有了新的发展，提高了航速，设置了直升机平台，装备了防空导弹，采用了侧 向推进器、变距螺旋桨和新型登陆装置，战术技术性能有了较大提高。

两栖攻击舰是两栖舰艇中最主要的登陆作战舰艇。既可以搭载登陆艇、气垫船、水陆坦克/装甲车等海上登陆武器装备，又可以起降直升机甚至垂直起降战斗机的舰只，它是诞生于20世纪50年代的新舰种，由美国最先研制成功，用于两栖战。两栖攻击舰分攻击型两栖直升机母舰和通用两栖攻击舰两大类。

攻击型两栖直升机母舰又称直升机登陆运输舰或直升机母舰，它的排水量都在万吨以上，设有高干舷和岛式上层建筑以及飞行甲板，可运载20余架直升机或短距垂直起降战斗机，它的最大优点就是可以利用直升机输送登陆兵、车辆或物资进行快速垂直登陆，在敌纵深地带开辟登陆场。

通用两栖攻击舰是一种更先进、更大的登陆舰艇，出现于20世纪70年代，它实际是集坞式登陆舰、两栖攻击舰和运输船于一身的大型综合性登陆作战舰只，它既有飞行甲板，又有坞室，还有货舱。以往运送一个加强陆战营进行登陆作战，一般需要坞式登陆舰、两栖攻击舰和两栖运输船只五艘，而通用两栖攻击舰只需一艘就可代替它们。

坞式登陆舰，全称为船坞式登陆运输舰，其排水量一般比坦克登陆舰还大，在5 000吨~15 000吨之间，可携载大型登陆艇数艘或中型登陆艇10~20艘，或两栖车辆40~50辆，总载重量在1 500吨~2 000吨。坞式登陆舰除了可以装载登陆艇外，还可以运载直升机，这些直升机也和登陆艇一样装在最大的坞室内。在坞室的顶盖上面有直升机升降台，直升机通过升降台升到飞行甲板上起飞。

★坞式登陆舰

直升机坞式登陆舰是20世纪60年代在坞式登陆舰的基础上建造的。它的甲板可停放6～12架登陆运输直升机，在坞室内可装运若干艘登陆艇。其排水量在万吨以上，可运送两三千吨物资和近千名士兵。

诺曼底登陆舰
——LST“郡”级登陆舰

诺曼底之魂：建造数量最多的登陆舰

二战的早期，德军在欧洲大陆势不可当，盟军在欧洲频频失利，约有40万盟军被德军迫退到法国北端濒临英吉利海峡的一块狭小的地带——敦刻尔克。为了保存实力，从1940年5月26日到6月4日，总共有33.8万盟军从这里撤到英国，虽然绝大部分有生力量保存了下来，但这些部队撤离时丢弃了全部的重装备，带回英国的只不过是随身的步枪和数百挺机枪而已。

这次大撤退中暴露的问题使英国海军部清楚地认识到，盟军需要一种船型优秀的全新设计型坦克登陆舰，能够在欧洲大陆之间运送坦克和其他车辆。

1941年8月，美国总统罗斯福和英国首相丘吉尔在阿金夏会议上首次会晤时，他们批准了英国海军部提出的关于重新设计坦克登陆舰的意见。1941年11月，英国海军部遂派出一个小型代表团赴美就坦克登陆舰的开发事宜与美国船级社进行磋商。双方此次会面十分成功，最后决定由美国船级社负责该舰的设计。

★罗斯福与丘吉尔

就在双方会面后不久，美国船级社的约翰·尼德内尔便绘制出了该舰的设计草图，草稿设计中的舰艇看上去并不美观，但最终还是被确定为1 000多艘坦克登陆舰的基本设计，造就了历史上建造数量最多的舰艇之一。1941年11月5日，该舰的设计草图被送往英国并立即得到了认可。

1942年6月10日，该坦克登陆舰首舰在弗吉尼亚州纽波特纽斯造船厂码头铺设龙骨，1942年10月，第一批标准型坦克登陆舰下水。1942年年底即有23艘标准型坦克登陆舰入役。1943年，每艘坦克登陆舰的建造周期缩减至四个月，到二战末期，又缩减到两个月。

二战期间，原计划共建造1 152艘坦克登陆舰，但1942年秋天，美海军对舰艇的建造重心作了调整，取消了其中101艘坦克登陆舰的建造计划。实际建成1 051艘坦克登陆舰，除美军拥有之外，按照租借协议，英国最后接收了113艘，另有4艘移交给了希腊海军，共有116艘改装成了其他型号的舰艇。

稳定方便：最实用的登陆舰

LST“郡”级登陆舰的最大特色是并未装设烟囱，废气由舰体两边的洞口排出。

LST“郡”级登陆舰可运送总重达2 100吨的坦克及其他车辆。坦克舱配备有良好的通

LST"郡"级登陆舰性能参数

★ LST"郡"级登陆舰性能参数 ★

排水量： 1 625吨（标准）
4 080吨（满载）

舰长： 99.73米

舰宽： 15.24米

吃水： 空载时船首0.71米、船尾2.29米
满载时船首2.49米、船尾4.29米

动力： 2台通用GM12-567柴油机

功率： 1 800马力，双桨双舵

航速： 12节

武器装备： 4座多管40毫米火炮
多座20毫米火炮
1门76毫米主炮

装载量： 总装载量2100吨
重型坦克24辆
或中型坦克36辆
或道奇军卡32辆

编制： 舰长为中校编阶
军官11～26人
士官兵100～118人

风设施，为坦克发动机供氧，主甲板上的车辆可通过一部升降机进入下层坦克甲板，再由坡道登陆。

跨洋航行时，为保证足够的稳定性，必须有一定的吃水深度，而登陆时受岸边水深限制，吃水又必须尽量浅，为了满足深吃水航渡和浅吃水抢滩这一相互矛盾的要求，该舰设计了一个大型压载舱。深海航渡时，压载舱注入海水；登陆时，泵出压载舱内的海水。

二战期间该坦克登陆舰的建造数量是美海军舰艇建造史上独一无二的，创造了美海军舰艇建造史上的奇迹。

笑傲沙场：二战登陆急先锋

从1943年6月在所罗门群岛首次投入作战直到1945年8月二战结束，LST"郡"级登陆舰一直表现非常出色。在欧洲战场，它们参与了盟军在意大利西西里岛和法国南部诺曼底的登陆作战，在太平洋战场的越岛作战中它们起到了不可替代的作用，使盟军得以顺利解放菲律宾群岛并占领了硫黄岛和冲绳岛。

二战期间，LST"郡"级登陆舰表现出了很大的改装潜力。有许多标准型坦克登陆舰被改装成了登陆艇修理舰。将标准型坦克登陆舰的首门密封起来、拆掉滑道，加装上起重机和绞车并在主甲板和坦克甲板增设铸造车间、机械车间及电修车间就改装成了登陆艇修理舰。作业时，由绞车和起重机将受损的登陆艇拖曳、吊放至舰上进行修理。

还有一部分标准型坦克登陆舰被改装成运兵船型坦克登陆舰。这种运兵船型坦克登陆舰主甲板增设有两个半圆拱形活动房屋作为40名军官的居所，坦克甲板也增设了196个

★LST“郡”级登陆舰

铺位。此外，舰上还设有1个烘烤间和16个食物冷藏间，这些都大大改善了舰上的生活条件。舰上还增设有4个蒸馏间，压载舱室也被用来贮藏淡水。

另有38艘标准型坦克登陆舰被改装成小型医疗救护舰，这些医疗救护舰能够对伤员进行救治，而其他标准型坦克登陆舰则能够在卸载完坦克和其他车辆之后，将伤员从海滩上运送到后方医院进行治疗。例如，诺曼底登陆当天，这些坦克登陆舰共从诺曼底海滩上运送了41 035名伤员到英国本土医院进行治疗。

还有一部分标准型坦克登陆舰增配了起重机和调度装置，改装成了专用的弹药补给舰。由于其尺寸较小，可以同时用两到三艘这种舰艇为停泊着的战列舰或巡洋舰补充弹药，其补给速度要明显快于常规弹药补给舰。二战后期，有些标准型坦克登陆舰甚至装设了飞行甲板，在两栖作战中起飞小型侦察机。

二战期间，坦克登陆舰还表现出了卓越的打击承受能力和生存能力。尽管被某些海军官兵戏称为“大而笨重的靶子”，但相对于其庞大的数量和航行距离来说，坦克登陆舰的损失是很小的。尽管坦克登陆舰总是敌方攻击的重点目标，但二战期间真正为敌方击沉的只有26艘，另有13艘是由于天气、触礁或碰撞等原因而沉没的。

登陆舰中的王者——“蟾蜍”级坦克登陆舰

“蟾蜍”问世：苏俄海军主力登陆舰

★ “蟾蜍”级登陆舰性能参数 ★

排水量： 3 450吨（标准）
4 400吨（满载）

舰长： 112.5米

舰宽： 15米

吃水： 3.7米

航速： 17.5节

续航力： 3 500海里 / 16节
6 000海里 / 12节

动力： 2台16ZVB40/48柴油机
14 140千瓦，双轴

导弹： 1座四联装SA-N-5“杯盘”舰对空导弹

舰炮： 2座双联装57毫米炮（Ⅰ型舰）
1座76毫米炮（Ⅱ型舰）
2座30毫米炮（Ⅱ型舰）
2座BM-21型122毫米炮
2套20管火箭发射装置

水雷： 92枚触发水雷

坦克： 10辆主战坦克，190名士兵

装甲战车： 24辆装甲战车
170名士兵或水雷

编制： 950人

★装备BM－21改进型舰载火箭炮的“蟾蜍”级坦克登陆舰

★“蟾蜍”Ⅰ型（775型）坦克登陆舰

“蟾蜍”级是苏联在1965年开始建造的首批大型登陆舰“鳄鱼”级基础上发展起来的坦克登陆舰。有两个型号，Ⅰ型舰共建25艘，在波兰的格坦斯克船厂建成。

建造分两段时间进行，一段是1974～1978年，另一段是1980～1988年。Ⅱ型舰共建3艘，首舰于1987年动工，于1990年5月服役，第三艘已于1992年建成。两型舰主要是武备略有不同。该级舰与“伊万·罗戈夫”级船坞登陆舰一起，被认为是苏联两栖战舰艇迈入先进行列的标志。

20世纪90年代，苏联解体后，俄罗斯海军中仍有18艘“蟾蜍”级继续服役。

“两栖动物”：优秀的登陆作战能力

“蟾蜍”级登陆舰是“鳄鱼”级坦克登陆舰的改进型，比“鳄鱼”级吨位要小一些，但在装载能力和武器等方面配置比较合理。

该级登陆舰吃水比“鳄鱼”级要小，易于直接抢滩登陆，并且在一定程度上满足了均衡装载的要求，提高了独立作战能力。

该级登陆舰主要技术特点是装载能力较强。该级舰系平甲板船型，从舰首1/3～1/4舰长处，上甲板向上斜升，往后平直。上层建筑布置在舰中后方，它前面的上甲板为装载甲板，上面开有一个装货舱口。上甲板前端呈方形，估计是为了便于布置首门跳板。尾部有尾跳板，由此推断，坦克大舱是全舰纵通，所以这级舰具有滚装能力。目前，该级舰有两种装载方式（10辆主战坦克和190名登陆士兵或24辆装甲战斗车和170名士兵），根据需要任选一种装载，比较灵活机动。

“蟾蜍”级登陆舰的武器配置较全，该级舰有两型，其中Ⅱ型舰武器配置较强，均有导弹、火箭、舰炮和水雷，其中SA-N-5“杯盘”发射装置备导弹32枚，射程6千米，飞行速度1.5马赫，飞行高度2 500米，战斗部重1.5千克。Ⅱ型舰用76毫米炮和防空炮（ADG）取代了Ⅰ型舰两座双联装57毫米炮，并增设了两座30毫米炮，从而增强了武器火力。

“蟾蜍”级登陆舰的最大缺陷是没有直升机搭载能力，登陆作战的指导思想还是直接抢滩登陆。

海湾战争登陆的主角——LCAC气垫登陆艇

声名显赫的LCAC

说起登陆艇，不得不提起在登陆艇家族中声名显赫的美国LCAC气垫登陆艇。它建于1982年，1984年首艇交付使用，美国海军共采购91艘。主要装备美国两栖战舰艇，用于输送坦克、车辆和陆战队士兵，实施登陆作战。它是在吸收两型原型艇（JEFFA和JEFFB）五年多试验获得的经验基础上设计而成的。

从20世纪70年代初起，许多国家海岸防务武器不断增加和更新，传统的登陆作战方式已不适应现代海战的需要。为了改进和提高海军陆战队队员及其装备的运送能力，美国海军实施了两栖攻击登陆艇的研究和发展计划。由气垫艇执行两栖登陆任务可在世界上所有海岸线的73%沿岸地区和滩头实施快速登陆攻击。相比之下，用传统的登陆艇只可在17%的海岸地区进行登陆作战。

为了有效地实施两栖登陆艇的发展计划，美国先后建造了JEFFA和JEFFB两型。随后，通过对这两型艇的试验与改进，美海军以JEFF艇为基础，制订了LCAC气垫登陆艇发展计划。

目前LCAC气垫登陆艇已服役数十艘，主要装备在“黄蜂”级、“惠得贝岛”级、“塔拉瓦”级、“奥斯汀”级等大型两栖战舰上。

优劣并存，取长补短

★ LCAC气垫登陆艇性能参数 ★

排水量： 87.2吨（标准）
170吨～182吨（满载）

艇长： 26.8米（气垫状态）
24.7米（艇结构间）

艇宽： 14.3米（气垫状态）
13.1米（艇结构间）

吃水： 0.9米（非气垫状态）

最大航速： 40节

续航能力： 300海里/35节
200海里/40节

动力装置： 4台TF-40B燃气轮机

螺旋桨： 2个空气可调螺距螺旋桨
4台双进气升力风扇

武器装备： 2挺12.7毫米机枪

雷达： 1部马可尼公司的LN66导航雷达

军运能力： 陆战队队员24名

编制： 5人

★没充气的LCAC气垫登陆艇

★充气后的LCAC气垫登陆艇

LCAC气垫登陆艇没有设置装甲防护，机舱和推进器都暴露在外部，在火力密集的高强度作战条件下容易受损。其运载的装备全部露天放置，恶劣气候下不利于保持作战性能。此外，噪音太大与地面航行时所引起的尘土过多，也是LCAC气垫登陆艇的缺点。

虽然LCAC沿着侧裙装有泡沫抑制器，可改善驾驶员的视野，不过在恶劣海洋气象条件下行动时仍有相当大的问题，LCAC气垫登陆艇是美国海军陆战队进行登陆作战的利器，它的出现使美军实现了“人不沾水”的登陆，并能配合垂直登陆的直升机进行多兵种协同作战。

它在满载时速度仍可达到30～40节，大大缩短了登陆部队暴露于敌岸防火力下的时间，加快了登陆速度，提高了登陆部队的安全性。

世界领先的气垫登陆艇

气垫登陆艇用于两栖作战，是第二次世界大战后在两栖作战装备发展中的一项重大突破。美国是发展气垫艇数量最多的国家，它所建造的LCAC气垫登陆艇在世界上各型气垫登陆艇中居领先地位。

由于LCAC气垫登陆艇以JEFF型艇为原型艇发展而来，在艇体结构、操纵系统、螺旋桨剥蚀和围裙防飞溅（如装有飞溅抑制器）等方面均有改进，因而具有理想的快速性、良好的通过性和独特的两栖性，不受潮汐、水深、雷区、抗登陆障碍和近岸海底坡度的限制。

美国能载该级艇的两栖舰船有“黄蜂”级和“塔拉瓦”级通用两栖攻击舰、“安克雷奇”级和“惠得贝岛”级船坞登陆舰，以及“奥斯汀”级两栖船坞运输舰等。这些大型两栖舰船能将气垫登陆艇和其他装备与人员运至作战海域，然后气垫登陆艇掠海航行把人员和装备直接送上敌方滩头，迅速占领滩头阵地。

在1991年海湾战争中，美国海军出动七艘大型两栖船坞舰，共携载17艘LCAC气垫艇。在进行突击登陆时，这些LCAC气垫艇在24小时内出动55个艇次，将7 000名海军陆战队员、2 400吨作战装备和军用物资运送到一般登陆舰艇无法登陆的海岸，充分显示了气垫登陆艇在两栖战中的巨大作用。1992年12月在索马里的海岸登陆中也使用了该级艇。

LCAC气垫登陆艇可在全世界70%以上的海岸线实施登陆作战，将迫使敌人不得不在绝大多数的海岸上设防，从而分散了敌方兵力；同时登陆部队有更多的机遇选择登陆地段，便于在常规登陆艇不易登陆的敌方地带实施登陆。

在登陆作战时，携带气垫登陆艇的两栖舰船在远离岸边20海里～30海里时，便可让气垫登陆艇依靠自身的动力将人员和装备送上敌方滩头，从而保证了自身的安全。

此外，LCAC气垫登陆艇稍作改装，即可执行扫雷、反潜和导弹攻击等任务，不失为一种多用的舰艇。

劈波斩浪疾如风——“野牛”级登陆艇

世界上最大的气垫登陆艇

1978年，苏联海军根据使用经验，决定在1232.1型“鹅喉羚”气垫登陆艇的基础上继续研制新型气垫登陆舰。大名鼎鼎的“金刚石”中央设计局接受了设计、研制更强大的1232.2型“野牛”气垫登陆艇的任务，基本要求是增加航速、提高登陆载荷（三辆主战坦克）、加强火炮威力、提高无线电电子对抗设备性能。

1983年设计工作完成后，开始在三个造船厂建造四艘“野牛”，之后，由列宁格勒（今圣彼得堡）市的“金刚石”造船厂和费奥多西亚市的“大海”造船厂进行批量生产。

到20世纪90年代初，苏联海军共装备了八艘“野牛”型气垫登陆艇，主要在波罗的海舰队（巴尔季斯克基地）和黑海舰队（多努兹拉夫基地）。

苏联解体后，俄罗斯和乌克兰两国瓜分了这种舰艇。俄罗斯得到了八艘中的五艘，乌克兰得到了三艘。

“野牛”气垫登陆艇是当今世界上最大的气垫登陆艇，主要用于运送战斗装备和海军登陆部队先遣登陆分队队员，可在未构筑工事的岸边登陆，对滩头部队提供火力支持，同时还可运送水雷，布设主动雷障。

优缺点同样显著的“野牛”

★ **“野牛”气垫登陆艇性能参数** ★

排水量： 480吨(标准)
555吨（满载）

艇长： 57.3米

艇宽： 25.6米

艇高： 21.9米

吃水： 1.6米

最大航速： 60节

巡航速度： 55节

航程： 300海里

续航时间： 5天

武器装备： 1台MS-227导弹发射器
2门AK-630 6管30毫米近战火炮

满载登陆时续航力： 1天

编制： 27～31人（4名军官，7名准尉）

★俄罗斯在役的“野牛”级气垫登陆艇

★俄罗斯在役的“野牛”级气垫登陆艇

“野牛”气垫登陆艇拥有60节的最大航速，让所有登陆用舰艇望尘莫及，在同样航渡距离的登陆作战中，能够大大缩短在海上的航渡时间，降低遭到抗登陆的敌方海空攻击的可能性，从而达成战役战术的突然性。

“野牛”气垫登陆艇能搭载500名武装士兵，或者3辆中型坦克，或者10辆BTR-70运兵车。“野牛”气垫船自带两具MS-227导弹发射器，两门AK-630 6管30毫米近战火炮。

“野牛”登陆艇的船体由高强度耐腐蚀铝镁合金整体焊接而成，气垫护栏分两层，按照纵横垂直安定面十字形进行隔舱化处理，4台工作轮轴直径达2.5米的H O-10型增压机组、可弯曲气垫输气器及挂件能把船体提升到需要的高度。上部结构由两个纵隔板分成三个功能舱容，中部为登陆装备舱，设有坦克、战车专用的滚道和进出斜坡，设备舱装配主动力装置和辅助动力装置，登陆队员和乘员生活设施舱内装配有通风系统、空调、供暖系统、声热绝缘层、减振材料结构、生命救护保障系统、大规模杀伤防护设备。

“野牛”气垫登陆艇动力系统功率强大，主、辅动力装置共由5台高温燃气涡轮发动机组成，5×10 000马力，备用燃料56吨。舰载P-784通信设备系统由中波、短波、超短波收发机、超速传输设备、自动化指挥控制系统、航行警告系统服务接收机构成，导航设备主要有两套环视警戒雷达、磁回转罗盘、卫星导航设备、气象导航设备、接收指示系统、陀螺稳定系统、无线电定向仪、日视和夜视瞄准器等，另外还装配有现代化无线电电子对抗设备。

不过“野牛”气垫登陆艇的缺点也比较明显，以60节航速航行时，油耗太大，从而大大降低了续航力，这样，“野牛”气垫登陆艇基本用于短途的沿海或近海范围的跨海登陆作战，如果用于推进的三座涡轮风扇满负荷运转，工作寿命只有50小时。这样一来，执行几次高强度的突击登陆作战就要更换推进风扇，耗费较大。

现代海上多用途战舰——“黄蜂”级两栖攻击舰

两栖“黄蜂”：改变计划而产生的精品

20世纪80年代中期，为进一步提高两栖作战能力，并考虑到“硫黄岛”级将在20世纪90年代达到使用期限，美国决定再建一级新的多用途两栖攻击舰。美国海军以气垫登陆

★ 美国“黄蜂”级两栖攻击舰

艇和V-22“鱼鹰”倾转旋翼飞机等新型登陆工具为基础，提出了“超视距”登陆作战理论。依据这一理论，美国海军研制了“黄蜂”级新一代多用途两栖攻击舰。

鉴于“塔拉瓦”级（美国海军的两栖作战舰艇）造价太高，美国海军原打算将“黄蜂”级建成比“塔拉瓦”级吨位小、造价低的两栖攻击舰，但在建造中改变了计划，“黄蜂”级的吨位、作战能力均超过“塔拉瓦”级，成为世界上最大的两栖攻击舰。

“黄蜂”级两栖攻击舰的主要任务是支援登陆作战，其次是执行制海任务。它是美国海军专为搭载AV-SB鹞式垂直/短距起降飞机和新型LCAC气垫登陆艇而设计的。该级舰集直升机攻击舰、两栖攻击舰、船坞登陆舰、两栖运输舰、医院船等多种功能于一身，是名副其实的两栖作战多面手。该级舰服役后，已大大增强美海军登陆作战的能力。

美海军计划建造12艘“黄蜂”级通用两栖攻击舰，现已建成六艘。前七艘均由英格尔斯船厂承建，首舰“黄蜂”号已于1989年完工服役，第二艘到第四艘已分别在1992年～1994年服役。第五艘“巴丹”号于1997年9月服役，第六艘“好人理查德”号于1998年7月服役。仅第六艘舰的预算就高达12亿美元。

装备精良：两栖作战多面手

★“黄蜂”级两栖攻击舰艇性能参数★

排水量： 28 233吨（轻载）
40 532吨（满载）
舰长： 257.3米
水线长： 240.2米
舰宽： 42.7米
水线宽： 32.2米
吃水： 8.1米
飞行甲板长： 249.6米
飞行甲板宽： 32.3米
航速： 22节
续航力： 9 500海里/18节
主动力： 2台威斯汀豪斯公司的蒸汽轮机
螺旋桨： 2个定距桨
电站： 5台2 500KW蒸汽轮机发电机组
2台2 000KW应急柴油机发电机组
导弹： 2座GMLSMK29八联装对空导弹发射装置
16枚“海麻雀”导弹
舰炮： 3座MK15型6管20毫米“密集阵”近程武器系统
8挺12.7毫米机枪
固定翼飞机： 6～8架AV-8B“鹞”式飞机，在执行制海任务时载20架该型飞机
直升机： 42架CH-46E“海上骑士”
能搭载AH-1W“超级眼镜蛇”
CH-53E“超种马”
CH-53D“海上种马”
UH-1N“双休伊”
AH-1T“海眼镜蛇”
SH-60B“海鹰”等直升机
燃油： 1 232吨航空燃油
编制： 1 077人（98名军官）

与“塔拉瓦”级相比，“黄蜂”级两栖攻击舰降低上层建筑高度、装设流线型球鼻艏、增加机库和坞舱容量、增强三防能力、扩大医护能力和增设维修设施等方面作了不少改进，“黄蜂”级可根据任务搭载不同装备(飞机和登陆艇等)，且备有良好齐全的医疗设施，包括1个600张病床的医院、6个手术室、4个牙科治疗室、1个X射线室、1个血库和几个化验室等。为便于伤病员的运输，配备有专用升降机。

“黄蜂”级两栖攻击舰的主要任务是进行两栖攻击和为陆战队提供空中支援，它可搭载30架CH–53D/E、CH–46E、AH–17、SK–60B/F直升机和6架～8架AV–8B型飞机。但与众不同的是“黄蜂”级两栖攻击舰还能起制海舰的作用，这时舰上搭载有20架AV–8B型飞机和6架SH–60B/F反潜直升机，它们可承担近程战术攻击任务和反潜任务，或为水面舰艇编队提供空中保护。

由于“黄蜂”级两栖攻击舰增强了指挥、通信和控制能力，因此它可作为两栖作战的指挥舰，对一场旅级规模的两栖攻击战进行指挥和控制。为增大舰上飞行甲板的面积，“黄蜂”级两栖攻击舰只装备了少量武器。这些武器与航空母舰的武器配置类似，包括2座8单元“海麻雀”近程防空导弹发射架，3座“密集阵”近程武器系统和8座12.7毫米机关炮及4座6管箔条／红外干扰火箭发射装置。这使该舰的防御必须由护航舰艇和舰载飞机来提供。

“黄蜂”级两栖攻击舰配备了较齐全的仅次于医院船的医疗设施，舰上有600张病床及多个手术室、诊室等。

美军舰艇的发展思路：注重老舰的改进与维护

2008年，美国海军改进了“黄蜂”级两栖攻击舰的物资作业设备，让这种舰船可以装载“悍马”车和防地雷反伏击车辆。美国海军改装“黄蜂”级两栖攻击舰的另一个主要目的是让它可供V–22“鱼鹰”倾旋转翼飞机起降作业。

美国海军曾经加大力度，对其两栖舰船进行维护和改装，使这些舰船可以再为海军很好地服务数十年。海军多位官员已经指出，对战舰进行维护和改装，尤其是在其服役寿命中期，对海军实现313艘舰船舰队的目标非常关键。海军官员称，尽管建造新舰是该发展计划的当务之急，但是维护改装老舰也不容忽视。海军正在为这些舰船更换新的机械设备，从而可以装载更新型的武器装备，如重型防护装甲车辆、V–22“鱼鹰”倾旋转翼飞机以及F–35“闪电Ⅱ”战斗机，也就是以前所称的“联合打击战斗机”。

美国海军越来越强调对水面舰船在服役寿命周期内的维护需求进行评估和管理的重要性。两栖舰船的寿命中期计划正是这种理念的集中体现。2009年，美国海军在弗吉尼亚州的朴次茅斯成立了“水面舰船寿命周期管理工作办公室”。该机构的成立有助于提高海军

★美军两栖攻击舰释放的成群突击车

为水面舰船长期维护需求制订计划和安排预算的能力。正如美国海军部长加里·拉夫黑德上将说的那样："我们的平台和装备所承受的压力越来越大。"

2009年6月5日的一次听证会上，加里·拉夫黑德上将对参议院防务领域的参议员们说："在这一方面，两栖舰船是最应该得到重视的，它应该成为正在进行的四年防务评估中的重点评估对象。"

加里·拉夫黑德上将说："我们的平台与装备可以满足现有的作战需求，但是随着时间的延长，要这些平台与装备在保证人员工作强度控制的情况下满足越来越多的新作战需求则显得力不从心。所以我们要在平台与装备服役寿命中期的时候对其进行维护和改装，这对海军的未来非常重要。"

2010年5月8日，美国海军新成立的管理办公室发布了一份公告，海军海上系统司令部司令凯文·麦考伊中将在公告中说："我们新成立的管理办公室的主要职责是：最大限度地维护好现有的舰队，确保海军武库中的每一艘舰船的完好状态，使其随时可以应对21世纪执行任务履行使命的需要。"

美国海军开始有条不紊地对已经进入服役寿命中期两栖舰船进行维护，并为接下来几年中即将进入服役寿命中期的两栖舰船制订维护作业计划。

美军海上指挥所——“蓝岭”级两栖指挥舰

海上指挥所成立：专业的战争指挥者

第二次世界大战后，美国的两栖指挥舰多数由商船改装，无论船型、航速、电子设备和舱内布置，都不能满足指挥现代两栖战的需要。为此，美国海军在1965～1966财政年度批准建造两艘新型两栖指挥舰“蓝岭”号和“惠特尼山”号，“蓝岭”号于1970年11月和1971年1月服役，“蓝岭”号指挥舰配属美国海军第7舰队，驻泊在日本的横须贺港。“惠特尼山”号指挥舰于1981年1月配属美国海军第2舰队，驻泊在弗吉尼亚州的诺福克港。

★“蓝岭”级两栖指挥舰

以前舰队的指挥舰，同时也是最具战斗力的主力战舰，但是主力战舰担任指挥舰战场上存在着诸多的不便和困难。主战舰艇均装备有大量的各种武备和电子设备，舰面甲板极为拥挤，无法加装完备的通信指控装备，各种无线电通信和电子设备同时使用时相互干扰严重，有时甚至造成指挥中断。

随着舰队规模的大型化，作战行动的复杂化，作战任务的多样化，战争指挥人员需要处理的各种情报的数量空前增多，单靠指挥人员的意志决策根本无法在短时间内作出正确的判断和命令。特别是在两栖作战中，主力舰指挥能力的不足体现得更为突出。现代大规模两栖作战中，旗舰需要指挥和控制空中、海面、水下、陆上多军种参加的复杂的作战行动，一般舰船根本无法胜任，急需建造拥有海、空、陆一体化指挥控制系统的战舰，这样，才能使海军的指挥控制能力实现全面的现代化。

在这一背景下，"蓝岭"级两栖指挥舰应运而生。"蓝岭"级装备了先进、完善的数据搜集设备、战术情报显示设备以及传达各级指挥员命令的指挥设备，无线电台数目比航母等其他舰艇多一倍。且除了备有少量的近距自卫武器外，几乎没有什么攻击能力；在海上作战中，"蓝岭"级除了履行指挥控制的职能外，几乎不担负其他作战任务，是一艘"专业"旗舰。

首屈一指："蓝岭"级强大的指挥控制系统

★ "蓝岭"级两栖指挥舰性能参数 ★

排水量： 16 790吨（标准）
18 372吨（满载）
舰长： 194米
舰宽： 32.9米
吃水： 8.8米
航速： 23节
续航力： 13 000海里/16节
动力： 1台蒸汽轮机
功率： 22 000马力，单轴
导弹： 2座八联装"海麻雀"对空导弹
舰炮： 2座MK33型双联装76毫米火炮
2套MK156管20毫米"密集阵"近程武器系统
雷达： 1部SPS48C三坐标对空搜索雷达
编制： 821人

"蓝岭"号作为一艘专用舰队指挥舰，其优良性能突出表现在强大的指挥控制功能上。按照美国海军现行的指挥体制，"海军指挥控制系统(NCCS)"由"舰队指挥中心(FCC)"和"旗舰指挥中心(TFCC)"共同组成。"舰队指挥中心"是设在岸上的陆基指挥所，"旗舰指挥中心"就像"蓝岭"号这样的，位于作战海域的海上指挥控制舰。

在具体的作战指挥中，设在夏威夷的“舰队指挥中心”将各种作战指令、作战海域的海洋监视情报、敌情威胁及作战海域的环境数据发送到“旗舰指挥中心”，经过处理之后分送各个指挥位置和作战部队。

与此同时，“旗舰指挥中心”还会不断收到各部队关于自身状况、作战行动海域的海洋监视情报及作战任务的进展情况的报告，这些信息经过汇总处理之后，将报告“舰队指挥中心”。由此可见，在海上作战指挥中，“蓝岭”号处于中心环节，起着承上启下的重要作用。

“蓝岭”号上的“旗舰指挥中心”是一个大型综合通信及信息处理系统，它同70多台发信机和100多台收信机连接在一起，同三组卫星通信装置相通，以3 000词/秒的速度同外界进行信息交流。接收的全部密码可自动进行翻译，通过舰内自动装置将译出的电文送到指挥人员手中，同时可将这些信息存储在综合情报中心的计算机中。“蓝岭”号的这种信息收发处理能力，在目前世界现役的所有两栖指挥舰中是首屈一指的。

法兰西的海上堡垒——“闪电”级船坞登陆舰

自主研发：传承与创新的杰作

法国政府向来崇尚“国防自主”，在海军的发展上除了传承自己传统的技术优势、借鉴美、日、英的经验，还坚持创新，自主研发。“闪电”级船坞登陆舰便是其中代表。舰艇在设计与总体布局上，与美国、英国和日本等国的船坞登陆舰相比较，给人一种独具匠心、别具一格的感受。

法国海军目前拥有两艘大型“闪电”级船坞登陆舰，第一艘“闪电”号，在1990年正式服役；第二艘“热风”号，在1998年正式服役。两艘“闪电”级全部在法国舰艇建造局海军造船厂建造，分配到法国海军土伦基地地中海司令部。

法国海军在研制开发“闪电”级的过程中，运用了“一舰多用”的设计思想，给人一种独具匠心的感觉。“闪电”级最大限度地利用舰内空间，结构合理，甲板设置别具一格，飞行甲板后端的升降机将坞舱、车辆库及飞行甲板有机地结合在一起，使坞舱根据需要随时可变成直升机库，而飞行甲板也随时可停放大量的车辆。尾端的活动坞舱盖，既可增加直升机起降点，又可在拆除后进行较大吨位舰艇的坞内修理。

“闪电”级船坞登陆舰的设计充分体现了“一舰多用”的设计思想，它既可以在任何

★“闪电”级船坞登陆舰

海岸独立执行两栖作战任务，又可担负反潜、反舰、防空、编队指挥等多种任务，还可以作为后勤保障供应舰使用。

独具匠心，功能多样：不同凡响的“闪电”级

“闪电”级的最大特点是它的指挥系统：“西尼特”战斗数据系统和一套OPSMER命令支援系统。另外，“西北风”防空导弹也很强大：“闪电”级安装两套Simbad双联导弹发射装置，由欧洲导弹设计局提供，用于发射“西北风”近程防空导弹。

“闪电”级有一个1 450平方米的飞行甲板，能容纳7架超级“美洲狮”直升飞机。有3个直升飞机着舰点，2个在飞行甲板和1个在400平方米的可伸缩船坞盖甲板上。飞行甲板安装Samahe拉降系统。直升飞机机库用于容纳2架超级Frelon直升飞

★ “闪电”级登陆舰性能参数 ★

满载排水量： 12 400吨

舰长： 168米

水线宽： 23.5米

吃水： 5.2米

航速： 20节

续航能力： 11 000海里/15节

医疗装备： 500平方米的医院舱室

直升飞机： 可停放4架“超美洲豹”或2架“超黄蜂”直升机

编制： 226人

机或4架超级“美洲狮”直升飞机。“闪电”级飞行甲板提供完全的支援能力给同时配置的4架9吨直升飞机，包括昼夜补给燃料。

“闪电”级的主要任务是在无准备的海岸上用于步兵和装甲车辆登陆、用于海军军事力量和人道主义任务的机动后勤支援。

“闪电”级拥有容积达到13 000立方米的船坞，能被当做一个浮动船坞使用或携带登陆车辆，可容纳十艘中型登陆艇。船坞也能容纳十艘中型登陆艇(LCM)，或者容纳一艘机械化登陆艇(LSM)和四艘中型登陆艇(LCM)。

“闪电”级可移动甲板用于提供车辆停车位或舰载直升飞机着舰操作。安装一个船货升降机，升力高达52吨；另外一台12米起重机额定吊运能力37吨。

为了符合军事行动和人道主义行动需求，“闪电”级提供面积500平方米的医院舱室，包括两个完全装备的手术室和47个床位，用于大规模的医疗和撤退任务。

“闪电”级采用了计算机辅助设计和模块化建造方法，全舰由96个模块构成，每个模块重约80吨。

皇家海军的先进者——“海洋”号两栖直升机母舰

垂直登陆：搭载直升机的母舰

直升机母舰是一种重要的大型多用途水面舰艇，拥有“垂直登陆”功能的直升机母舰在两栖作战方面表现突出。

“垂直登陆”概念最早是在1948年由美国海军陆战队提出的。直升机的速度远较登陆

★“海洋”号两栖直升机母舰

舰艇高，且直升机不受地形限制，可以在短时间内迅速集结，任意选择登陆地点。正因如此，直升机母舰很快获得各海军大国的青睐。

作为海上强国，英国对于两栖作战历来极为重视。二战后，英国皇家海军曾改装了多艘直升机母舰，一度拥有仅次于美国海军的“垂直登陆”作战能力。但在20世纪70年代末至20世纪80年代初，英国因经济实力衰退、军费不足等原因退役了所有直升机母舰。直到进入20世纪90年代，英国皇家海军才有了新的直升机母舰——“海洋”号。

“海洋”号直升机母舰于1992年招标研制，1995年下水，1998年9月30日正式服役，同级舰计划两艘。主要用于登陆作战、后勤支援和运送海军陆战队装备。

功能强大的母舰：一专多能的“海洋”号

“海洋”号直升机母舰专为搭乘直升机而建立，平时搭载18架直升机——12架海王和6架山猫，最多搭载24架直升机，可装载默林EH-101/支奴干等直升机，也可以实行“海鹞”垂直/短距起降。

“海洋”号承担的一个主要任务是支援两栖作战，其舰内设有很大的居住舱室，可用于载运相当于一个营的总共约480名海军陆战队队员及其携带的武器装备和补给品。而在执行紧急任务时，使用简易住舱，还可将载运的陆战队队员扩大到800名左右。

★ “海洋”号直升机母舰性能参数 ★

排水量： 21 758吨（满载）
舰长： 203.43米
舰宽： 34米
水线宽： 28.50米
吃水： 6.6米
飞行甲板长： 170米
飞行甲板宽： 31.7米
航速： 19节
续航力： 8 000海里/15节

动力： 2台克劳斯勒16PC26V400型柴油发动机
功率： 2 3904马力，双轴
武器装备： 3座密集阵近防炮
4座GCM-A03“厄利孔”双管20毫米炮
电子设备： 1部996型对空/对海搜索雷达
2部1007型导航雷达
编制： 舰员285名，航空人员206名

为实施两栖平面登陆作战，“海洋”号直升机母舰装载四艘车辆人员登陆艇、两艘气垫登陆艇和40辆装甲车辆。车辆人员登陆艇为MK4型或MK5型，用吊艇架吊放，存放于舰体两舷舷侧外板的凹槽内，每舷存放两艘。

作为一艘执行多种作战任务的舰艇，“海洋”号具有很强的装载能力。不但可用于搭载数量可观的直升机和垂直/短距起降飞机，而且利用舰内巨大的空间，还可载运大量的登陆人员、登陆工具和各种作战物资。

“海洋”号是一型具有多种作战能力的大型舰艇，在服役后，无疑将会在以下几个方面发挥其独特的作用。

作为两栖攻击舰，执行两栖作战任务。“海洋”号具有与美国两栖攻击舰(如“塔拉瓦”级)相类似的功能和技战术特点，因此它又被称为“直升机两栖攻击舰”，能够将大量登陆人员、直升机、登陆艇、气垫船、装甲车辆及其他作战物资快速、及时、远距离地运往作战海区；能够同时使用直升机、“海鹞”垂直/短距起降飞机及各种运载工具对登陆地域发动快速、突然立体攻击，因而完全能够胜任一般两栖攻击舰所担负的两栖作战任务。

作为主力舰艇，“海洋”号直升机母舰承担着海外作战或军事干预任务。在1982年的马岛之战、1991年的海湾战争以及近期的波黑军事干预等作战行动中，航空母舰一直是英国优先动用的军事力量。但航空母舰只具备空中打击能力，而不具备能够最终解决问题的运输登陆兵上陆的能力，因而这一直是缺少两栖舰艇的英国海军的一个令人烦恼的问题。“海洋”号的建成无疑将使这一问题迎刃而解。由于该舰不仅能够搭载作战飞机，而且可用于运送陆战部队、登陆艇和装甲车辆，并能够指挥和协调它们之间的作战行动，集陆、海、空作战功能于一身，因而被认为是替代航空母舰用于承担海外作战和军事干预任务的最合适的兵器。

★"海洋"号两栖直升机母舰

作为编队的指挥舰，担负制空、制海作战任务。"海洋"号如同航空母舰那样，设有直通甲板、起降设备和机库，其满载排水量超过英国的"无敌"级、意大利的"加里波第"号和西班牙的"阿斯图里亚斯亲王"号航母，其搭载的飞机，可用于对海、对空作战，且载机数多于上述轻型航母，因此，它不仅可用于执行两栖作战任务，而且也能够像一般轻型航母那样，担负局部海域的制空、制海作战任务。在担负这一任务时，可由"海洋"号直升机母舰、若干艘导弹驱逐舰、导弹护卫舰和潜艇共同组成作战编队，并由"海洋"号作为编队的指挥舰，在指定的作战海域，遂行防空、反舰、反潜、护航等作战任务。据说，部署这样一个作战编队，其控制的作战空间(包括空中、水上、水下和陆地)及打击范围可达数百千米，虽比不上大型航母战斗群，但与部署一支轻型航母编队相比则毫不逊色。

"海洋"号直升机母舰还可以充当支援舰船，执行非军事任务。"海洋"号不仅可用于执行多种作战任务，而且在和平时期也可用于执行诸多非军事任务。例如，利用其舰内设置的宽敞居住舱室，可作为人员输送船，承担联合国维和部队人员的运送任务或撤离侨民和难民的任务；利用其货物装载量大的特点，可作为货物运送船，执行向灾区运送救灾物资进行人道主义援助的任务；利用其舰上配备的医疗设备，可作为海上流动医院船，为伤病员和灾民提供医疗救护服务等。

战事回响

“火炬”之役：二战盟军北非登陆战

北非登陆战役是战争史上第一次使用大批登陆舰艇实施“由舰到岸”的渡海登陆战役，为之后的西西里岛、诺曼底等登陆战役提供了有益经验。

1942年夏，盟军为击溃非洲的德意联军，夺取北非战略要地，进而从南翼威胁德国和意大利，决定在1942年秋季实施代号为“火炬”的登陆战役。这次战役由美陆军中将艾森豪威尔任总指挥，英海军上将坎宁安任海军总司令。

此次战役目的是夺取北非登陆场，随后，登陆部队与在埃及和利比亚作战的英国第8集团军协同行动，歼灭非洲大陆上的意德军队。登陆部队共10.7万人，由航空母舰16艘、战列舰7艘、巡洋舰9艘以及大批驱逐舰、扫雷舰和各式登陆舰艇共650艘提供支援。

航渡中，参战舰艇编为三个特混舰队：东部特混舰队由英海军少将巴勒指挥，输送赖德少将指挥的美、英混编部队前往阿尔及尔地区登陆；中部特混舰队由英海军准将特鲁布里奇指挥，输送弗雷登德尔少将指挥的美军前往奥兰地区登陆；西部特混舰队由美海军少将休伊特指挥，输送巴顿少将指挥的美军前往法属摩洛哥登陆。英军航空兵1 700架飞机以直布罗陀为基地实施战役掩护。

★二战盟军北非登陆战

上述登陆地区由法国维希政府军队驻守，总兵力约20万人，拥有飞机500架。但法军不愿站在德国一边作战，因此，对同盟国没有构成严重威胁。加之美国事前同法军统帅部举行秘密谈判，取得法军不阻挠英美军队登陆的默契。

根据战役计划，各方兵力预定在卡萨布兰卡、奥兰、阿尔及尔地区同时登陆。

1942年10月22日和26

日，东部和中部特混舰队分别自英国起航，1942年11月5日会合后通过直布罗陀海峡向东航进，驶至预定登陆地段以北海域后转向南航，于1942年10月8日凌晨在各登陆地段突击上陆，当日傍晚占领阿尔及尔，1942年10月10日占领奥兰。

西部特混舰队自1942年10月23日分批从美国起航，航渡中依次会合，频繁改变航向，以缩小目标并迷惑对方，1942年11月7日夜抵达换乘海域，次日凌晨突击上陆，1942年11月11日占领卡萨布兰卡。

登陆部队接到命令，如果敌海岸炮兵和舰艇不开火，则不得射击。盟军登陆只遇到轻微抵抗。1942年11月8日傍晚进入阿尔及尔，1942年11月10日进入奥兰，1942年11月11日进入卡萨布兰卡。1942年11月10日夜间，驻北非的法国军队根据维希政府武装力量总司令达尔朗海军上将(在阿尔及利亚)的命令，停止了对英美盟军的抵抗。到1942年12月1日，连同第二梯队在内已有253 213人(106 760名英国官兵，146 453名美国官兵)在北非登陆。盟军占领阿尔及利亚各主要基地后，开始向突尼斯推进。

由于实施北非登陆战役，盟军掌握了北非的一些重要战略基地，从而创造了顺利完成北非战局的有利条件，使盟军能够通过苏伊士运河从大西洋向印度洋进行海上运输。

诺曼底登陆：美军血染奥马哈海滩

诺曼底登陆是第二次世界大战中盟军在欧洲西线战场发起的一场大规模攻势，战役在1944年6月6日早6时30分打响，在8月19日盟军渡过塞纳-马恩省河后结束。

诺曼底登陆的胜利，宣告了盟军在欧洲大陆第二战场的开辟，使纳粹德国陷入两面作战的局面，从而减轻了苏军的压力，协同苏军有力地攻克柏林，迫使法西斯德国提前无条件投降。美军从而也把主力投入太平洋对日全力作战，加快了第二次世界大战的结束。

为实施这一大规模的战役，盟军共集结了多达288万人的部队：陆军共36个师，其中23个步兵师，10个装甲师，3个空降师，约153万人；海军军舰约5 300艘，其中战斗舰艇约有1 200艘，登陆舰艇4 126艘，此外还有5 000余艘运输船；空军作战飞机13 700架，其中轰炸机5 800架，战斗机4 900架，运输机、滑翔机3 000架。登陆作战自然少不了登陆舰艇，在诺曼底登陆中，登陆舰艇发挥了巨大的作用，将大批的盟军进攻部队的士兵从军舰之上送到滩头。

1944年6月6日凌晨，美国和英国的2 390架运输机和846架滑翔机，从英国20个机场起飞，载着3个伞兵空降师向南飞，准备在法国诺曼底海岸后边的重要地区着陆。这就是著名的“诺曼底登陆”的开始。

黎明时分，英国皇家空军的1 136架飞机对事先选定的德军海岸的10个炮垒，投下了5 853

★诺曼底登陆战

吨炸弹。天亮以后，美国第八航空队又出动了1 083架轰炸机，在部队登陆的前半个小时，对德军海岸防御工事投下了1 763吨炸弹。接着，盟军各种飞机同时出动，轰炸海岸目标和内陆的炮兵阵地。5点50分，盟军的海军战舰开始猛轰沿海敌军阵地，诺曼底海滩成了一片火海。

进攻部队由运输舰送到离岸7~11英里的海面，然后改乘小登陆艇按时到达预定攻击的滩头。运载重武器和装备的大型登陆艇紧跟其后。

盟军选择的登陆地点诺曼底海滩，位于法国的西北部，从东到西有五个滩头——宝剑滩、朱诺滩、黄金滩、奥马哈滩和犹他滩，全长约50英里。登陆计划第一批进攻部队是五个师，每个师占领一个滩头。美军部队负责奥马哈滩和犹他滩两个滩头。在这次抢滩登陆战中，登陆舰艇扮演了重要的角色。

奥马哈海滩，位于犹他海滩的东面，是一个处于科汤坦半岛南端维尔河口到贝辛港之间长约6.4千米的海滩，这个海滩拥有诺曼底地区特有的树篱地形，原本易守难攻。德军又充分利用有利的自然地形构筑防御工事。因此，对于任何一支想要从这里抢滩登陆的军队来说，都几乎是一个不可能完成的任务。然而盟军偏偏就选择了这里。盟军之所以选择这里登陆，主要是出于两方面因素的考虑。首先，因为从维尔河口到阿罗门奇之间正处在美军犹他海滩和英军海滩当中，位置非常重要，而这段32千米长的海岸只有这一段还勉强可以登陆，其余地段都是悬崖绝壁根本无法登陆。此次，根据情报，盟军认为这里的守军仅仅是德军第716海防师的一个团，其战斗力很差。既无装甲部队，又无机动车辆，士兵又多是后备役。但实际上，部署在这里的却是德军的精锐之师——野战部队第352步兵师的一个主力团。

而盟军情报机关直到登陆部队出发后，才查明第352师的去向。

在奥马哈登陆的是美军第5军第1师和第29师的各一个团。由霍尔海军少将指挥的O编队负责运送。

6月6日3时，运输舰将登陆部队送达登陆艇的海面区域，当时海面上风力5级，浪高12米，有10艘登陆艇因风浪太大而翻沉，艇上所载300名士兵在海面上挣扎着。而没有翻沉的登陆艇上的士兵绝大多数都晕了船。海水打进了艇内，打在了士兵们的身上，也打在了他们年轻的心里。这些士兵又冷又湿，当到达海滩时，他们已经没有多少战斗力了。然而这时，更大的考验在等待着他们。

5时50分，由两艘战列舰、四艘巡洋舰、12艘驱逐舰组成的舰炮火力支援舰队实施了40分钟的舰炮火力支援。这些美军军舰由于惧怕德军的岸炮而不敢靠近海岸，只是在远距离上进行射击，准确率很低。

6时，由480架B-26轰炸机对德军防御阵地进行直接航空火力支援，投弹达1 285吨，由于天气情况不利，飞行员又误伤己方部队，故意延迟30秒投弹，结果1 285吨炸弹大多没有命中目标。总之，在美军登陆部队抢滩登陆的时候，德军的防御工事和火力点大都完好无损。

在此次登陆作战中，美军使用了多辆水陆坦克，计划用于伴随登陆兵上陆提供及时火力支援。然而，这些坦克还没有登陆便已经折损大半。

在海滩的西段，美军32辆坦克中有27辆在下水后的几分钟就因风浪太大而沉没，余下的五辆中有两辆是凭借驾驶员的高超技艺与出色发挥才驶上海滩的，另三辆是由一位登陆艇长直接将其送上海滩的。

在东段，指挥员见风浪太大，水陆坦克无法下水，就命令将坦克直接送上海滩，但这样一来到达海滩的时间提前了，为了等待配合作战的装甲车辆，坦克登陆艇不得不在海岸附近徘徊等待。德军抓住机会猛烈炮击，击沉了两艘坦克登陆艇，直到6时45分，水陆坦克和装甲车辆才驶上海滩，可刚上海滩，就被德军炮火摧毁了好几辆。

接着第一拨1 500名士兵开始突击上陆，因为海中有一股向东的潮汐，以及岸上迷漫的硝烟，使得美军士兵难辨方向，队形也变得混乱。上岸时士兵们要先趟水涉过一米多深，50米至90米宽的浅水区，再要通过180米至270米宽毫无遮掩的海滩，才能接近堤岸，而且这一切都在德军密集而猛烈的炮火下。所以在最初的半小时里，盟军士兵完全处于被动挨打的境地。这1 500名士兵根本无法打击敌人，只能在浅水中、海滩上苦苦挣扎。

★B-26轰炸机

在第一批登陆的八个连中只有两个连登上预定海滩，但也被德军的火力压得抬不起头。由工兵和海军潜水员组成的水下爆破组伤亡惨重，装备丢失、损坏严重，但仍克服困难冒着德军炮火开始清除障碍物，在东段开辟出两条通路，在西段开辟出四条通路，可惜在涨潮前来不及将通路标示出来，后续登陆艇一直找不到通路，拥挤在海滩上听任德军炮击。

7时，美军的第二拨进攻部队到达海滩，此时正逢涨潮，德军炮火非常准确猛烈，完全将登陆部队压制在狭窄的滩头。在两小时的时间里，海滩西段的美军再没有一个人冲上海滩，在东段也仅仅占领9米宽的一段海滩。海面上挤满了登陆艇，秩序异常混乱，海滩勤务主任只好下令只许人员上陆，车辆物资一律暂时不上陆。

此时美军第一集团军司令布莱德利根据几份零星的通信和军舰瞭望哨的报告，知道登陆遇到极大困难，胜利几乎不可能了，他已经打算放弃在奥马哈的登陆，并打算让美军第五军后续部队在犹他海滩或英军的滩头上陆。

然而就在这时，局势发生了转机。担任舰炮火力支援的美国海军见陆上的官兵死伤累累，岸上火力控制组和海军联络组都没有消息，意识到战局已经到了决定胜负的危急关头，因而当机立断。组成了海军“敢死舰队”，17艘驱逐舰不顾搁浅、触雷和遭炮击的危险，逼近到距海滩仅730米处，要对陆地上的美军进行近距火力支援。

而此时，海滩上有150名别动队队员艰难地爬上了霍克角，发现所谓的155毫米海岸炮竟然是电线杆伪装的，因此消除了海岸炮的威胁。

美军的驱逐舰如释重负，开始大发神威，对着海岸上德军的火力点逐一开火，强大的火力打得德军毫无招架之力。

★陆续上岸的美军士兵

然后驱逐舰又向每一个新发现的目标射击，并且只要见陆军用曳光弹射击，就把它当做是在指示目标，马上进行轰击。正是驱逐舰的舍命援助，逐步压制住德军的火力，为海滩上的美军攻击创造了条件。

在此危急关头，滩头上的美军指挥官也努力激励部下。第29师副师长科塔准将在海滩上高喊：“留在海滩只有两种人，一种是已经死的人，另一种是即将要死的人。来啊！跟我冲！”第一师16团团长泰勒上校也鼓励士兵：“待在这儿只有死，要死也要冲出海滩！”海滩上的美军尽管伤亡惨重，但仍然顽强地继续作战。直到中午时分，第二梯队三个团的生力军提前上陆，在舰炮和坦克支援下，一步一步扩大登陆场。随后美国海军的战列舰和巡洋舰上的重炮也加入对岸射击，强大的火力将德军打得落花流水。

★美国海军第一集团军司令布莱德利

天黑时，美军第一师和第29师终于占领了一块正面宽度6.4千米，纵深2.4千米的登陆场，到夜间登陆场正面宽度进一步扩大到八千米，上陆人员达到3.5万人。

就这样，美军最终在奥马哈海滩成功地登陆。为了这次战斗的胜利，美军付出了惨重的代价。在整个诺曼底登陆作战中，奥马哈海滩是五个登陆滩头中损失最惨重的，有“血腥的奥马哈”之称。而当年的美军血染奥马哈海滩，以自己的牺牲，为整个诺曼底登陆的成功作出了贡献，并创造了历史上一次壮烈而又辉煌的登陆作战。

7

第七章

舰队伴随者

大将小兵

兵典
THE CLASSIC
WEAPONS

补给舰——舰艇中的“勤务兵”

补给舰小传

补给舰是中国的称呼，有的国家称其为战斗支援舰，是海军舰艇系列中一个重要的舰种，其用途是作为海上机动作战编队的一员，伴随航母、驱逐舰、护卫舰等作战舰只，在远航及作战海域为主战舰只补充燃油、航空燃料、淡水、食品、备品、给养和各类弹药等消耗物资，使主战舰只的作战半径和在任务海域的有效作战时间成倍扩大和延长。因此各海军强国在发展各类作战舰只的同时都投入较大力量发展综合补给舰。

以前的补给舰只是单一补给舰，比如说油料补给舰、弹药补给舰等，因此一艘战斗舰只需要多次接受不同补给舰的补给，这样容易延误战机，而且导致辅助舰队过于庞大，生存性降低。为此，美国人想出了“one stop replenishment”的补给办法，即“一站式补给”，也就是说战斗舰只接受一次补给就可以得到所有的消耗品，这样不但提高了补给效率，而且使编队变得十分精干。

★航行在珊瑚海海域的“约翰·保罗·琼斯”号导弹驱逐舰接受直升机垂直补给

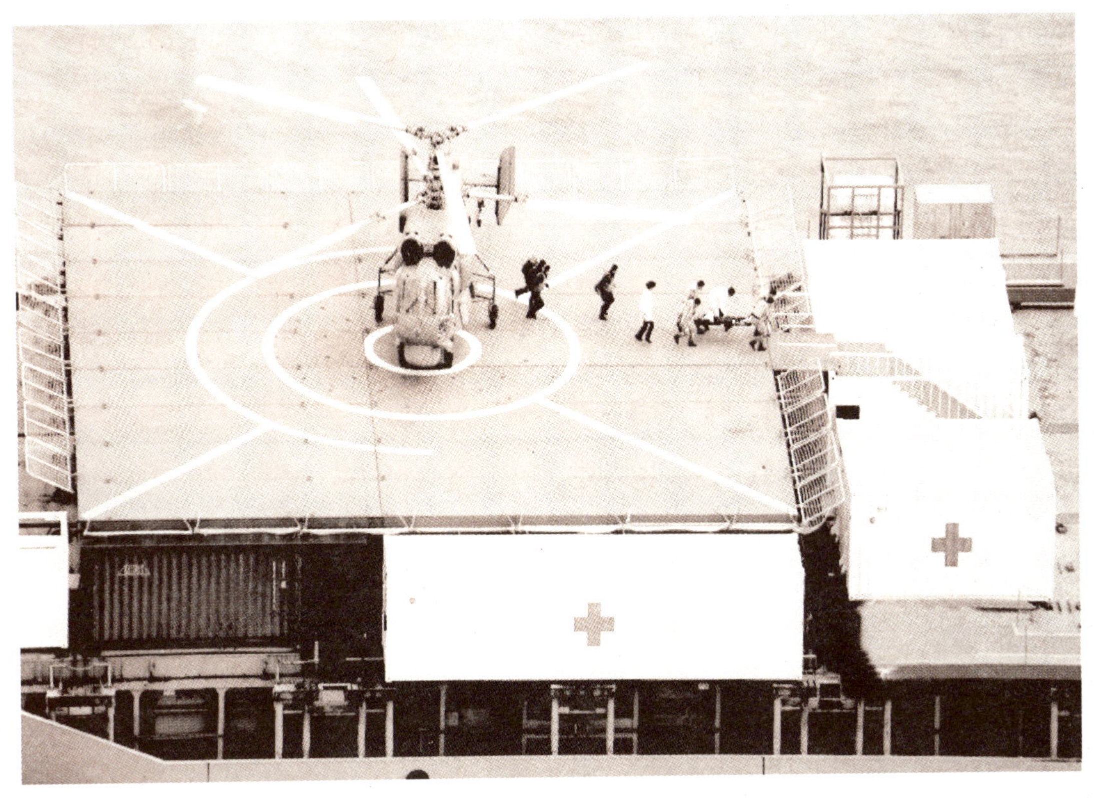

★航空医疗保障，将伤员迅速转移到海上的活动房式医疗救护船上。

补给方式一般分为横向补给、纵向补给和垂直补给三种。纵补只能补给油水，是横补方式的补充，横补不但可以补给干货和液货在内的所有物品，而且补给量也远大于纵补，但是横补受海情的影响比较大，一般最多可以在5～6级海情下实施补给，再大的风浪就扛不住了，而纵补则可以承受6～7级的海情，甚至更高级别的海情。一般的补给舰都有横补、纵补的装置，纵补作为应急使用。可以说，补给舰的补给有两个补充，一是干货的补给可以用垂补来补充，二是油料的补给用纵补来补充。美国的补给舰垂补能力非常发达，这是由于其装备的直升机不但先进、补给量大，而且数量多、训练水平高的缘故，而且干货补给中垂补的分量变得越来越重。

补给舰的主要使命是补给，还需兼顾一些其他的辅助使命，如医疗、维修等。因为补给舰相对于战斗舰艇的平台和空间都比较宽裕，有条件设立一定的医疗设施，目前中国的综合补给舰上设有一些医疗设施，包括病床、隔离病房、X光室、手术室等科室，可以同时做两例手术，完全能应付紧急事态或作战条件下的伤员紧急救治需要（伤员可通过直升机或横补装置传送到补给舰上），起到了医院船的部分作用。此外，中国补给舰还兼有海上修理的功能，一般战斗舰艇上自带一些备品，遇到损坏情况能够修理，但是有一些修理在海上不能完成，或者说有些备件由于受到空间限制战斗舰艇无法携带，但综合补给舰可以携带。海上修理是换件修理，即用新备件替换；损坏的零件待回到基地后再行修理。虽然补给舰会得到战斗舰艇提供的防护，但仍需近距防护能力，比如美国补给舰上装备了“海麻雀”防空导弹和20毫米火炮，其他一些西方国家也在补给舰上配备了小口径火炮。

美海军一般给每个航母战斗编队配一艘综合补给舰，自20世纪60年代研制成多种物品航行补给舰“萨克拉门托”号以来，共建造两级综合补给舰，即“萨克拉门托”级和“威奇塔”级。若按35年服役期计，“萨克拉门托”级2005年先后退役。为加强舰队航行补给能力，20世纪80年代初美开始研制一级新综合补给舰，这是美海军自1976年完成“威奇塔”级最后一艘船“罗诺基”号以来首次建造综合补给舰，1981年12月开始可行性研究，1983年6月开始合同设计，1984年12月完成合同设计。1987年1月订购第一艘船“供应”号，1989年2月开始施工，1994年2月服役。

俄罗斯也于20世纪末建造了“别列津纳河”级综合补给舰。

进入21世纪后，西方的补给舰开始考虑隐身性能，舰上的补给门架做成斜面状，同时把一些装备放在门架里面，做到模块化布置，这样不但可以提高补给舰自身的隐身能力，还可以提高整个编队的隐身能力。

美国海军战舰的坚强后援——“萨克拉门托”级补给舰

美海军独有的综合补给舰

20世纪50年代初美海军的航行补给舰有不少缺点，首先航速较低，不适于随航空母舰编队一起航行；其次每艘船携带的补给品品种单一，战斗舰要补足所需补给品，必须分别与多艘补给舰会合，接受补给期间战斗舰与补给舰之间被多根缆索、软管连接，使它们处于易遭敌方攻击的状态。

随着航空母舰编队在现代海战中作用和地位的提高，航空母舰编队作战范围、海上持续时间也在增加，从而带来了补给线的延伸、补给需求量增大、补给时限性增强等一系列问题。以前的航行补给舰已经大大地不能满足航行补给需求。为此，美海军在1957年提出建造大型“萨克拉门托”级快速战斗支援舰的设想，以便能在较短的作战间隙内，为航空母舰编队提供各种物资补给。

20世纪60年代美海军研制成综合补给舰“萨克拉门托”级，其主要使命是伴随航空母舰编队一起活动，对编队舰艇提供燃油、弹药、粮食、备品等各种消耗品的航行补给，使舰队能够长时间远离基地坚持在海上活动，为航空母舰编队提供了支撑其在海外长期作战的浮动基地。

“萨克拉门托”级综合补给舰20世纪60年代后期在美国海军服役后，一直是当今世界上最大、航速最快的综合补给舰。“萨克拉门托”级共建四艘，除第二艘由纽约造船厂建造外，其余三艘均由普吉特海峡海军船厂建造。“萨克拉门托”级综合补给舰只装备美国海军，未曾出售其他国家。

综合装载，垂直补给的“萨克拉门托”级

★ “萨克拉门托”级综合补给舰性能参数 ★

排水量： 19 200吨（轻载）
51 400吨～53 600吨（满载）

船长： 241.7米

船宽： 32.6米

吃水： 12.0米

航速： 26节

续航力： 6 000海里/25节
10 000海里/17节

动力： 2台蒸汽机

功率： 100 000马力，4台锅炉，双轴

螺旋桨： 2个

武器装备： 2套MK15型20毫米“密集阵”近程武器系统
4挺12.7毫米机枪
1套MK29型八联装北约的“海麻雀”舰对空导弹发射装置

编制： 601人（其中24名军官）

“萨克拉门托”级装备有4座巴伯考克与威尔考克斯公司的锅炉，2组通用电气公司的涡轮机（从未建成的“衣阿华”级战列舰“肯塔基”号上拆下），功率约10万马力，航速26节，是当今航速最高的综合补给舰，能伴随航空母舰特混舰队编队航行。

★“萨克拉门托”级补给舰

“萨克拉门托”级综合补给舰的01甲板是补给甲板，为全平甲板，货物集散区在此甲板，甲板上没有管系、门槛等妨碍货物搬运的障碍物。02甲板是绞车甲板，所有绞车控制站分设在甲板的左右两边，对补给区有良好的视界。

“萨克拉门托”级综合补给舰的货舱由两个纵舱壁分隔成三部分，中间装干货、弹药，两边装燃油。船内货物搬运方便快捷，一般干货利用升降机、输送机、叉车等机械设备搬运。为便于货物搬运集散，集散区是遮盖式，两边各设5扇大门通往各补给站，从集散区到直升机平台也有叉车通道，以将货物直接运到直升机平台，保证垂直补给货源。导弹可通过专用搬运设备搬运。船上设多个补给站，可同时进行干货、液货补给。补给作业区有6个补给门架，全船有7个干货补给站，6个液货补给站，此外还有3个双软管燃油接收站，5个单软管燃油接收站。

“萨克拉门托”级的结构布置便于补给作业。尾部有直升机平台。船上可带3架UH-46“海上骑士”直升机，通常配备2架UH-46E“海上骑士”直升机用于垂直补给。

功成身退的“萨克拉门托”级

自从“萨克拉门托”级服役之后，美国海军原来存在的诸多海上补给难题都立即迎刃而解了。在越南战争期间，该级舰跟随美国海军的航空母舰远渡重洋，游弋在越南外海和北部湾海域，为空袭北越“加油助威”。尽管美军最终灰溜溜地从越南撤出，但“萨克拉门托”级舰却在战争中表现出色，多次完成航空母舰编队的航行补给任务。

★美国海军“供应”级战斗支援舰

当初美国在建造“萨克拉门托”级时，由于造价高难以承受，所以只建了四艘。其后美海军转而建造了7艘排水量较小、航速较慢但造价低廉的“维奇塔”级舰队油舰。当美海军需要第12艘快速战斗支援舰或舰队油舰以支持其第12支航母战斗群时，第五艘“萨克拉门托”级舰的建造计划在1980年时才获得通过，不过美海军随后又取消了该计划。实战表明，快速战斗支援舰具备其他补给舰所没有的巨大优势，所以20世纪90年代美海军又建造了四艘“供应”级快速战斗支援舰。

在阿富汗反恐战争和伊拉克战争中，美国海军先后各派出数个航母战斗群参战，“萨克拉门托”级和“供应”级快速战斗支援舰倾巢出动。其中“萨克拉门托”级除2号“坎登”号已被改装为海上补给系统的试验舰外，其余三艘一个不落地伴随“文森”号航母、“西雅图”号、“肯尼迪”号航母、“底特律”号、“企业”号航母战斗群扑向战区。

伊拉克战争结束后，服役40年的“萨克拉门托”级已经达到设计使用寿命期限，准备退役。首舰“萨克拉门托”号于2004年10月率先退出现役，其他三艘也在2006年7月才全部离职。美海军目前正在就下一代快速战斗支援舰T-AOE（X）进行研究，以替换曾身经数战而如今“廉颇已老”的“萨克拉门托”级。

法国远洋舰队的后援——“迪朗斯河”级补给舰

法国出口型综合补给舰

法国海军是一支远洋海军，主要使命是保卫本土近海和海外领地的安全，保证本国海上交通运输线的畅通以及护航、护渔等。法国海军的后勤支援力量在20世纪70年代以前，只有两艘20世纪60年代由运输油轮改装的燃油补给舰，为了支援舰艇的远洋活动，法国海军于20世纪70年代初开始研制新补给舰。

新船设计思想是将多种后勤支援功能集中在一个平台上，以迅速为舰队提供补给。主要使命是为海军特混舰队进行航行补给，向舰艇提供燃油、航空油、弹药、食品和备件。

1971～1972年，法国海军进行初步设计，定名为“迪朗斯河”级。1973年第一艘船“迪朗斯河”号下水，1976～1986年另外4艘“迪朗斯河”级补给舰服役。第1～4艘船由布雷斯特海军船厂建造，第5艘船由诺曼底船厂建造。

“迪朗斯河”级舰具有一定出口潜力，如法海军已将该级舰的设计卖给了澳大利亚，并为沙特阿拉伯海军设计了缩小的“迪朗斯河”级舰。

武力强大的“迪朗斯河”级

★ “迪朗斯河”级综合补给舰性能参数 ★

排水量：17 900吨（满载）
舰长：157.3米
舰宽：21.2米
吃水：10.8米
航速：19节
续航力：9 000海里/15节
自持力：30天
动力：2台SEMT–皮尔斯蒂克柴油机
功率：15 288千瓦，双轴
武器装备：若干“西北风”舰空导弹
4挺12.7毫米机枪
1架“山猫”直升机
螺旋桨：2个变距桨
电站：3台柴油发电机组提供船用电力
编制：164人（其中军官10名）
另有29个备用铺位

“迪朗斯河”级综合补给舰武器十分了得，2座双联“西北风”舰空导弹让人闻风丧胆，3座30毫米火炮更是威力十足；另外，此舰还配有4挺12.7毫米机枪和1架“山猫”直升机。

★法国补给舰补给装置

“迪朗斯河”级综合补给舰的运载能力也是首屈一指的，可运输液货：燃油7 500吨，柴油1 500吨，航空煤油500吨，蒸馏水140吨。还可以同时运载干货：食品170吨，弹药150吨，备品50吨。

“迪朗斯河”级采用球鼻艏、方艉，有艏楼、桥楼，补给装置在中部，尾部有直升机平台和机库。带一架MK2／4型“大山猫”直升机。弹药贮放在3个中间舱内，配置一部3吨升降机用于弹药运输。其他干货贮放在舷边6个舱室，其中4个是冷藏货舱，有两部一吨升降机用做货物运输。干货装在货盘内用叉车运输。考虑船的多用性，除执行航行补给外还要求每艘船能搭载75名突击队员，备有突击队员居住舱室，以供快速展开部队突击队员使用。

船体中部设两个补给门架，左右舷共4个横向补给站，用以传送干、液货。两门架之间有控制室控制货物传送作业。尾部有两个纵向补给站只传送液货。

船用电力由3台480千瓦柴油发电机组提供，补给作业用电由两台主机驱动的2 000千瓦交流发电机组提供。

船上装“锡拉库斯”卫星通信系统，可提供对地球任一位置的即时通信，以满足海上指挥控制的需要。船上还携带具有反潜能力的直升机可进行反潜战。

鱼雷艇——惊涛骇浪中的“短剑”

鱼雷艇小传

鱼雷艇主要用于在近岸海区与其他兵力协同作战，以编队对敌大中型水面舰船实施鱼雷攻击，也可用于反潜、布雷等。现代鱼雷艇有滑行艇、半滑行艇、水翼艇三种船型，满载排水量40吨～200吨。主动力装置多数采用高速柴油机，少数采用燃气轮机或燃气轮机–柴油机联合动力机，航速40～50节。装备有鱼雷2～6枚，单管或双管25～57毫米舰炮1～2座，有的还装备有火箭深水炸弹发射装置、拖曳或声呐和射击指挥系统。

鱼雷艇诞生于美国南北战争时（1861～1865年）的水雷艇。1864年，北方军队的水雷艇就靠这种办法炸沉了南方军队的“阿尔比马尔”号装甲舰，以鱼雷为主要武器的小型高速水面战斗舰艇。

1866年，在奥匈帝国工作的英国工程师R.怀特黑德发明了世界上第一条能够自动航行的水雷。它由压缩空气推进，在水下以6节的速度可航行276米，头部装有8.2千克炸药。由于它能像鱼一样在水中运动，因而被称为鱼雷。最初，鱼雷只是被装在灵活机动的小艇上，用来攻击敌舰。

1877年，英国制造出了专门发射鱼雷的鱼雷艇“闪电”号，并将其命名为海军的“1号鱼雷艇”。该艇在风平浪静的海面上具有19节的航速，而其所装备的鱼雷则能以18节的航速航行584米。鱼雷艇就此问世。

几乎与英国同时，俄国建造的“切什梅”号和“锡诺普”号水雷艇也可看做是最早的原型鱼雷艇。1887年1月13日，“切什梅”号和“锡诺普”号第一次用鱼雷击沉了土耳

★“圣伊斯特万”号战列舰

其海军的“国蒂巴赫”号通信船。鱼雷艇创造了小艇打大舰的奇迹，使鱼雷艇引起人们的重视。此后，欧洲各国海军都相继制造和装备了鱼雷艇，鱼雷艇的性能也不断得到改善。在两次世界大战中，鱼雷艇都取得了较大战果。在1918年6月10日，两艘意大利鱼雷艇用两枚鱼雷就击沉了奥匈帝国的万吨级战列舰“圣伊斯特万”号。

二战后及最近的几场局部战争（马岛战争）表明，对于水面舰艇来说，鱼雷比导弹具有更大的威慑力，现代鱼雷在发射时，隐蔽性较导弹好，并且具有导弹所不具备的二次甚至多次攻击能力，加上尾流制导的不可对抗性，因此，在能够隐蔽出航（主要是依托岛礁、洞库）的情况下，鱼雷（鱼雷艇）攻击近岸的水面舰艇具有无可比拟的优势。

随着现代化探测和作战手段的日益发展，鱼雷艇隐蔽出击的作战优势日益降低；导弹艇出现后，鱼雷艇的作用有所下降。但鱼雷艇具有打击威力大、建造容易、周期短、造价低等优点，加之鱼雷性能不断提高，舰艇隐身技术的发展，鱼雷艇仍为不少国家作为近海防御的兵力予以保留和发展。其发展趋势为：采用隐身技术，使鱼雷艇能隐蔽出击；提高鱼雷艇的航海性能；改善鱼雷性能；采用小型化和自动化电子设备，以提高快速反应能力和射击精度；采用轻型舰空导弹或导弹与舰炮结合的武器系统，以提高对空防御能力。

根据排水量和尺度，现代鱼雷艇一般可分为大鱼雷艇和小鱼雷艇。大鱼雷艇的排水量为60～100吨，有些中国自行设计制造的鱼雷艇还在1 000吨以上，续航力为600～1 000海里。可远离基地在恶劣气象条件下进行活动。一般装2～4座鱼雷发射装置，个别的设有6座鱼雷发射装置。多数大鱼雷快艇可携水雷、1～2枚深水炸弹、少量烟幕筒，通常还装备高射武器。小鱼雷艇的排水量为60吨以下，续航能力为300～600海里。艇上一般装两座鱼雷发射装置。1～2门小口径高炮或2～4挺大口径高射机枪。小鱼雷艇只能在近岸或风浪较小的海域进行战斗活动。

二战高速鱼雷艇——S级鱼雷艇

海战中的“致命短剑”

一战后，《凡尔赛和约》禁止德国建造大型水面舰只和潜艇。但鱼雷快艇却没有受到限制，在客观上刺激了德国对鱼雷快艇的研发，魏玛共和国的海军高层要求立即开发一种适用于下次战争的鱼雷艇。

二战爆发前后和二战期间，德国相继开发了多种型号的S艇。战前共计造出25艘，战争期间共计建造221艘，虽然当时S艇在技术上均未臻完善，不过其建设经验对于后来主力艇型的出现大有裨益。从S-1到S-7，可谓是德国S艇的技术积累阶段。其中圆滑艇底和533毫米鱼雷等都成为后续艇型的技术标准。大战爆发前后生产的S-14级和S-18级是S艇的过渡型产物。1939年具有重要意义的S-26级艇诞生了。

从1940年到1943年最强的S艇终于出现了。S-38和S-100两个级别在前面的基础上开发出来，双双突破百吨的排水量。

S-226艇增加了一对向艇尾方向发射的鱼雷发射管，这一尝试直接导致德国末代S艇S-700级于1944年诞生。这种新型S艇的后部鱼雷发射管可以发射最新式声导鱼雷，虽然战力不凡，航速也达42节，但随着德国战败日期之临近，它已无所作为。

除了上述这些主力艇外，还有一些小型的S艇亦活跃在德军阵中，其中有的是为特殊战场的需要刻意而为之，有的则是急就章地自缴获设备改进而来。如果说主力S艇是“短剑”，那它们就更短些。

迷彩涂装的经典鱼雷艇

在第二次世界大战中期，出现了迷彩涂装的鱼雷艇，它赋予S艇极具个性的外观。在参战国中德国在兵器迷彩涂装方面确实步步领先，除了在充满乌云和浊浪的北海环境中采用的灰色涂装与英国鱼雷艇较类似外，其独特的海浪图案和斑点图案迷彩独具匠心。这种在德国阵营中未曾一见的涂装在相当程度上保证了S艇充分发挥其战力。

S-30鱼雷艇是二战中德国最经典的鱼雷艇，中国国民政府对此艇可谓是垂涎欲滴，但德国人并没有卖给国民政府，而是卖给了打内战的西班牙政府，国民政府得到的是第三代

★ S-30鱼雷艇性能参数 ★

排水量： 46.5吨（标准）
58吨（满载）

舰长： 27.95米

舰宽： 4.46米

吃水： 1.45米

主机功率： 3 000马力

最高航速： 33.8节

续航能力： 582海里/22节

武器装备： 2组21英寸鱼雷发射管
1挺20毫米机枪

S艇S6的改进型，也称S7型，标准排水量59吨，满载排水量75吨，长32.4米，宽4.9米，吃水1.2米，动力是3部1 320马力M.A.N.柴油主机，主机功率3 960马力，最高航速34.5节，艇首装备21英寸鱼雷发射管两具，20毫米高平两用机炮1门，成员14～21人。

四海游猎的“狼群”

S艇的基本兵力单位是支队，从港口出发后，多按10艘一组的数量采取纵队开进，战争中德国先后编组了14个S艇支队。这些兵力分别活动于英吉利海峡、北海、波罗的海、黑海以及地中海，可以称之为“海面上的狼群”。

1940年5月随着西线闪击战的打响，S艇迎来了真正的战斗。1940年5月10日凌晨第2支队的4艘S艇和一支皇家海军编队不期而遇。在悬殊的火力差距下，S-31艇发射的鱼雷依然成功命中“凯利”号驱逐舰，后者在夜色中缓慢下沉。

这一时期的德国拥有空中优势，因此S艇敢于在白天高速出击，频频对英国和法国的驱逐舰展开突袭。1940年5月23日S-23联手S-21艇，把法国驱逐舰“美洲虎”号送入了大西洋底。

1940年5月26日，盟军的敦刻尔克大撤退开始。1940年5月28日夜，S-30艇艇长齐麦曼中尉发现了一个目标并判断其为英国驱逐舰。他命令开足马力攻击。1940年5月29日零点过后，S-30艇一举射出4枚鱼雷，至少有两枚击中了这艘满载兵员的军舰。经过一番挣扎，英国驱逐舰“不眠”号最终长眠海底。

1940年5月31日，S-23和S-26艇成功击沉法国驱逐舰“非洲热风”号。第二天，S-34艇击沉了两艘武装拖船。

1940年7月25日，S艇开始游猎英吉利海峡中的盟军货船队。倒霉的法国运输船“梅克涅斯”号被S-27艇逮个正着，满满一船的法国士兵葬身海底。数月间，一支又一支护航队遭到S艇的进攻，这期间的行动主力是德国S艇第1支队。1940年8月8日，S艇发现了一支21艘货船的船队，击沉了其中的11艘。1940年9月4日该支队的4艘S艇

★S级鱼雷艇

又击沉6艘货船。到1940年底遭S艇击沉的货船共达23艘。1941年，S艇的成绩是30艘，超过了上一年。

在1942年最后两个月里，S艇的活动达到了高潮，其中第2支队和第5支队表现突出，共击沉了包括一艘驱逐舰在内的13艘各型舰船。其中1942年12月2日对FN889护航队的攻击一次就击沉了5艘货船。整个1942年S艇共击沉了20艘货船、两艘驱逐舰及其他一些小艇。

从1940年中期开始S艇实际上已成为德国海军水面攻击主力。它们和U艇一道，构成了对盟国海上运输线的重大威胁。

但是从1943年开始，S艇狩猎好时光已一去不复返了。经过和S艇的数年周旋，英国人开发出海空兵力结合的新战术，已经能够在相当程度上遏阻S艇的活动了。对S艇各支队来说，损失数字开始大幅上升。一年中有13艘S艇被击沉，还有3艘是在港口遭空袭时倾覆的。这表明德军已经开始失去北海上空的制空权，S艇的活动日益暴露在空中打击的威胁之下。

最终，第二次世界大战以德国失败告终，据统计，S艇共击沉盟军商船101艘，总计214 728吨；击沉12艘驱逐舰、11艘扫雷艇、8艘登陆舰、7艘鱼雷快艇、2艘炮艇、1艘布雷舰、1艘潜艇及许多其他军用小艇。由S艇布下的水雷也是成绩不俗，触雷而沉的包括37艘总计达148 535万吨的商船、1艘驱逐舰、2艘扫雷舰和4艘登陆舰。

S艇部队的战斗任务也随着德国的失败而终结，但是S艇本身的故事仍得以延续。

战后，同盟国对幸存的S艇进行了瓜分，英国得到34艘、美国得到29艘、苏联也得到了28艘。英国于1957年把两艘S艇交还给德国，其余的则送给了北欧国家。其中服役于丹麦海军的一艘S艇迟至1965年方才退役，从而为整个S艇的历史画上了句号。

扫雷舰——海战清道夫

扫雷舰小传

扫雷舰是专门用于搜索和排除水雷的舰艇，有舰队扫雷舰、基地扫雷舰、港湾扫雷艇和扫雷母舰等，主要担负开辟航道、登陆作战前扫雷以及巡逻、警戒、护航等任务。

扫雷舰艇自20世纪初问世以来，在战争中得到广泛使用。

第二次世界大战中，出现了磁性水雷、音响水雷和水压水雷。这种水雷沉在海底，靠舰艇航行时产生的磁场、音响和水压的变化使水雷感应而爆炸，属非接触式水雷。相应的，扫除磁性水雷的是电磁扫雷具，扫除音响水雷的是音响扫雷具，能同时扫除磁性水雷和音响水雷的是联合扫雷具。 电磁扫雷具能对付磁针型和感应型磁性水雷，具体构造也是多种多样。第二次世界大战中，英国发明了一种浮水扫雷电缆，而德国有一种浮舟式扫

★台湾地区最先进的扫雷舰“永丰”级猎雷舰

雷具，其基本原理都是在大面积范围内产生电磁场，以引爆磁性水雷。由于音响水雷分为中频音响水雷和低频音响水雷，因而扫雷具也有与之相对的两种。早期的音响扫雷具是一种发音弹，在距水雷 1千米 ~ 2千米距离内爆炸，以响声引爆音响水雷，称为爆发式音响扫雷具。现代常用的一种音响扫雷具是利用发声器发出鸣响引爆水雷。在发声器内部由电动机带动铁锤或偏心机构，以一定频率敲击振动板发声，也有用螺旋桨驱动的发声器。如在发声器内既有铁锤也有偏心机构，则能同时扫除中频水雷和低频水雷。

20世纪70年代以后，一些国家相继研制出了玻璃钢船体结构的扫雷舰艇、和扫雷具融为一体的遥控扫雷艇、气垫扫雷艇等，大大提高了排扫高灵敏度水雷的安全性。

现代水雷的种类繁多，不仅可利用舰艇航行时引起的物理场引爆，有些水雷还具有抗扫能力，设有定时、定次装置，能选择攻击目标。这就使扫雷作业变得相当复杂和困难，而且对水压水雷没有合适的扫雷具能扫除它。为此，在20世纪50年代初期，出现了扫雷舰艇中的“敢死队”——破雷舰。破雷舰的任务是在雷区内打开通道，为战斗舰艇编队、运输船队开辟安全的航道。破雷舰特点是生命力强，抗爆炸、抗冲击、耐震动。破雷舰上能产生强磁场，发出声呐，还能产生较大的水压力，因此可以引爆各种类型的水雷。

到1980年底，出现了舰队扫雷舰，也称大型扫雷舰，排水量在600 ~ 1 000吨之间，航速 14 ~ 20节，舰上装有各种扫雷具，可扫除布设在 50 ~ 100米水深的水雷。

后来又出现了基地扫雷舰，又称中型扫雷舰，排水量为500 ~ 600吨，航速10 ~ 15 ，可扫除 30 ~ 50米水深的水雷。

20世纪末，出现了港湾扫雷艇，亦称小型扫雷艇，排水量多在400吨以下，航速 10 ~ 20节，吃水浅，机动灵活，用于扫除浅水区和狭窄航道内的水雷。

进入21世纪后，出现了扫雷母舰。扫雷母舰的排水量达数千吨，包括扫雷供应母舰、舰载扫雷艇母舰和扫雷直升机母舰。

美国海军中的进口舰艇——“鹗”级猎雷舰

美国唯一非自主研发的舰艇

美国海军作战舰艇中，基本上都是美国自己研制建造的。唯独“鹗”级猎雷舰，是意大利“勒里希”级猎雷舰的改进型。

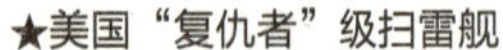

★美国“复仇者”级扫雷舰

★意大利“勒里希”级猎雷艇

20世纪80年代初期，美海军为了加强其水上扫雷能力，补充“复仇者”级反水雷舰作战能力及数量上的不足，决定研制一型吨位较小的新型猎雷、扫雷舰艇，即MSH计划。原计划建造17艘，采用水面效应单体船型。但由于设计中出现了技术问题，船体抗爆能力差，美海军于1986年中止了该计划。

1986年8月，美国与意大利英特马林公司签订了“鹗”级舰设计合同。该级舰是意大利“勒里希”级猎雷舰的改进型，尺度与排水量均有较大增加。美海军之所以选择“勒里希”级舰，是因为该级舰已在三个国家服役，其船体采用独特的硬壳式玻璃钢结构，该级舰性能已得到实践的验证；且修改设计方案灵活多样，可满足美海军的要求。

为建造该级舰，英特马林公司在美国建立了子公司，并购买美国两家造船公司建立了生产基地。该级舰主要用于排除港口和沿海航道中的水雷，首舰造价约1.2亿美元。

世界一流的反雷舰艇

“鹗”级是美国海军第一级大型玻璃钢船体主要舰艇，也是世界最大的全玻璃钢舰艇。

“鹗”级船体结构为模压140毫米厚单层硬壳玻璃钢，舰壳与横舱壁为一个整体，没有一般的骨架，甲板通过柔性螺栓与舰壳连在一起。

★“鹗”级猎雷舰性能参数★

排水量： 930吨（满载）

舰长： 57.3米

舰宽： 11米

吃水： 2.9米

发动机功率： 1.18兆瓦

最高航速： 10节

续航力： 1 500海里

动力装置： 2台意大利ID36SS8VAM无磁柴油机

2套直翼推进器

3台意大利ID36柴油发电机组

反水雷装备： 2台阿林特公司的AN/SLQ-48灭雷具

1套接触扫雷系统

编制： 51人

★美国“鹗”级猎雷舰

★美国“鹗”级猎雷舰

“鹗”级的所有内部设备（包括主机和液体柜）都吊在主甲板上或布置在舱壁间吊篮上。这种布置方法大大减少了舰壳上的“硬点”，使舰体具有很好的柔性，更好地吸收水下爆炸产生的能量，同时减小舰上噪声和振动向水下的传播。

“鹗”级舰上的反水雷装备为一套SLQ-48灭雷具和一套DGM-4闭环消磁系统。SLQ-48灭雷具的脐带电缆长度为1 070千米。DGM-4系统可使磁性水雷失效。

“鹗”级猎扫雷舰采用柴电联合动力装置。航渡时，由两台艾索塔·芙拉西公司的柴油机做动力，推进器为两台操纵性较好的福依特直翼推进器。在雷区安静航行时，由两台液压马达推进，另外还有一台液压马达驱动的首侧推进器。

“鹗”级猎扫雷舰的核心是猎雷舰集成化作战系统，它包括SQQ-32猎雷声呐、SYQ-13指挥系统、SLQ-48灭雷系统、模块化感应式扫雷系统和一套拖曳感应式扫雷系统。

“鹗”级舰上的机械监视系统来源于英特马林公司为加拿大新型“哈里法克斯”级护卫舰研制的机械监视系统，可在机舱控制室或作战情报中心执行所有的机械监视和控制操作，埃及和日本的反水雷舰艇上也采用了这套系统。

1992年，美国海军全面分析了海湾战争和二战后其他水雷战的情况，并结合冷战后水雷对美国军事力量投射的威胁，制订了《美国海军水雷战计划：迎接动荡世界的挑战》。

根据这一计划，美国海军组建了统一的水雷战指挥体系，将所有的水雷战部队都置于新组建的水雷战司令部的指挥之下，以建立能为预先部署的战斗群和两栖部队提供支援的水雷战部队和指挥系统。

重组后，形成了两个可展开的水雷战战斗群指挥部，可同时在两个地区独立作战。在战区总司令部中，将有水雷战战斗群派出的联络官。

一个水雷战战斗群的最低组成是4艘“复仇者”级或“鹗”级猎扫雷舰、6~8架扫雷直升机和3支拆雷队。

这一计划暗示了近期内不再建造新的“鹗”级或其他级别的反水雷舰艇。发展的重点将放在对现有装备的改进提高，以及利用其他非传统平台执行反水雷任务上。

今后“鹗”级舰的建造，将完全依赖于出口的需要。由于其所需舰员数量多、造价高，在国际竞争中面临较大的困难。

俄罗斯新生代扫雷舰——“玛瑙”级远洋扫雷舰

“玛瑙”的光辉：新世纪的远洋扫雷舰

冷战过程中，苏联在扫雷舰制造方面积累了丰富的经验，苏联解体后，俄罗斯在此方向的研制活动急剧下降。1997年西部设计局与“金刚石”中央海军设计局合并，1998年盼来了国家订单，开始恢复第5代扫雷舰的研制。

2006年5月26日，俄罗斯海军第5代扫雷舰02688型“玛瑙”级远洋扫雷舰的首舰“扎哈林海军中将”号在圣彼得堡市郊中涅瓦造船厂下水，首舰名称则是为了纪念苏联海军副总参谋长兼作战部长弗拉基米尔·扎哈林海军中将。

2007年初，“扎哈林海军中将”号在北方舰队科拉区舰队服役。“玛瑙”级扫雷舰服役后成为了俄罗斯海军现役主力舰艇。

新型扫雷舰：装有无人潜水器设备

“扎哈林海军中将”号是俄海军进入21世纪后建造的第一艘扫雷舰，该舰结合了“猎手”（猎雷舰）和“清洁工”（扫雷舰）的特点，既装配了可在航向前方探雷扫雷的无人潜水器设备，又配备了可大面积快速作业的水下自动搜索排雷具；既有包括接触扫雷具、物理场模拟扫雷具在内的各种现代化扫雷设备，也有水文导航和水文气象保障设备。

此外，该舰还首次实现了航行驾驶台和主指挥所一体化配置，自动驾驶水平和机动性能较高。

★ “玛瑙”级“扎哈林海军中将”号性能参数 ★

排水量：822吨
舰长：61米
舰宽：102米
吃水：3米
航程：3 000海里
航速：16节
动力：两台M503–B柴油机
总功率：5 000马力
编制：60人

“玛瑙”级远洋扫雷舰的首舰“扎哈林海军中将”号除各种扫雷设备外，还装备6管AK–630舰炮、针式便携式防空导弹系统。

“玛瑙”的未来：扫雷方式的突破

作为第5代02688型“玛瑙”远洋扫雷舰的首舰，在外形上与1970~2002年间大量建造的第4代266M型“蓝晶”远洋扫雷舰极为类似。事实上，“玛瑙”就是“蓝晶”的直系亲属，是在其出口改型266ME型扫雷舰低磁钢材料舰体基础上建成的，具有相同的机械配置，使用两台M503–B柴油机，总功率5 000马力，速度16节。

★俄罗斯海军02668型“玛瑙”级远洋扫雷舰首舰“扎哈林海军中将”号

新一代扫雷舰总设计师穆斯塔芬解释说："实际上，'蓝晶'具有不受限制的航海性能，它经受住了北半球和南半球所有大海大洋的考验，展示出了卓越的性能。我本人曾经有幸乘坐这样一艘出口型扫雷舰完成了7 712海里的航行，在比斯开湾我们遭遇到了强追逐浪，在曼得海峡遭到同样猛烈的海浪袭击，扫雷舰的表现无可挑剔，在8级风暴中的表现非常好，这也是我们为什么为'玛瑙'选择经受过考验的'蓝晶'舰体的原因。另外，在这个工程中，带桅樯的上层建筑也有部分重复。"

国防部舰艇采购和供应局局长什列莫夫少将强调，02688型远洋扫雷舰是一种新型扫雷舰，在扫雷方式上取得了突破，能在航向前方快速探雷排雷，此前俄罗斯制造的所有扫雷舰都是借助舰尾的扫雷设备作业的。

导弹艇——海洋上的"轻骑兵"

导弹艇小传

导弹艇是以反舰导弹为主要武器的一种小型战斗舰艇，主要用于近海作战，可对敌方的大中型水面舰船实施导弹攻击，也可担负巡逻、警戒、反潜、布雷等任务。

导弹艇诞生于20世纪50年代，是在鱼雷艇基础上发展起来的，它的艇型与鱼雷艇相仿，有滑行艇型、水翼艇型、气垫艇型等多种。

1959年，苏联首先将"冥河"式舰对舰导弹安装在拆除了鱼雷发射管的P6级鱼雷艇上，改制成"蚊子"级导弹艇，其航速70千米/小时，装有两枚导弹。这是世界上最早的导弹快艇。

自导弹快艇问世以后，由于它具有艇体小，威力大，相应的技术装备也少，造价低廉，制造和维修保养方便，一些中、小发展中国家纷纷装备使用导弹艇。一些西方国家曾嘲笑它是"穷国的武器"。在第三次中东战争中，埃及海军用苏制"蚊子"级导弹艇一举击沉了以色列2 500吨级的"埃拉特"号驱逐舰，创造了小艇击沉大舰的奇迹。从此，西方国家海军改变了对导弹快艇的看法，也纷纷研制、发展导弹快艇。

根据世界各国导弹快艇发展情况来看，现代导弹快艇向着两个方向发展：

首先，要增强导弹快艇的攻击威力和自卫能力。同时，要提高导弹快艇的本身性能，包括续航距离、航速、机动性及海上航行性能。

进入21世纪之后，出现了双体型隐形导弹快艇，如中国海军的022型导弹快艇就是一种双体形隐形导弹快艇，具有隐形特性。

别看导弹艇小，战斗作用却很大。这是因为它装有导弹武器，使小艇具有巨大战斗威力，成为海洋轻骑兵，在现代海战中发挥重要作用。

导弹艇吨位小，隐蔽性好，可以利用沿海岛屿、礁石、港湾，甚至海上航行的船舶作掩护，再加上适当伪装，可以在狭窄的航道上机动，迅速地进行兵力集中和疏散，可以隐蔽地对敌舰进行突然袭击。导弹艇航速高，机动灵活。航行速度为30～40节，有的可达50节，甚至更高，续航能力500海里～3 000海里。

导弹快艇是海上轻骑兵，活跃在现代海战舞台，并将在未来海战中发挥重要作用。

俄罗斯海上“小金刚”——10411型导弹艇

“金刚石”出品的近海作战舰艇

俄罗斯海军10411型导弹艇由俄罗斯“金刚石”造船公司（原中央海军设计局）设计、研制、建造，主要用于近海近岸防护，可巡逻国家边界和领水、保护200里海上经济区、打击走私、贩毒、犯罪（包括海盗）、保护海军基地、沿岸基础设施、船只和其他人工构筑物。

10411型导弹艇配备了现代化导航和通信设备，能够保障较高的准确搜索目标能力，同时能够提供比较精确的目标坐标和运动参数。舰载导弹武器目标指示雷达系统具有较强的抗干扰能力，可同时跟踪15个目标，同时向武器发射装置传递6个被跟踪目标的目标指示数据。对水面最大射程15千米，对海岸目标射程15.7千米，对水面目标最大射程13千米。

经济适用性较强的10411型

10411型导弹艇主能源装置很强大，为3台柴油发动机（3×3 950千瓦）。10411导弹艇最主要的攻击武器为“天王星”反舰巡航导弹系统，用于摧毁敌方水面目标。

10411型导弹艇装配1套AK-176M、1套AK-630M舰载火炮系统，主要用于攻击小型水面目标和自卫防御，能防护近界低飞反舰导弹的攻击。

防空导弹武器主要是16套“针-1M”便携式防空导弹系统，最大射程5千米，最小射程0.5千米，可攻击飞行高度在10米～3 500米的任何来袭目标。

★ 10411型导弹艇性能参数 ★

排水量： 386吨（满载）
舰长： 49.5米
舰宽： 9.2米
最大截面高度： 4.6米
吃水： 2.5米
最大航速： 32节
实用航程： 2 200海里/12–13节
续航时间： 10天
武器装备： 1套AK–176M舰载火炮系统
1套AK–630M舰载火炮系统
16套"针–1M"便携式防空导弹系统
编制： 30人

10411型导弹艇的主要作战任务是对敌方战舰和辅助船只发动导弹攻击、搜索敌方快艇并用导弹或火炮火力把其摧毁。

10411型导弹艇以较高的速度、优越的航海性能、威力强大的武器装备、良好的防护能力及较强的经济适用性著称，是俄海军及联邦边防局部队新型战斗巡逻设备。

10411型导弹艇能在7～8级海浪情况下航行，能在5级以下海浪、22节以下速度的情况下、不受航向限制地使用各种舰载武器系统，机动性能较强。

10411型导弹艇防护能力较高，除各种舰载防空导弹和火炮外，为防护核、生、化武器及其他非接触武器的攻击，专门装配了强力消磁设备。该艇采用优化船体轮廓设计，使用自动化柴油动力装置，造价较低，具有较强的经济适用性能，出口前景较好。

★俄罗斯10411型导弹艇

AFTERWORD 后记

追寻着历史的步伐与战舰家族的航迹，我们从桨船时代与风帆时代，到燃油时代与核动力时代；我们跨越了太平洋、大西洋到印度洋；我们了解了战列舰、巡洋舰直到导弹艇。

一路下来，相信每位读者都有所收获。从不同的层面，不同的角度，不同的高度上去看，每个人会看到不同的内容。

例如，把战舰当做一件军工产品来看，那么它是人类科技智慧的结晶。将不同时代先后出现的同一舰艇作比较，便会看出其进步十分明显，特别是在一些数据上，更有直观的变化。将不同国家同一时期的同一舰艇进行比较便会发现，各国的舰艇制造方面的差异以及造舰水平的高低之分。

例如，从军事的角度来看，不同的舰艇有着不同的战略与战术上的作用，航空母舰不仅有战略上的威慑力量也具备战术上的打击力量，但是需要足够舰载机与其他舰艇与之配合作战，一旦单独行动，则会落入险境。如果要实施登陆作战，则需要有足够多的优秀的登陆舰艇。

远洋作战，舰队补给至关重要，而补给舰能否成功随队完成补给任务很可能成为决定战争胜败的关键。

随着对战舰家族的了解，我们会发现，我们的疑问与思考并没有随之减少，反而会更多。

战舰的外形该如何设计才能最大程度达到隐身效果呢？

当面对不同的任务，不同种类的战舰该如何搭配，如何协同作战呢？

航母战斗群的威力是毋庸置疑的，那么该用什么武器，如何打击航母舰队呢？

战列舰退出了历史舞台，巡洋舰也走向了没落，而如今的航母会不会也终将被淘汰呢？

对于这些问题，就有待于读者朋友们自己去发现了。能够引发读者的疑问与思考，从而促使大家对战舰家族展开进一步的探索，这才是出版本书的真正目的。

本书至此告一段落，对于本书来说这是一次航行的终点，但我们希望，这将成为每一位读者又一次航行的新起点……

主要参考书目

1.《舰船——现代兵器丛书》，徐铭远编，中国人民解放军出版社，2002年1月

2.《二战军舰——柯林斯百科图鉴》，（英）埃尔兰著，李茂林等译，辽宁教育出版社，2002年8月

3.《战舰——世界尖端武器库》，（英）达特福特著，王增泉、丁夏萌译，2003年9月

4.《海战：战舰史话》，刘小晖撰稿，中国人民大学出版社，2004年1月

5.《海军精说》，顾同祥编著，海潮出版社，2004年1月

6.《王牌战舰的覆灭》，王义山著，海洋出版社，2005年6月

7.《战舰：世界王牌战舰暨海战实录》，潘石编著，哈尔滨出版社，2009年1月

8.《101种最经典的战舰》，（英）罗伯特·杰克逊编著，潘飞虎译，湖北少儿出版社，2009年6月

9.《兵器大盘点：战舰》，崔钟雷编，万卷出版公司，2009年10月

10.《简氏舰艇鉴赏指南》，（英）沃茨著，刘杨译，人民邮电出版社，2009年10月

典藏战争往事 回望疆场硝烟

武器的世界  兵典的精华

兵典
THE CLASSIC WEAPONS

兵典
《兵典丛书》编写组
编著
导弹
MISSILES
千里之外的雷霆之击
THE CLASSIC WEAPONS
哈尔滨出版社

兵典
《兵典丛书》编写组
编著
火炮
ARTILLERIES
地动山摇的攻击利器
THE CLASSIC WEAPONS
哈尔滨出版社

兵典
《兵典丛书》编写组
编著
潜艇
SUBMARINES
深海沉浮的夺命幽灵
THE CLASSIC WEAPONS
哈尔滨出版社

兵典
《兵典丛书》编写组
编著
枪械
FIREARMS
经典名枪的战事传奇
THE CLASSIC WEAPONS
哈尔滨出版社

兵典
《兵典丛书》编写组
编著
坦克
TANKS
陆地驰骋的铁甲雄狮
THE CLASSIC WEAPONS
哈尔滨出版社

兵典
《兵典丛书》编写组
战车
CHARIOTS
机动作战的有效工具
THE CLASSIC WEAPONS
哈尔滨出版社

兵典
战机
WARPLANES
云霄千里的急速猎鹰
THE CLASSIC WEAPONS
哈尔滨出版社

兵典
《兵典丛书》编写组
编著
战舰
WARSHIPS
怒海争锋的铁甲威龙
THE CLASSIC WEAPONS
哈尔滨出版社